Spring
Summer
Autumn
Winter

15살
자연주의자의
일기

다라 매커널티 지음 • 김인경 옮김

DIARY OF A
YOUNG NATURALIST

뜨인돌

Contents

나의 가족에게

한국의 독자들에게

저는 15살 청소년이고 아직 선거권이 없습니다. 사회에 나가서 일하거나 세상을 더 나은 곳으로 만드는 데 적극적으로 동참하기에도 어린 나이이고요. 아직 이렇다 할 정치적인 신념도 없어요. 저는 할 수 있는 게 많지 않은데, 세상은 생명 유지 장치와도 같은 자연과 단절되어 가고 있습니다. 저는 경이로운 자연 세계에 눈과 마음을 연 15살이고, 망가지고 있는 자연을 살릴 수 있다면 무엇이라도 하고 싶습니다.

'어떻게 해야 사람들이 자연을 보호하고 돌보도록 도울 수 있을까?' 저는 머릿속에 떠다니는 수많은 질문들을 붙들고 고심했습니다. 이 책을 펼친 한국의 독자분들도 그렇겠죠? 우리는 경험해 보지 못한 변화를 겪으며 도전받는 시대를 살고 있습니다. 자연은 비극적으로 말살당하고 있어요. 그런데 자연을 사랑하고 존중하는 일은 이상하게도 규범에 어긋난 일처럼 보이기까지 합니다. 이런 상황이 저에게는 비인간적이고 파괴적으로 보입니다. 그렇다고 포기할 수는 없어요. 우선 이 모든 상황에 대한 호기심을 억누르지 않고 느끼고 움직이며 지식을 쌓는 일부터 시작해야 합니다. 그렇게 시작된 발견의 여정은 이토록 멋진 지구에서 함께 살아가는 다양한 종들을 애정으로 보살필 운명으로 우리를 이끌 거예요. 저는 깨닫고 알아 가는 일부터 시작했습니다. 관심을 보이고 존중했지요. 그러자 내면에서 무엇인가가 끓어오르며 넘쳐났습니다. 바로 '말'이었어요. 희망의 말, 그리고 분노의 말이었습니다. 저는 아름다움, 쇠퇴, 소멸에 관해서 글을 쓰기 시작했습니다. 대부분은 이 세상에서 제가 모든 생명체와 연결되어 있다는 사실을 알아 가면서 느끼는 기쁨에 관해서였어요. 많은 사람들이 제 글을 읽었고, 저는 큰 힘을 느꼈습니다. 제 글은 사람들의 삶과 세상을 바라보는 방식에 영향을 끼치고 있어요. 그리고 제가 다시 세상과 소통하는 통로가 되어 주었습니다.

이 책을 쓰면서 여러 번 고비가 있었어요. 자연을 사랑하는 마음이 비난을 받았거든요. 저는 자폐 스펙트럼이 있어요. 그래서 기쁨을 통제하지 않고 드러내길 좋아하고 제가 아는 지식을 이야기해 주고 싶어 해요. 그런 이유로 학교에서 괴롭힘의 표적이 되었어요. 제가 경험한 괴롭힘은 우리가 자연 세계에서 마주하는 다양한 종의 소멸과도 관련이 있습니다. 우리 사회에는 공감과 보살핌이 부족해요. 그 지점에 우리의 문제가 깊이 뿌리내리고 있다고 생각합니다. 세상 속에서 우리의 위치를 깨닫고 확인하는 경험은 다른 유기체와 연결되는 바탕이 됩니다. 이 책은 우리가 자연으로 돌아가는 다리 역할을 해 줄 것입니다. 우리 모두를 보이지 않는 실로 연결하고 있는 생명의 그물과 함께 살아갈 수 있도록 인도해 줄 거예요.

우리가 살아 있는 것들의 세계와 교류하고 있고, 한 사람 한 사람이 자연 파괴에 영향을 미치고 있다는 사실을 함께 곰곰이 생각해 봤으면 좋겠어요. 그리고 인간의 유해함과 세계 정치와 경제의 영향력을 인식하고 자연과 더 나은 관계를 맺기 위해서 우리의 생각과 인식을 어떤 식으로 전환할지 고민해야 합니다. "내가 뭘 할 수 있을까?"라고 스스로에게 질문을 던질지도 모르겠어요. 여러분에게는 변화를 만들어 낼 힘이 있습니다. 여러분의 목소리는 중요합니다. 거리낌 없이 의견을 내세요. 여러분의 즐거움과 두려움과 분노를 표현하세요. 이 세상에서 여러분의 자리는 큰 의미가 있습니다. 여러분은 균형 잡히고 아름다운 지구에서 살 자격이 있어요. 그 권리를 되찾기 위해 싸워야 합니다. 소비를 줄이고 주변에 관심을 기울이고 낭비 없이 단순하게 살아야 합니다. 여러분이 자연이고 자연이 여러분이기 때문입니다. 우리는 모두 연결되어 있으니까요. 지구 반대편에서 제가 경험한 자연을 여러분과 나누고 싶습니다.

소망을 가득 담아서,
다라 매커널티

프롤로그

이 일기는 집에서, 자연 속에서, 내 머릿속에서, 봄에서 겨울로 나의 세계가 변화하는 과정을 기록한 것이다. 나의 세계는 북아일랜드 남서부의 퍼매너 카운티에서 동쪽의 다운 카운티로 이동한다. 오랫동안 살던 곳을 떠나 다른 주로 이사 가서 낯선 환경 속에 나의 감각과 정신을 뿌리내리는 과정을 이 책에 담았다.

내 이름은 다라다. 도토리를 맺는 참나무처럼 커다란 나무로 자랄 무한한 가능성을 지닌 아이라는 뜻이다. 엄마는 예전에 나를 론두라고 불렀다(론두는 아일랜드어로 대륙검은지빠귀라는 뜻이다). 엄마는 요즘도 가끔 그렇게 부른다.

나는 자연주의자의 심장과 (지금은 장래희망인) 과학자의 머리와 자연에 가해지는 무관심과 파괴에 지칠 대로 지친 뼈를 지녔다.

나는 이 책에 야생 동물과 나의 접점에 대해 쏟아부었고, 내가 세상을 보는 방식을 설명하는 동시에 인생의 폭풍을 가족처럼 여기며 견뎌 내는 모습을 담았다.

내가 이 글을 쓰기 시작한 곳은 소박한 단층집이다. 이곳에서 내 문장이 처음 만들어졌고 경이감과 좌절감이 종이 위에서 고군분투했다. 이곳에는 봄에서 여름으로 넘어갈 때 무성한 수풀로 우거지는 정원이 있다. 정원의 수풀에는 다양한 야생화가 피고, 곤충이 살고, 길게 자란 풀 사이에 '꿀벌과 꿀벌'이라고 적힌 말뚝이 서 있다. 우리 가족은 커튼 뒤에서 눈썹을 추켜세우고 우리 모습을 훔쳐보는 이웃들의 눈길에 아랑곳하지 않은 채, 다른 집 정원에서는 보기 힘든 다양한 생명체들을 몇 시간이고 관찰하면서 시간을 보냈다.

그렇게 보낸 시간을 뒤로하고 우리는 이사를 했다. 국토를 가로질러 원래 살던 곳의 반대편에 보금자리를 튼 일이 처음은 아니다. 내 짧디짧은 인생 동안 우리 가족은 유목민처럼 여러 곳을 전전했다. 어디에서 살든 우리 집은 책과 동물의 두개골과 새의 깃털과 정치적 견해와 자유롭게 주고받는 토론과 눈물과 웃음과 기쁨으로 꽉꽉 채워졌다. 우리 가족의 뿌리는 균사체처럼 연결된 그물망 형태로 뻗어 나가서 많은 이들과 공유할 수 있는 커다란 우물에 가닿았다. 즉, 우리는 가는 곳마다 뿌리를 잘 내렸다.

나의 부모님은 노동자 집안 출신으로 가족 중에서 처음으로 대학 교육을 받았다. 부모님은 지금도 세상을 더 좋은 곳으로 만들겠다는 이상을 품고 있다. 이것은 우리가 물질적으로 부유하지 않다는 뜻이기도 하다. 하지만 "우린 여러 가지 다른 의미로 부유하지"라는 엄마의 말에 동의한다. 아빠는 과학자로 해양과 자원 보존을 연구한다. 아빠는 우리에게 야생의 환경이 품고 있는 비밀과 지식을 생생하게 전해 주고 자연의 신비를 설명해 주기도 한다. 엄마는 음악 기자이자 자원 봉사 분야에서 일을 하고 있고 학계에서도 여러 일을 한다. 그 모든 일을 하면서 내 9살짜리 여동생 블라우니드를 집에서 직접 가르친다. 블라우니드는 '피어나는 꽃'이라는 뜻이다. 블라우니드는 현재 요정 전문가이자 다양한 곤충에 관한 풍부한 지식을 소유하고 있으며 애완용 달팽이를 키우고 가전제품도 고칠 줄 안다. 내 바로 밑에는 13살짜리 남동생 로칸이 있다. 로칸은 '용맹한 자'라는 뜻이다. 로칸은 혼자 음악을 공부하고 악기 다루는 법을 익혔는데, 로칸의 연주를 들을 때마다 우리는 감탄한다. 로칸은 아드레날린 중독이기도 하다. 산등성이를 달려 내려오고 절벽에서 바다로 다이빙하는 걸 즐긴다. 로칸은 작고 밀도가 아주 높은 중성자별의 에너지로 꽉꽉 뭉쳐 놓은 것 같다. 마지막으로 소개하고 싶은 가족은 그레이하운드 로지다. 로지는 2014년에 입양했는데 엄살이 심하다. 로지의 얼룩무늬는 호랑이와 비슷하다. 우리는 로지를 살아 있는 쿠션이라고 부른다. 로지는 멋진 친구이자 함께 있으면 온갖 걱정이 사라지는 '힐링 견'이다. 나는 누구냐고? 나로 말하자면 늘 생각에 잠겨 있고, 손은 항상 지저분하며, 주머니에는 생명을 잃은 것과 동물의 배설물 같은 것을 잔뜩 쑤셔 넣고 다니는 사람이다.

이 책을 쓰기 전, 블로그에 글을 올리고 있었다. 몇몇 분들이 글을 읽고 꼭 책으로 내 보라는 말을 여러 번 해 주었다. 그 말을 들고 무척 놀랐다. 언젠가 학교 선생님이 부모님에게 "다라는 포괄적으로 이해하는 능력을 갖추기 힘들 겁니다. 한 단락도 제대로 써내지 못할 거예요"라고 했던 일이 떠올랐다. 하지만 놀랍게도 내 목소리는 화산처럼 끓어올라 글로 쏟아져 나왔다. 글을 쓸 때, 내 모든 열정과 좌절이 고스란히 세상을 향해 뿜어져 나오는 것이다.

우리 가족은 혈연으로 연결되어 있고, 아빠를 제외한 모두가 자폐 스펙트럼이 있다. 아빠 혼자 다른 셈이다. 그런 이유로 아빠는 우리가 자연계와 인간계 사이에서 미스터리를 풀기 위해 의지하는 사람이기도 하다. 우리 가족은 별난 모습으로 똘똘 뭉쳐 있다. 꽤 만만치 않아 보일 것이다. 우리는 수달처럼 바짝 붙어서 함께 보듬으며 세상으로 나아가는 길을 연다.

봄
Spring

꿈에서 깨어나니 짙은 어둠 속이다. 물속을 헤엄치다가 숨을 쉬려고 물 위로 올라오는데 플루트 소리가 들렸다. 침실 벽이 보이지 않았다. 내 침대와 정원 사이에 존재하던 좁은 공간이 사라져 하나가 된 것이다. 꼼짝 않고 누운 채로 잠에서 깨어났다. 잠기운이 나를 누르는 와중에 플루트 선율이 내 가슴 위로 떨어져 내렸다. 곧 내 마음속의 대륙검은지빠귀가 모습을 드러냈다. 새는 새벽하늘을 쏜살같이 가로지르며 텃세라도 부리는 양 소리 높여 노래한다. 아침의 교향곡에 푹 빠져 있다가 정신을 차리고 생각을 가다듬었다. 뇌가 바쁘게 돌아가기 시작한다.

봄은 다양한 모습을 보여 준다. 나에게 봄은 하늘 높은 곳에서부터 땅속뿌리에 이르기까지 일상을 가득 채운 풍경과 소리에 마법을 부린다. 이 집에서 살기 시작할 무렵 길을 폴짝폴짝 가로지르던 개구리와 함께 찾아왔던 봄이 기억난다. 내가 처음 본 개구리의 흔적은 길 위에 찍힌 축축한 발자국이었다. 현대 문명이 만들어 낸 길이 개구리의 길을 침범한 것이다. 속이 상했다. 우리는 도움이 되길 바라는 마음으로 구덩이를 파고 물을 채워 개구리 보호구역을 만들었다. 작은 들통 하나를 땅에 묻고 깨진 토분 조각과 조약돌로 채운 뒤 식물을 심고 나뭇가지로 출입구를 만들었다. 사실 이렇게 엉성하게 만든 보호구역이 제 역할을 할 거라고는 생각하지 못했다. 그런데 다음 해 봄, 다시 만난 우리의 양서류 친구는 잔디 위에서 탭댄스를 추고 있었다. 심지어 다른 친구들까지 합세해서 들통 피난처에 개구리 발자국 선물을 남겨 주었다. 우리는 기뻐서 어쩔 줄 몰라 하며 함성을 질렀다. 아마도 그 소리는 언덕을 타고 올라가 자동차 소리를 삼키고, 근처 콘크리트 공장에서 나는 소음까지 덮쳤을 것이다.

익숙한 것이 계속 변해 가는 모습에서 매해 경이롭고 예상치 못한 것들을 발견하게 된다. 그 발견들은 언제나 새롭게 다가온다. 그렇게 찾아오는 새로운 설렘은 절대 시들해지는 법이 없다. 새로움에는 늘 애정이 깃들기 마련이다.

들제비꽃이 피는 시기에는 참새가 이끼를 쪼고 공기가 울새의 가슴처럼 부풀어 오른다. 민들레와 미나리아재비는 햇살처럼 화사하게 모습을 드러내고는 벌들에게 이제 나오라는 신호를 보낸다. 봄은 모든 것을 되살린다. 블라우니드는 봄을 기뻐하며 매일 피어나는 데이지 꽃을 헤아린다. 왕관을 만들 만큼 꽃이 피면 블라우니드는 '봄의 여왕'이 된다. 남은 꽃으로는 팔찌와 반지를 만들어 데이지 3종 세트를 완성한다. 그러다가 데이지 꽃이 흐드러지게 피어 일주일 내내 아름다운 장신구를 만들고도 남을 정도가 되면, 블라우니드는 우리를 위한 데이지 선물을 만들어 집 안 곳곳에 놓아두기도 한다.

나는 '오로라 아기'였다고 한다. 오로라는 새벽의 여신이고, 나는 새벽이면 늘 깨어 있었기 때문이다. 나는 봄에 태어났다. 내가 태어나던 날 아침에도 수컷 대륙검은지빠귀의 노랫소리가 울려 퍼졌을 것이다. 그 소리는 내 몸과 마음이 자라는 데 자양분 역할을 해 주었다. 어쩌면 새소리는 나를 야생으로 이끈 첫 번째 미끼였는지도 모른다. 그 소리에 이끌려 내 소명을 깨달았으니 말이다. 나는 글렌달로그의 성인 케빈(Saint Kevin)을 자주 생각한다. 성 케빈이 대륙검은지빠귀 새끼가 날아오르도록 둥지를 받쳐 든 손을 쭉 뻗고 있는 그림을 잊을 수 없다. 성 케빈은 자연 속에서 위안을 찾았던 은둔자다. 성인에게 가르침과 조언을 구하기 위해 사람들이 찾아들면서 수도회 공동체가 점점 커졌다.

나는 성 케빈의 이야기를 정말 좋아한다. 견진 성사(가톨릭 교회의 의식)를 받을 때 견진 명으로 뽑은 성인의 이름인 까닭도 있다. 성 케빈이라는 이름은 나에게 점점 더 중요한 의미로 다가온다. 성 케빈의 이야기를 곱씹다 보면, 우리가 야생의 장소를 침범하고 자연과의 균형을 깨뜨리고 있다는 사실을 뼈저리게 느끼게 된다. 성 케빈도 은둔한 자신을 찾아오는 사람이 엄청나게 늘어났을 때 그렇게 느꼈을 것이다.

　대륙검은지빠귀의 노랫소리는 풍부한 음률을 자랑한다. 여러 새소리로 매우 소란스러울 때도 나는 대륙검은지빠귀 소리를 가려 낼 수 있다. 그 소리는 모든 것의 시작이고 많은 것을 깨닫게 한다. 그 노래는 나를 더 먼 곳으로 데려가 준다. 3살의 나는 내 머릿속에 서 살거나 생명이 살금살금 꿈틀꿈틀 푸드덕푸드덕 움직이는 야생 에서 살고 있었다. 나는 그때의 일들이 기억나고 이해가 된다. 사람 들이 이해하지 못할 뿐이다. 부모님 방으로 새벽빛이 새어 들기를 기다렸다. 로칸은 엄마와 아빠 사이에서 자고 있다. 음률에 귀를 기 울인다. 햇빛 한 조각이 커튼에 와 닿을 때 새의 소리도 함께 들려 온다. 황금빛이 내가 기다리던 윤곽을 드러낸다. 부엌 테라스에서 대륙검은지빠귀가 우짖는다. 지붕에 앉아서 잠든 이와 깨어 있는 이들에게 좋은 소식을 전한다.

　대륙검은지빠귀가 오면 안도의 한숨이 절로 나온다. 여느 때 와 다를 바 없는 하루가 시작된다는 뜻이기 때문이다. 거기에는 시 곗바늘이 움직이는 것 같은 규칙이 있다. 매일 아침 새소리가 들려 오면, 나는 커튼을 열지 않은 채 눈으로 그림자를 더듬는다. 가족들 을 깨우고 싶지도, 그 순간을 절대 망치고 싶지도 않다. 요란한 소 리를 내면서 바쁘게 돌아가는 세계를 집 안으로 들일 수는 없다. 그 래서 그저 듣고 보기만 한다. 새의 부리와 몸뚱이와 곧게 뻗은 전선 과 30초 간격으로 들리는 새소리를.

　'나의 새'는 수컷이다. 딱 한 번, 아래층으로 내려가 뒤뜰 테라스 쪽으로 고개를 내밀고 올려다본 적이 있다. 삭막한 잿빛이 감도는 아침이었지만 나의 새가 거기 있었다. 항상 앉는 그 자리였다. 나는 박자를 센 뒤 그 박자를 기억해 두었다. 그리고 다시 위층으로 살금살금 올라와 커튼 뒤에 비친 그림자를 지켜보았다. 대륙검은지빠귀는 꽤 오랫동안 우리 집을 찾아왔고 그렇게 나의 매일매일을 지휘했다. 그러다가 더는 찾아오지 않는 날이 오고야 말았다. 나의 세계가 무너져 버리는 느낌이었다. 아침을 깨울 새로운 방법을 찾아야 했다. 나는 책을 읽기 시작했다. 처음엔 새에 관한 책을 읽었다. 그러다가 야생에 관한 책으로 옮겨 갔다. 야생의 모습을 정확하게 묘사한 그림과 정보를 풍부하게 담은 책이 좋았다. 책은 대륙검은지빠귀를 향한 내 꿈이 실재가 되도록 도와줬다. 물리적으로 나와 새를 연결해 준 셈이다. 책을 읽으며 수컷 대륙검은지빠귀만이 그런 강도로 노래한다는 사실을 알게 되었다. 새가 노래하는 데는 다 이유가 있는데, 예를 들면 영역을 지키거나 짝을 끌어들이기 위해서이다. 새들이 노래하는 건 나를 위해서도 다른 누구를 위해서도 아니다. 가을과 겨울에 대륙검은지빠귀의 노랫소리를 듣지 못하자 마음이 아팠다. 하지만 책을 읽으면서 새가 다시 돌아오리라는 사실을 알게 되었다.

봄은 우리 내면에 어떤 영향을 끼친다. 만물이 공중으로 붕 떠오르는 계절이니 인간도 이리저리 흔들릴 수밖에 없다. 빛도, 시간도, 할 일도 많아진다. 지나간 봄들이 모여 새로운 콜라주 그림이 완성된다. 속이 꽉 찬 그림이다. 중요하지 않은 것이 없다.

무척이나 뚜렷하고 생생하게 기억나는 봄이 있다. 집 밖의 세계에 매료되기 시작할 무렵이었다. 바깥에 있던 모든 것들이 부드럽게 밀고 들어오면서 나에게 소리를 좀 들어 보라고 관심을 보여 달라고 애원했다. 세상이 다차원으로 변하고 있었다. 모든 입자가 느껴지기 시작했고 나와 내 주변의 공간에 조금씩 섞여 들어 더는 외부와의 괴리감이 느껴지지 않았다. 비행기, 자동차, 사람들의 목소리, 지시, 질문, 표정 변화, 내가 따라갈 수 없는 빠른 대화가 그 세계에 구멍을 내지 않았다면 좋았을 텐데. 나는 소음과 그것을 만든 사람들의 세계로부터 나 자신을 닫아 버렸다. 그러다가 엄마가 데려가 준 공원과 숲과 해변의 나무와 새들과 작고 한적한 공간 속에서 비로소 꽁꽁 말려 있던 나를 다시 펼쳐 놓았다. 집중하느라 심각해진 표정으로 고개를 살짝 기울인 채 풍경과 소리를 한껏 빨아들였다.

흐릿하던 정신이 또렷해졌다. 밖이 환해졌고 새벽의 합창이 멎었다는 사실을 깨달았다. 마법이 풀린 것이다. 학교에 갈 시간이다. 나는 이제 14번째 생일을 지났다. 나의 하루를 시작하게 해 주는 대륙검은지빠귀는 내가 3살이었을 때와 마찬가지로 소중하다. 나는 여전히 균형을 갈망한다. 시곗바늘의 움직임 같은 규칙성을 원한다. 유일한 변화는 다른 자각이 일었다는 점이다. 그 자각은 '나의 일상을, 내가 보고 느낀 것을 기록하고 싶은 욕구'다. 학교에서 시험도 봐야 하고, 기대(가장 큰 기대를 하는 사람은 바로 나다)도 충족시켜야 하고, 삶이 이런저런 모습으로 맹공격을 퍼붓는 와중에도 글을 쓰고 싶다는 욕구가 그치지 않는다. 그것은 일어나고 잠들고 몰입하는 세계의 순환 속에서 내 인생에 톱니바퀴 역할을 하고 있다.

3월 21일 토요일

3월이 오면 공기가 따뜻해지고 알록달록한 색깔이 펼쳐진다. 하지만 오늘은 스노볼에 갇힌 기분이었다. 흩날리는 눈발이 어제의 화창함을 거둬 갔다. 일시적인 한파로 우리 정원에 머물던 새들도 힘든 시간을 보내게 되었다. 새들도 우리 가족이다. 나는 서둘러 밀웜을 사 와 부엌 창밖에 달아 놓은 새 모이통에 채워 넣었다. 모이통은 창문에서 3미터가량 떨어뜨려 설치했다. 둥지로 쓰라고 만들어 둔 상자에 며칠 전 푸른박새 몇 마리가 찾아왔다. 정원에서 나는 새소리가 곧 열릴 콘서트를 예고하는 중이었다. 그러다 날씨가 변덕을 부린 것이다. 새들은 곧 적응하겠지만 이렇게 기온이 뚝 떨어지니 걱정스럽다.

아빠 사무실이 있는 캐슬 아치데일 컨트리(Castle Archdale Country) 공원에는 오래된 참나무가 굳건하게 서 있다. 지난주, 참나무 가지 아래서 따스한 봄바람을 맞았던 일이 꿈만 같다. 사람들은 내가 자연을 좋아하는 까닭이 아빠 때문이라고 말한다. 아빠가 나의 자연 지식과 감성에 영향을 끼친 것은 분명하다. 하지만 엄마 뱃속에서 양분을 흡수하며 자라는 동안에도 나는 자연을 느끼고 있었을 것이다. 본성과 양육, 이 두 가지는 함께 어우러져야 한다. 타고났을 수도 있지만, 부모님과 선생님들의 격려와 더불어 자연과 가까이 살지 않았더라면 자연과 일상이 연결된 삶을 살지 못했을 것이다.

'다라'라는 내 이름은 아일랜드어로 '참나무'라는 뜻이다. 위풍당당한 참나무 가지에 올라앉으면 캐슬 아치데일의 토양에 뿌리내리고 500년 가까이 자란 생명의 맥박이 느껴진다. 나뭇가지에 매달려 어린 시절을 곱씹어 본다.

정원을 찾아온 되새를 관찰한다. 머리 위의 은빛 관은 색종이 조각이라도 묻은 듯 알록달록하다. 새는 사이프러스 나뭇가지에 앉아서 쉬는 중이었다. 늘 푸른 사이프러스 나무는 눈에 덮여 하얘졌다. 검은방울새 한 쌍이 찾아오자 되새가 복숭앗빛 가슴을 부풀렸다. 검은방울새 중 한 마리는 오렌지색과 검정이 섞였고, 다른 한 마리는 탁한 은빛에 노란색 작은 점이 얼룩처럼 앙증맞게 뒤덮였다. 언제나 그렇듯 울새는 불청객을 쫓아 버리려고 젠체하며 군림하려 든다. 얼마 전에는 수컷 네 마리와 암컷 한 마리가 서로 머리를 쪼아 대며 싸운 적도 있다. 울새는 매우 공격적이어서 적의 목을 잘라 버린다는 이야기도 있지만 씨앗과 견과류, 곤충으로 만든 고급 간식이 널린 우리 정원에서도 과연 그럴까 싶었다. 모두 나눠 먹고도 남을 정도로 먹이가 풍족한데 말이다.

노래지빠귀는 눈 위에서 한쪽 발로 콩콩 뛰며 우리가 뿌려 놓은 씨앗을 찾아다녔다. 그러다 누가 먹다 남긴 빨간 사과 반쪽을 발견하고 콕콕 쪼아 댔다. 사과 과즙이 흘렀다. 슬며시 웃음이 났다. 지빠귀는 정말 묘한 시기에 찾아오는데, 그야말로 예측이 불가능하다. 그 때문에 나는 좌절하기도 하고 괴로워하기도 했다. 하지만 이제는 지빠귀들을 이해할 방법을 깨쳤다. 어떤 관련성이나 기대 없이 이루어지는 모든 인연에 감사하게 된 것이다. 물론 완벽하진 않지만.

저녁에는 아빠의 생일을 축하했다. 한겨울의 파티였다. 우리는 함께 노래하고 춤추고 주석 피리를 (귀청이 터져라) 불고, 괴성을 지르면서 긴 밤이 어서 끝나고 빛이 고개를 들기를 빌었다. 엄마가 생일 케이크를 구웠다. 빅토리아 스펀지 케이크였다. 아빠가 가장 좋아하는 케이크다.

3월 25일 수요일

겨울이 끝날 무렵에는 갑갑한 기분이 든다. 다채로운 색과 온기를 향한 마지막 관문을 통과하는 사이 내 성격 중 최악인 조급증이 도진다. 오늘은 기온이 살짝 오르고 새와 곤충의 노랫소리가 여기저기서 들려오는 덕분에 안절부절못하던 마음이 누그러졌다. 마침내 겨울의 그림자에서 봄이 탈출하려나 보다.

오늘 아침에는 가족들과 함께 우리가 좋아하는 장소인 빅 도그 포레스트(Big Dog Forest)에 갔다. 빅 도그 포레스트는 아일랜드 국경 가까이에 있는 가문비나무 조림지로 집에서 차로 30분 떨어진 거리에 있다. 한여름 언덕 위로 버드나무, 오리나무, 낙엽송, 월귤나무가 우거지는 곳이다. 리틀 도그와 빅 도그라고 불리는 두 개의 사암 언덕은 켈트족 신화 속의 영웅이자 피아나 전사단(Fianna) 최후의 지도자였던 핀 막 쿨(Fionn Mac Cumhaill)의 사냥개 브란과 스케올란이 마법에 걸린 것이라고 전해진다. 전설에 따르면, 핀이 사냥을 하러 나갔는데 브란과 스케올란이 사악한 마녀 말록의 냄새를 맡고 쫓아갔다. 마녀는 달아나면서 사슴으로 변신했지만 사냥개들은 바짝 따라붙었다. 마녀는 사냥개들에게 강력한 마법을 걸어 오늘날 우리가 보는 두 개의 언덕, 빅 도그와 리틀 도그로 만들어 버렸다.

이렇게 이름이 땅에 관해 전해 주는 이야기가 좋다. 이야기를 통해 과거를 생생하게 전해 주는 방식이 마음에 든다. 마찬가지로 지질학자가 이런 유의 신화를 과학적인 설명과 함께 전해 주는 이야기도 좋아한다. 사암 언덕은 주변을 둘러싼 석회암보다 훨씬 단단하다. 그래서 빙하기의 침식작용을 겪고서도, 사암은 빙하시대에 무너져 버린 잔해 위로 우뚝 솟은 채 남아 있다.

머위가 눈에 띄었다. 꽁꽁 얼어붙은 지면을 뚫고 햇살을 맞이하러 나왔나 보다. 흰꼬리호박벌이 굶주린 듯 허겁지겁 꿀을 모은다. 민들레와 데이지(혹은 국화)과 꽃들은 봄에 꽃을 피워 가장 먼저 꽃가루받이를 한다. 이 식물들은 생물 다양성 측면에서 엄청나게 중요한 역할을 한다. 나는 만나는 사람마다 붙잡고 정원에 이런 꽃들이 자랄 수 있도록 땅을 남겨 두라고 부탁한다. 비용이 많이 들지도 않고 누구나 할 수 있는 일이다. 인간이 세운 세상에서 자연이 주변부로 밀려나는 일은 너무 속상하다. 자연을 돕기 위해 정원의 작은 구역이라도 내어 주어야 한다.

가끔은 생각과 말이 가슴에 갇힌 것처럼 느껴질 때가 있다. 누군가 그것을 읽거나 듣는다 한들 과연 바뀌는 것이 있을까? 그런 생각을 하면 가슴이 아프다. 그 생각은 내 머릿속에서 다른 생각들과 실랑이를 벌이고 순간의 즐거움과 투쟁한다.

검은딱새가 찰칵대는 소리에 내가 있어야 할 곳으로 되돌아왔다. 새가 길 위로 작은 돌조각을 떨어뜨리는 모습을 지켜봤다. 불빛이 지나는 오솔길을 내려다보며 움직이지 않는 것이 하나도 없다는 사실을 깨달았다. 돌이 깔린 오솔길조차 움직이며 빛과 날아가는 새들의 그림자에 따라 수시로 변했다. 한 순간도 같은 모습이 반복되지 않는 사진 같았다. 나는 그 장면에 마음을 사로잡힌 채 넋을 놓고 지켜보았다. 다른 사람들이 어떻게 생각할지는 전혀 문제가 되지 않았다. 이 장소를 알고 있는 것은 우리뿐이었기 때문이다. 나는 이곳에서 온전한 나 자신이 되었다. 필요하다면 땅바닥에 엎드려서 관찰하기도 했다. 눈앞의 풍경을 바라보는데 어떤 생물이 코 위를 기어가는 느낌이 났다. 쥐며느리였다. 느릿느릿 어딘가로부터 기어와서 어딘가로 향하는 중일 것이다. 손가락을 내밀자 쥐며느리가 손끝으로 올라왔다. 간질간질, 내 손 위에서 생명체가 움직이는 느낌이 좋았다. 이런 순간에는 우리가 서로 연결되었다는 감각 이상의 느낌을 선물받는 듯하다. 좀 더 구체적으로 이야기하면 호기심이 해결되었을 때의 쾌감에 가깝다. 찬찬히 들여다보고 있으면 그 순간 속으로 빨려 들어가는 느낌이 든다. 그렇게 또다시 완벽한 순간이 찾아온다. 주변의 소리가 몽땅 사라져 버리는 것이다. 나는 손가락을 풀잎에 조심스럽게 가져다 댔다. 쥐며느리는 덤불 속으로 숨어 버렸다.

블라우니드와 로칸은 언덕 꼭대기로 쏜살같이 달려 올라갔다. 그 아래로는 나브릭보이(Nabrickboy) 호수가 펼쳐졌다. 아빠와 엄마와 나는 가문비나무가 이 특별한 장소의 토종 나무로 대체되는 현상에 관해 이야기를 나누며 느릿느릿 걸어 올라갔다. 지난해 거의 비슷한 시기쯤, 언덕 꼭대기에서 이곳의 유일한 야생종 백조인 큰고니 4마리를 봤다. 정말 아름다운 광경이었다. 온화하면서도 구슬픈 모습의 새가 호수 위에 목을 높이 치켜들고 우아하게 헤엄

치고 있었다. 저 백조들은 리르(Lir)의 아이들일지도 모른다. 이드
(Aodh), 피눌라(Fionnuala), 피어크라(Fiachra), 콘(Conn), 이렇게 4명
의 아이들은 잔인한 계모 이파(Aoife)가 저주를 내려 300년은 데
라바라(Derravaragh) 호수에서, 300년은 모이얼(Moyle) 해협에서,
300년은 이니시글로라(Inishglora) 섬에서 살게 되었다. 정말 놀라
운 이야기다.

　우리는 버드나무 그림자가 드리운 피크닉 테이블로 천천히 그
리고 조용히 다가갔다. 테이블은 호수 옆에 놓여 있었다. 그곳에 가
만히 앉아 경이로운 장면에 감탄했다. 특권을 누리는 기분이었다.
심장이 빨리 뛰고 호흡이 가빠졌다. 새들이 무심하게 물 위를 떠가
다가 갑자기 끼루룩끼루룩 울어 댔다. 좀 더 가까이에서 보려고 물
가로 다가가서 버드나무 가지에 몸을 숨겼다. 공기처럼 고요히 앉
아서 새들이 날아오를 준비를 하며 수면 위로 파문을 만드는 모습
을 바라봤다. 날개를 활짝 펴고 고개를 아래로 숙이고 다리를 맹렬
히 움직이면서 위로 떠올랐다가 다시 물갈퀴로 노를 젓듯 첨벙대
길 반복하더니 추진력을 얻은 뒤 떠올랐다. 새들은 왕실 호위대가
나팔을 부는 것처럼 큰 소리로 울면서 북서쪽 하늘로 사라졌다. 아
이슬란드로 가나 보다.

　다시 만나길 바라는 것은 이치에 맞지 않는 일이다. 이젠 호수
건너편에서도 큰고니의 흔적을 찾을 수 없다. 큰 고니의 공간이 텅
텅 비어 버렸다.

　피크닉 테이블이 놓인 장소에서 언덕 아래로 내려오는 길에

나는 조금 울적한 기분이 들었다. 잿빛개구리매가 나타날 만한 장소를 발견하고 해가 질 때까지 꼼짝 않고 그 친구를 기다렸다. 떠날 시간이 되자 부모님은 내 마음을 알지만 어쩔 수 없다는 표정을 주고받았다. 물론 두 분의 생각이 옳았다. 나는 하루 종일 뚱하게 있다가 집에 돌아와서는 내 방으로 슬그머니 들어가 글을 쓰고 맥 빠진 모습으로 시간을 보냈다. 오늘은 큰고니가 없었다. 잿빛개구리매도 오지 않았다.

3월 31일 토요일

늦은 오후의 석양 속에서 우리는 보트를 타고 북동쪽 해안 발리캐슬(Ballycastle)을 출발해 몇 킬로미터 떨어진 래쓰린(Rathlin) 섬으로 향했다. 바다오리와 갈매기가 끼룩대는 소리가 공기를 갈랐다. 기대감이 차올랐다.

오늘은 내 생일이다. 아침에 눈을 뜬 채로 침대에 몇 시간 동안이나 가만히 누워 있었다. 멀리서 여우가 캥캥대는 소리를 들으면서 내가 태어난 시각(오전 11시 20분)이 될 때까지 기다렸다. 이번 주 내내 이랬다. 너무나도 흥분되고 긴장되었는데 이유는 알 수 없었다. 어쩌면 새로운 장소에 가는 것이 너무 좋은데 동시에 싫기도 해서 그런 것 같다. 소리도 그랬고 냄새도 그랬다. 누구도 신경쓰지 않는 것들이었다. 사람들이나 옳은 일과 그른 일 역시 마찬가지였다. 좋기도 하고 싫기도 했다. 아주 사소한 일들, 그러니까 보트에 타려고 줄을 서는 것이나 래쓰린 섬에 도착하면 내가 맡아서 해야 하는 일까지도 내 마음을 복잡하게 했다. 여정을 마무리할 때마다 나는 늘 마음속의 자질구레한 것들을 소탕하는 작전을 펼친다. 지난 일을 돌아보며 대부분 터무니없는 감정 소모였다는 사실을 확인하는 것이다. 그래도 여전히 불안을 주체하기 어려웠다. 래쓰린에서는 바깥 활동을 하거나 가족들만의 시간을 보내자고 엄마가 말했다. "괜찮을 거야." 엄마는 나를 다독였다.

항구에 도착했다. 항구의 냄새와 소리, 그리고 솜털오리가 우리를 맞이했다. 며칠간 머무를 숙소로 향하는데 새로운 환경을 향해 들던 거부감이 누그러졌다. 이곳은 뭔가 특별했다. 분위기가 아주 고즈넉했다. 신선한 공기에 다양한 생명이 살아 숨 쉬는 풍경. 우리 오른편으로 댕기물떼새가, 왼편으로는 독수리가 원을 그리며 날았다. 차창을 내리자 온갖 소리가 밀려들어 왔다. 그 소리들은 3시간가량 차와 보트를 타느라 뻣뻣해진 우리의 팔과 다리에 피를 돌게 해 주었다. 산토끼가 돌아다니고 거위가 울어 대는 틈에서 우리는 긴장을 풀고 살아 있음을 느꼈다. 우리를 실은 차는 섬의 서쪽으로 향했다.

숙소에 도착했다. 멀리서도 완벽해 보였다. 인적이 드문 곳에 세워진 전통 석조 건물이었다. 짐을 풀자마자 밖으로 달려 나가 주변을 탐험하기 시작했다. 얼마 지나지 않아 댕기흰죽지와 회색기러기가 사는 호수를 발견했다. 토끼가 여기저기서 튀어나오는 바람에 눈이 아주 바빴다. 감각이 살아나며 뇌가 윙윙 돌아가는 느낌이 들었다.

멀리서 바닷새 소리가 들렸다. 가넷이 수평선 위로 날고 세가락갈매기가 큰 소리로 우짖었다. 바다에는 파도가 잔잔하게 일렁였고 황혼의 하늘에 쇠기러기 떼가 단검 형태로 줄지어 날아갔다. 이제 막 도착했고 며칠을 머물 테지만 떠날 때 얼마나 허전할까 벌써부터 걱정이 되었다. 두려움이 파도처럼 일었다.

내 어린 시절은 꽤 멋졌지만 모든 것으로부터 완전히 자유롭지는 못했다. 지금도 여전히 갇힌 기분이 든다. 나는 자유롭지 않다. 일상은 바쁘게 돌아가고 주변은 사람들로 북적인다. 해야 할 일들과 기대감과 스트레스가 넘친다. 물론 순간순간 느끼는 기쁨도 크다. 하지만 바로 지금, 보기 드물게 아름답고 생명력 가득한 장소에 서 있으면서도 내 가슴속에는 끔찍한 불안감이 솟아오른다. 황금빛으로 물든 들판에서 움직이는 그림자들에 넋을 잃은 채 숙소로 돌아왔다.

저녁 식사를 마치자 하늘 곳곳에서 새들의 노랫소리가 터져 나왔다. 우리는 노을이 물드는 하늘 아래 멈춰 서서 귀를 기울였다. 새소리를 하나하나 구분해 가며 듣다 보니 갑자기 흠뻑 빠져드는 느낌이 들었다. 종달새가 날아오르고 대륙검은지빠귀들이 화음을 이뤘다. 풀밭종다리가 지저귀고 깍도요가 날개를 푸덕였다. 바닷새의 소리도 빠질 수 없다. 우리는 다른 세상에 와 있었다. 차도 없고 사람도 없는 곳. 야생과 대자연만 존재하는 곳.

최고의 생일이었다.

지붕 위 먼 하늘의 금성을 바라보는데 구름 뒤에서 보름달이 고개를 내밀었다. 추워서 손과 코에 감각이 없었지만 심장만큼은 세차게 뛰었다. 이곳이야말로 내가 행복할 수 있는 곳이다. 코트 깃을 단단히 여미고 숨을 깊게 들이마셨다. 자고 싶지 않았다. 이 순간을 지금까지의 모든 기억과 함께 간직하고 싶었다. 불안이 쿵쾅거리며 습격해 오더라도 다시 맞서 싸울 준비가 되었다. 래쓰린 섬에서 들은 야생의 노랫소리로 단단히 무장했으니까.

4월 1일 일요일

맛있는 음식을 먹고 좋은 음악을 들으며 하룻밤을 보낸 뒤에도 새들의 노랫소리가 내 머릿속을 맴돌았다. 잠에서 깨는 순간 일기예보에서 예고한 날씨가 펼쳐질 거라는 생각이 들었다. 구름이 걷히고 푸른 하늘이 드러났다. 아침의 바다는 고요하고 눈부셨다. 부활절 일요일이었다. 우리는 왕립조류보호협회(RSPB)에서 운영하는 웨스트 라이트 시버드 센터(West Light Seabird Centre)로 향했다. 그곳은 우리 숙소에서 멀지 않은 곳에 있는 북아일랜드 최대 바닷새 군락지다.

아침 식사 전에 블라우니드, 로칸과 함께 숙소 주변을 뛰어다녔다. 엄마 아빠가 돌담 사이나 바위틈이나 수풀 속에 숨겨 둔 부활절 초콜릿 달걀을 찾아야 했다. 우리 집 정원에서는 부활절 달걀 찾기가 식은 죽 먹기였는데, 그때와는 너무 달랐다! 우리는 신이 나서 꽥꽥 소리를 지르면서 달렸다. 여기서는 흥분을 감출 필요가 없었다. 주변 몇 킬로미터 내에 아무도 살지 않기 때문이다.

서쪽으로 걷는데 종달새들의 노랫소리가 성가대의 찬양처럼 울려 퍼졌다. 늘 그렇듯 우리가 걷는 풍경 속이 예배당인 셈이다. 산들바람이 부는 화창한 날씨였다. 회색기러기 한 쌍이 호수 저편에서 풀을 뜯고 있었다. 가까이 가자 8마리가 뒤뚱대며 다가왔다. 겁이 없는 녀석들이었다.

센터에 도착했다. 그제야 너무 일찍 왔다는 사실을 깨달았다. 문을 열기까지 30분 정도 기다려야 했다. 이곳에 오는 일은 우리에게 그만큼 급한 일이었다. 이곳에서 헤이즐 아저씨와 릭 아저씨를 만나기로 했는데, 두 분은 이 섬에서 일 년가량 살았고 야생을 향한 열정과 지식이 남달랐다. 두 분은 우리를 따뜻하게 맞아 주었다. 나는 줄곧 웃는 얼굴로 고개를 끄덕였다. 새 이야기를 할 때만 빼고 말이다. 아마 새 이야기를 할 때도 겉으로는 편안해 보였겠지만 내 마음은 그렇지 않았다. 가슴을 쥐어짜는 느낌이 들었다. 계속 대화를 이어 가면서 말의 미묘한 차이와 표정과 억양을 놓치지 않으려 애썼다. 그런 노력은 종종 과해지기도 하는데 그럴 때는 그냥 무시해야 한다. 심장이 너무 빨리 뛰었다. 그러면 나도 모르게 사람들과 거리를 둬서 조금 어색한 상황이 벌어지기도 한다.

우리는 헤이즐, 릭 아저씨와 함께 돌계단을 걸어 바닷새 군락지로 내려갔다. 엄마와 아빠는 어른들끼리 흔히 하는 사교적인 대화를 나눴다. 나에게는 다 인사치레의 불필요한 대화로 들렸지만! 성큼성큼 앞서 나가서 94개의 울퉁불퉁한 돌계단을 내려갔다. 세가락갈매기와 풀마갈매기로 북적대는 바위 절벽이 천천히 모습을 드러냈다. 새들이 춤을 추듯 빙글빙글 날아다녔다. 그 모습을 보는데 가슴속에서 뭔가가 꿈틀댔다. 갑자기 걷잡을 수 없는 기분에 휩싸여 계단을 뛰어 내려간 뒤 전망대를 가로질렀다. 바다오리 떼가 보였다! 흥분한 새들의 울음소리가 내 가슴을 울렸다. 떨리는 손으로 허겁지겁 삼각대를 세우고 망원경을 설치한 뒤 바다를 유심히 관찰했다.

　단색 정장을 입은 듯한 레이저빌이 시야에 잡혔다. 새는 거친 파도에도 당황하는 기색 없이 무리와 줄을 맞춰 몸을 까딱대며 물 위에 떠 있었다. 바다에서 이리저리 흔들리는데도 무척 영리해 보였다. 하늘에는 북방가넷이 무심하게 유선형 몸통을 돌려 방향을 바꾸고 있었다. 먹이를 발견하면 시속 100킬로미터라는 놀라운 속도로 곤두박질치는데 나는 아직 그런 장관을 보지 못했다. 북방가넷은 멋진 눈매에 단순하고 강렬한 선이 특징인 아름다운 새다. 양 날개를 펼친 길이는 2미터 남짓하다. 한 마리를 자세히 관찰해 보려고 망원경을 이리저리 움직였다. 이곳저곳에서 풀마갈매기들이 끼룩끼룩 캑캑대며 울었다. 마치 마녀가 절벽에 앉아서 쉬는 새들에게 마법을 걸어 놓은 듯했다. 풀마갈매기는 진짜 재미있는 새다. 불청객을 쫓아내기 위해 연노랑빛이 도는 산패한 기름을 둥지에 토해 놓는다. 나는 녀석들이 특이하긴 하지만 나름대로 섬세하다고 생각하면서 육지로 헤엄쳐 오는 모습을 지켜봤다. 눈앞에 펼쳐지는 장관을 넋을 놓고 바라봤다. 꽥꽥 우짖는 소리도 완벽했다. 퍼핀이 보이지 않았지만 사실 크게 기대하지는 않았다. 정말 보기 힘든 녀석이기 때문이다.

날씨가 정말 따뜻했다. 평화롭고 행복했다. 블라우니드와 로칸은 조금 따분한 눈치였다. 새를 관찰할 만한 인내심이 모두에게 있는 건 아니니까. 점심을 먹으러 가족들과 함께 가기로 했다. 사실 자리를 뜨기가 쉽지 않았다. 가족들과 섬을 떠나기 전에 한 번 더 들르기로 합의를 하고서야 식당으로 향했다.

오후에는 케블 클리프(Kebble Cliff)로 하이킹을 갔다. 진흙에 찍힌 무수한 토끼 발자국을 보니, 토끼들이 얼마나 익살스럽게 뛰어놀았는지 짐작이 갔다. 이곳저곳에서 토끼들이 출몰했다. 토끼들은 풀 다발 틈에서 불쑥 튀어나와서 잠시 우리를 염탐하듯 머물다가 다시 사라져 버렸다. 독수리와 큰까마귀가 드문드문 하늘을 날았고 송골매도 재빠르게 아래쪽으로 날아갔다. 우리가 걸어가자 길가에 앉았던 꺅도요와 멧도요가 달아났다. 겁먹은 날갯짓에 우리도 같이 놀랐고 덕분에 함께 웃기도 했다. 종달새와 풀밭종다리가 날아올랐다가 다시 내려앉았다. 종달새의 지저귀는 소리가 내 몸 구석구석을 훑는 느낌이었다. 팔랑거리는 나비와 윙윙대는 잠자리 소리만 빠져 있었다. 가만히 서서 조용히 울리는 봄의 소리를 상상해 봤다. 그리고 5월에 꼭 다시 오겠다고 맹세했다. 정말 멋진 하루다.

하루 종일 걷고 탐사하느라 지친 우리는 저녁 식사도 하고 포켓볼도 치면서 쉬기 위해 식당으로 향했다. 나는 머릿속으로 오늘의 순간들을 정리했다. 그렇게 해 두면 다음 주나 다음 달 혹은 미래 어느 때인가에 불현듯 행복감을 느껴야 할 때, 하나하나 떠올릴 수 있다. 인어 꼬리 모양의 래쓰린 섬은 나에게 사이렌의 마법을 걸었다. 나는 완전히 반하고 말았다. 이 섬은 고작 가로 1.5킬로미터에 세로 10킬로미터 크기지만 굉장히 많은 것을 갖고 있다. 우리가 본 것은 일부일 뿐이다. 식당에서 숙소로 돌아오는 길에 엄마와 2킬로미터 남짓 걸으면서 피라미드의 나팔이라고도 불리는 아주가 피라미달리스 꽃이 있나 찾아봤는데 결국 찾지 못했다.

저 멀리 우리가 묵는 숙소가 보였다. 완벽한 모습을 보고 있자니 가슴이 아렸다. 내일이 지나면 떠나야 한다.

4월 2일 월요일

나는 밤에 편안하게 자는 데 익숙하지 않다. 강력한 힘으로 나를 압도하는 거대한 세상을 검토하고 처리하는 일이 버겁기 때문이다. 이른 봄의 래쓰린 섬은 대부분 자연스럽고 차분한 색조를 띤다. 밝은색은 고통스러운 느낌을 준다. 어떤 면에서는 폭력적으로 느껴지기도 한다. 소음은 참을 수가 없다. 자연의 소리는 처리하기가 훨씬 쉽다. 래쓰린 섬에서 들은 소리가 그랬다. 이곳에서 내 몸과 마음은 균형을 이뤘다. 이런 느낌이 자주 들진 않는다. 바쁘고 치열한 일상을 살면서는 어려운 일이다. 이곳에서 나는 느긋하다. 혼자서 몇 시간이고 새들을 지켜볼 수 있고, 원하는 곳으로 자유롭게 걷고, 마음껏 탐사할 수도 있다. 이곳에는 쓰레기도 없고 다른 불쾌한 것도 찾아볼 수 없다. 동물 똥을 싫어하지만 않는다면 말이다! 바로 이런 장소가 나의 호기심을 자극하고 이끌어 낸다. 바다오리와 레이저빌의 알 껍데기(작년의 전리품은 까마귀에게 도둑맞았다), 인어의 지갑이라고도 부르는 상어 알 껍데기, 조개껍데기, 뼈를 주울 수 있는 이런 장소는 호기심을 자극하며 나를 끌어당긴다. 우리 집에는 '퍼매너 타임'이라는 것이 있다. 다른 곳보다 시간이 천천히 흐른다는 의미로 하는 말이다. 하지만 퍼매너 타임은 래쓰린 타임에 비할 바가 아니다. 이곳의 시간은 퍼매너보다 훨씬 다정하고 부드럽게 흘러간다.

아침에 눈을 뜨자 하늘은 어둡고 바람까지 불고 있었다. 그렇다고 밖으로 달려 나가는 일을 미룰 수는 없었다. 바람이 얼굴을 쿡쿡 찌르고 눈과 입에 소금기가 밴 공기가 와 닿았다. 온통 잿빛에 어두컴컴했지만 이곳의 하늘은 명암이 분명하고 색감과 여백이 풍부했다. 도시의 하늘처럼 무거운 느낌이 없었다. 넓게 트였기 때문이 아닐까? 우리는 호수를 다시 살펴보기로 하고 어제 회색기러기를 마주쳤던 장소로 갔다. 가는 내내 쉬지 않고 달렸다. 오늘 아침에는 토끼가 보이지 않았다. 강풍이 불어 오니 안전한 곳으로 숨은 모양이다. 호수가 바람에 온몸을 비틀고 있었다. 회색기러기는 보이지 않았다.

기진맥진한 상태로 숙소에 돌아왔는데 엄마가 비 때문에 돌아가는 배편이 취소되었다고 했다. 만세! 나는 날씨가 개지 않기를 바라며 래쓰린 섬에 발이 묶이는 상상을 했다. 아침 식사를 하면서 식구들에게 섬을 떠나기 전 시버드 센터에 들르자고 했던 약속을 상기시켰다. 하지만 억수같이 쏟아지는 빗속을 걸어갈 수는 없었다. 하는 수 없이 짧은 거리이지만 차를 타고 가야 했다.

오늘은 새가 훨씬 적었다. 레이저빌 몇 마리가, 요동치는 파도에도 유선형 대형으로 떠 있었다. 그보다 몸집이 큰 흰갈매기 한 쌍도 보였다. 날씨가 험했다. 고개를 들고 하늘을 자세히 살펴봤다. 가넷 한 마리가 외로이 날고 있었다. 새가 내는 규칙적인 울음소리가 내 심장이 뛰는 박자와 맞아떨어졌다. 오카디언들(스코틀랜드의 오크니 섬에 사는 사람들을 그렇게 부른다)은 이 새를 태양의 기러기라는 뜻의 '솔란 구스'라고 불렀다. 비가 내려서인지 새의 구슬픈 노래가 따스하게 느껴졌다. 엄마가 내 어깨에 손을 얹었다. 나는 그사이 얼마나 시간이 흘렀는지 전혀 깨닫지 못하고 있었다.

우리는 핫초코를 마시기 위해 시버드 센터로 향했다. 건물 안의 열기 때문에 피부가 빨갛게 달아오르고 따끔거렸다. 엄마와 아빠가 헤이즐, 릭 아저씨와 이야기를 나누는 동안 나는 시간 가는 줄 모르고 생각에 빠졌다. 굳었던 손가락이 풀리면서 감각이 돌아왔다. 그래서 비바람이 부는 밖으로 나갈 거라는 이야기에 귀를 바짝 기울였다. 아마 물개를 찾아보려는 것 같았다.

차를 몰고 항구로 가는데 도착할 즈음엔 빗방울이 잦아들어 한두 방울씩 떨어지는 정도였다. 우리는 해변 쪽으로 나갔다. 물개를 찾는 일은 어렵지 않았다. 파도가 치는 곳에 6마리가 있었다. 물 위엔 솜털오리들도 떠 있었다. 적당히 수수한 암컷에 비해 수컷의 빼어나게 화려한 깃털이 좀 기이해 보였다. 검은머리물떼새들과 붉은발도요 그리고 세가락도요 한 마리가 해초를 쪼고 있었다. 좀 더 멀리 떨어진 곳에서 새 여러 마리가 고개를 까딱이고 있었는데, 막대기같이 긴 다리가 해변으로 쓸려 온 해초 사이로 춤을 추듯 움직였다. 그런데 그 옆에 있는 물개의 몸에 빨갛고 이상한 돌기가 보였다. 플라스틱이 박힌 채로 상처가 아문 것 같았다. 그 광경을 보는 순간 분노가 일었다. 어떻게 야생 동물이 이런 일을 겪게 둘 수가 있을까?

기분을 달래 주려고 엄마와 아빠가 우리를 아늑한 카페로 데려갔다. 부모님은 곧 맥폴 농장으로 갈 거라고 했다. 그날 오후 늦게 농장의 새끼 양들에게 먹이를 주기로 되어 있었다. 리암 맥폴 아저씨는 농장을 운영하면서 래쓰린 섬 왕립조류연구협회 회장직을 맡고 있다. 아저씨는 아일랜드 전역에서 멸종 위기종으로 지정된 흰눈썹뜸부기가 다시 돌아오게 하려고 공을 들이는 중이다. 지난해 수컷이 찾아오긴 했지만 그뿐이었다. 올해는 리암 아저씨가 만들어 둔 쐐기풀 둥지가 효과를 발휘하면 좋겠다. 흰눈썹뜸부기와 상처 입은 물개를 떠올리자, 이렇게 야생이 살아 있는 곳조차 인간의 개입에서 완전히 벗어나지 못하고 있다는 생각이 들었다. 멀쩡한 곳이 없었다. 서식지가 파괴되고 종과 생명이 사라지고 있다. 이곳을 포함해 여러 곳이 자연 상태로 환원되는 중이기는 하지만 해결하기가 쉽지 않은 복잡한 문제다. 나에게는 이런 문제들을 이해할 능력도 판단할 자격도 없다. 하지만 불안하다. 그런 것들을 생각할 때마다 마음의 균형이 산산이 깨어져 버린다.

저녁 시간 내내 맥폴 농장에서 새끼 양에게 먹이를 주면서 생각에 빠져 있었다. 양에게 먹이를 주는 일은 기분 좋았다. 우리는 동물을 좋아한다. 블라우니드는 수의사가 되고 싶어 한다!

숙소로 돌아와서 우리는 촛불을 켜 놓고 책을 읽었다. 아빠는 다라 오 코내올라의 단편집 『밤의 소동』을 소리 내어 읽었다. 그 뒤를 이어 엄마가 시를 몇 편 읽었다. 그러다가 한 사람씩 잠들었다. 부서지는 파도와 외부의 소음으로부터 보호받는 기분이었다.

4월 4일 수요일

조용히 아침이 밝아 온다. 바람이 잦아지고, 섬을 떠날 때가 되었다. 숙소를 정리하고 짐을 싸느라 바빴지만 마음속에서는 여러 감정이 들쑥날쑥 뒤엉키고 있었다. 우리는 서둘러 보트를 타러 갔다. 무거운 마음을 안고 바다로 나갔다. 아무도 웃거나 파도 너머를 가리키지 않았다. 착 가라앉은 분위기에 침묵만이 감돌았다. 아일랜드어로 이런 느낌을 위그누스(uaigneas)라고 한다. 외로움 속에서 느끼는 깊고 깊은 감정이라는 뜻이다.

우리는 너무 빨리 무언가를 발견하고 또 무언가를 잃어버린다. 나 또한 어린 시절의 일부를 잃고 있는지도 모른다. 내 안에는 인어 모양의 래쓰린 섬이라는 공간이 존재한다. 그곳은 다시 채워져야 한다.

4월 7일 토요일

아침에 일어나자 이유 모를 압박감이 느껴졌다. 그 느낌은 하루 종일 내 주변을 에워싸고 나를 짓눌렀다. 정원에는 노랫소리와 활기가 넘치고 여러 가지 좋은 일도 많이 일어나고 있었지만, 내 마음은 심장 떨리는 불안과 우울감 사이에서 갈팡질팡했다. 도시 근교에 갇힌 기분이다. 외진 곳에서 불어오는 바람이 한낮의 공상과 밤마다 찾아드는 상념 사이를 헤집는다. 불안이 군대처럼 진격해 오면 나의 방어 체계는 그대로 무너져 버린다. 나는 안개 낀 듯 뿌연 머릿속을 뒤지면서 눈물과 혼란과 좌절을 덜어 줄 기억을 찾아내려 필사적으로 애썼다. 감정을 억누르려고 이불을 머리끝까지 올려 덮고 다시 선잠에 빠져들었다.

4월 8일 일요일

마지못해, 나 자신을 세상 밖으로 간신히 끌어냈다. 하지만 클라다 자연보호구역(Claddagh Nature Reserve)의 유혹도 나의 불안을 잠재우지 못했다. 그곳에 도착하자 아네모네가 한창이어야 할 숲에 진흙과 돌이 쌓인 커다란 무더기가 군데군데 있었는데 그 탓에 강과 야생 마늘밭 사이의 땅이 지저분해 보였다. 분노가 일었다. 근처 빈 건물에 주차해 놓은 채굴기는 숲이 그 모양으로 변한 까닭을 설명해 주는 증거물이었다.

분노를 삭이며 걸었다. 나무에 돋는 새순과 높은 둑을 뒤덮은 범의귀풀의 황금빛 낙엽이 보였지만 위안이 되지 않았다. 솔새들이 지저귀는 소리도 들렸다. 하지만 나는 못 들은 척 외면했다.

날이 점점 따뜻해졌다. 마블 아치 케이브 글로벌 지오파크(Marble Arch Caves Global Geopark)에서도 험한 축에 속하는 고트마코넬 록(Gortmaconnel Rock)으로 향했다. 우리가 머무는 동안은 아무도 오지 않을 듯한 장소였다. 우리 가족은 퍼매너에 있는 몇몇 장소를 '놀이터'라고 불렀는데 이곳이 그중 하나였다. 올해 들어 처음으로 나비를 봤다. 공작나비였다. 나비는 긴장으로 뭉친 마음을 풀어 주려는 듯 요란하게 날갯짓을 하며 내 가슴 주위를 날아다녔다. 덕분에 호흡하기가 조금 편해졌다. 고트마코넬 꼭대기까지 달려 올라가서 바람이 혼란스러운 마음을 흩날려 버리는 기분을 만끽했다. 눈앞에 펼쳐진 풍경이 나쁜 감정을 빨아들였다. 땅에 누워 구름을 바라봤다. 눈을 감고 손을 가슴 위에 올린 뒤 점점 안정되어 가는 심장 박동을 느꼈다. 그러다 잠깐 잠이 들었다. 아무도 나를 깨우지 않았다. 그렇게 보낸 15분은 이번 주 내내 잤던 시간을 통틀어 가장 편안했다.

4월 18일 수요일

올해 4번째 성적표 때문에 흙과 풀을 멀리해야 한다. 자유라고는 일절 없는 시험의 굴레 속에 갇혀 버린 것이다. 교실은 폐소 공포 그 자체다. 퀴퀴한 공기 속에서 나는 안절부절못하면서 한숨을 쉬고 이리저리 자세를 바꾸고 끙끙댄다. 교실은 밝다. 너무 밝아서 노란빛과 빨간빛이 내 망막을 뚫을 지경이다. 형광등 불빛이 자연광을 잠식하고 있다. 밖이 보이지 않는다. 상자 속에 갇힌 기분이다. 우리 속의 야생 동물처럼.

　스페인어 수업을 좋아하지만 흉물스러운 교실 때문에 집중하기가 힘들다. 대부분의 수업 시간에 나는 스스로 교실 밖으로 나와서 안전 장소에 앉아 있다. 거기 가만히 앉아서 호흡을 가다듬으며 소용돌이 속으로 사라져 버리는 거다. 학교의 '안전 장소'에 고마울 따름이다. 안전 장소는 자폐 스펙트럼이 있거나 또는 다른 이유로 조용한 장소가 필요한 아이들을 위해 학교에서 특별히 마련해 준 곳이다. 어떤 사람들은 내가 격리된다고 생각하지만 그렇지 않다. 그곳에서 나는 안전하다. 그곳에서 내 뇌는 부담을 덜고 활발하게 기능한다.

나는 학교가 좋다. 정말 배우고 싶다. 그런데 학교에서의 배움은 너무 평범하고 시시하다. 주변의 무관심도 견디기 힘들다. 학교에서 배우는 것들은 수도꼭지에서 똑똑 떨어지는 물방울의 양만큼만 흥미롭다. 반면 교실 밖의 세상은 교실 속 세상보다 받아들이기도 이해하기도 훨씬 쉽다. 그곳에서는 꽃, 새, 소리, 곤충 등 한 가지에만 집중하는 일이 가능하다. 학교는 그와 정반대다. 명쾌하게 생각하는 것이 불가능하다. 나의 뇌는 색깔과 소리에 둘러싸여 모든 것들이 정리되어야 한다는 강박에 사로잡힌다. 그러고는 뇌 속의 목록에 체크를 해 나간다. 나는 늘 그런 식으로 신경불안증을 꾹꾹 억누르려 애쓴다. 침착함을 유지하기 위해서다.

4월 20일 금요일

오늘 아침에는 교사협의회에서 주관하는 '에코 스쿨' 행사에서 강연을 해 달라는 요청을 받고 학교 외부로 나왔다. 나는 이런 일을 하는 것이 좋다. 내 임무라고 생각하기도 하고, 더 좋은 의견을 듣고 싶기도 해서다. 우리가 살아가는 세계와 야생 동물을 위해 무엇을 더 할 수 있는지, 어떻게 우리가 변화를 만들어 낼지에 대해 나는 목소리를 높여야 한다. 하지만 돌담에 머리를 부딪치고 있는 것처럼 느껴질 때가 많다.

오늘 행사에서 만난 사람들은 모두 친절하고 의욕이 넘쳤으며 이 행사가 개최된 것을 진심으로 기뻐했다. 또 학교가 매우 적은 자금으로 여러 일을 해내고 있다는 사실을 칭찬했다. 그런데 행사가 열리는 건물로 가는 길에 멋진 정원을 지나는데 동물의 분뇨로 만든 액체 비료 특유의 악취가 났다. 분뇨에서 발생하는 암모니아와 질소 가스는 생물의 생존에 매우 해로워서 대기 중 농도가 일정 수준을 넘으면 생물 종들을 위협할 수 있다. 생물의 다양성에 관해 이야기하기 위해 이곳에 왔는데 다양성 부족의 원인을 마주하다니. 악취도, 잘 가꿔진 정원도 불편하기만 했다.

내가 발언할 차례가 되자 심장이 두근대기 시작했다. 연단에 서자 강연장 뒷부분이 보이지 않았다. 사람들 앞에서 이야기할 때 멀리 있는 빈 벽에 눈을 맞추는 일은 나에게 매우 중요하다. 하지만 연단이 너무 높았다. 나는 초라해진 기분으로 몸을 쭉 늘렸다. 물속에 가라앉은 기분이 들었다. 강연문을 큰 소리를 읽는데 나를 붙들고 있던 끈이 찌르르 전율하며 통증이 일기 시작했다. 추락할 것만 같은 기분이 들었다. 어쨌든 계속 강연문을 읽어 나갔다. 웃자. 사진 찍는 일도 견디자. 낯선 사람들 사이에서도 가능한 한 많이 말하자. 그러다 내가 털 스웨터를 입고 있다는 사실을 깨달았다. 목으로 땀이 줄줄 흘러내리는 이유가 있었다. 얼마나 오랫동안 이렇게 있었는지 알 수 없었다. 마침내 겉옷을 벗었다. 나 자신에게 화가 났다. 왜 진작 이렇게 하지 못했을까? 후텁지근한 강연장에서 겉옷을

벗는 기본적인 일조차 제대로 하지 못하는 나 자신이 정말 싫었다. 나는 그런 종류의 일들을 계획하거나 실천하지 못한다. 누군가 (대개 엄마나 아빠가) 나를 재촉하지 않으면 제대로 못 해내는 거다. 문제는 재촉 자체가 짜증 난다는 점이다.

아빠와 함께 집으로 돌아오면서 내가 좋아하는 음악을 들었다. 대화도 조금 나눴지만 내가 진짜 하고 싶은 건 눈을 붙이고 오늘 있었던 일은 이야기하지 않는 것이었다. 음악이 감각을 전환시켜 줬다. 그러고는 내 안으로 스며들어 압박감을 풀어 줬다. 음악은 항상 기분을 좋게 해 준다. 집에 돌아오자 엄마의 질문과 미소와 그날 있었던 일을 설명하는 내 의무가 한층 긍정적인 느낌으로 바뀌어 있었다. 의무를 다한 뒤 카메라를 들고 정원으로 도망쳤다. 사진은 찍지 않았다. 그 대신 또 잠시 졸았다. 당연히 밤에는 잠이 오지 않았다.

4월 26일 목요일

숙제를 마치고 방에 앉아 있자니 몸이 근질근질했다. 커튼을 젖히고 문을 열었다. 나는 끄트머리에 산다, 집의 맨 끄트머리. 가족들이 지내는 공간에서 뚝 떨어진 차고를 개조한 곳이 내 방이다. 엄마와 아빠는 밤에 내가 외떨어져 있다고 늘 걱정을 한다. 하지만 나는 아기가 아니다. 그 점이 마음에 든다. 바깥으로 나가서 고개를 젖히고 하늘을 봤다. 꽥꽥 소리가 들렸다. 칼새다! 이곳에 머무는 100일 중 첫날이다. 머나먼 아프리카에서 드디어 도착한 것이다. 여름 철 새 중 가장 활기찬 새 떼가 우리 집 위에서 울고 있다.

칼새의 생애에서 가장 중요한 순간을 꼽는다면 둥지 틀 장소 를 찾는 일이다. 하지만 우리 이웃들은 정원을 소독하고 처마 한가 운데에 플라스틱이나 금속 재질로 된 날카로운 창살을 설치한다. 이런 행태는 어디서나 볼 수 있다. 집과 사무실 건물의 틈새를 야생 동물이 번식하지 못하도록 막는 것은 흔한 일이다. '아무데나 똥을 싸 놓다니 정말 짜증 난다!'는 불평도 자주 듣는다. 새들은 정말 더 럽다며 서식지를 잃어도 싸다는 말도 우리 집 앞에서 아무렇지 않 게 쏟아 낸다.

당분간은 칼새 한 마리가 득의양양하게 날아다닐 것이다. 정 찰을 하고, 먹이를 찾고, 짝을 찾고, 영역 싸움을 벌일 상대를 기다 리는 것이다. 수많은 아기 새들이 둥지를 떠나 홀로 긴긴 여행을 한 다는 사실은 정말이지 믿기 어렵다. 그저 놀라울 따름이다. 나는 생 존을 위해 서로 의지하는 인간과 생존에 있어 인간 앞에서 속수무 책인 야생 동물에 관해 곰곰이 생각해 봤다. 저녁 찬 공기에 몸이 부르르 떨렸다. 칼새는 어둠이 내리는 텅 빈 하늘을 뒤로한 채 계속 날아갔다.

잠자리에 들기 전, 화려한 민들레꽃을 수줍게 받치고 있는 수 수한 초록 줄기를 바라본다. 작은 분홍색 꽃봉오리, 처음 피어난 황 새냉이와 꽃황새냉이도. 들판은 한때 우아하고 단아한 봄꽃으로 뒤덮였다. 지금은 날개 끝이 오렌지빛인 유럽갈고리나비가 알을 낳기 위해 고른 휴식처다. 알도 오렌지빛으로 아주 작다. 이후에 우리 정원의 초록 줄기를 전부 확인해 보겠지만, 지난 몇 년간은 알을 찾지 못했다. 아마도 부엌 창문을 통해 보이는 밭과 그곳에 뿌려질 형광 초록빛 액체 비료와 관계가 있을 것이다.

5월 10일 목요일

바람에 뒤집힌 우산처럼 활짝 핀 민들레를 찍으려고 카메라를 가지고 정원으로 나갔다. 민들레를 좋아하니까 제일 먼저 눈에 띈다. 민들레는 햇살 그 자체다. 조금만 기다리면 활짝 핀 꽃 위에서 생명체가 쉬는 모습을 관찰할 수 있다. 민들레는 막 활동을 시작한 꽃가루 매개체들에게 꼭 필요한 생명 공급원이다. 민들레가 뿜어내는 밝은 노란빛은 잔뜩 찌푸린 날에도 주변을 환하게 밝힌다. 봄바람에 이리저리 흔들리는 여느 꽃들과 달리 민들레는 자신만만하게 고개를 쭉 뻗고 있다. 그러니 더욱 눈에 띈다.

황새냉이꽃도 흐드러졌다. 난초도 처음으로 고개를 내밀었다. 작년보다 더 많이 필지 궁금하다. 작년에는 13송이가 아름답게 피었다. 하늘에 떠 있던 작은 구름 몇 조각이 갑자기 비를 뿌리면서 활짝 핀 민들레 위로 빗방울이 툭툭 떨어졌다. 내 눈에 들어온 한 송이만이 비를 맞지 않았다.

민들레는 내가 세상으로부터 나 자신을 닫아거는 방식을 생각
나게 한다. 무언가를 보거나 느끼는 일이 너무 고통스럽기도 하고
사람들에게 마음을 열면 비웃음을 당하기 때문이기도 하다. 괴롭
힘, 욕설과 모욕이 내가 느끼는 강렬한 기쁨과 흥분과 열정에 와서
박힌다. 몇 년 동안 나는 그런 것들을 마음속에만 간직해 두었다.
하지만 이제는 그런 감정과 말들이 세상으로 새어 나가고 있다. 비
내리는 하늘을 향해 고개를 들었다. 떨어지는 구름의 부스러기들
이 내 혓바닥에 닿았다.

5월 11일 금요일

정원, 운동장, 집 주변의 길, 어디에서나 살아 움직이는 생명체를
보면 기분이 좋아진다. 심장이 요란법석을 떨며 가슴을 두드려 대
는 일이 줄어든다는 뜻이기도 하다. 나는 생명체들을 보면서 자연
의 리듬감을 느끼고 매 순간에 몰입하며 각기 다른 파동이 나에게
스며들도록 한다.

늦은 저녁 시간, 우리는 스카우트 단원들을 쫓아 작은 공원으
로 산책을 가기로 했다. 저녁 공기는 훈훈했고 실안개가 껴서 불빛
이 흐릿했다. 랜턴 주변으로 각다귀 떼가 달려들어 성가셨다. 갈대
와 나무 사이에서 온갖 새들이 울어 댔는데 갑자기 모든 소리를 압
도하는 소리가 들렸다. 풀쇠개개비였다. 나는 걸음을 멈추고 울려

퍼지는 노랫소리에 귀를 기울였다. 잠시 후 철조망에 앉은 풀쇠개개비와 버드나무 가지에 앉은 풀쇠개개비의 대화가 시작됐다. 한 마리는 그늘진 곳에, 한 마리는 밝은 곳에 앉아서 나누는 두 새의 대화는 내 가슴을 한껏 들뜨게 했다. 나는 가끔 다른 사람들은 이런 상황에서 어떻게 반응하는지 진심으로 궁금하다. 다른 사람들도 새소리를 들으면서 감격스러워할까? 풀쇠개개비는 사하라 사막에서 날아와 이곳에 정착한 뒤 우리의 여름을 깨알 같은 흥분으로 장식해 준다.

1차 세계대전 중 참호에서 목숨을 잃기 전, 두 해 동안 일생의 시를 지었던 에드워드 토머스는 그 순간을 완벽하게 포착했다.

새들은 가사도 곡조도 없는 노래를 들려주네.
더없는 다정함은 나에게
다정한 말로 들려주는 가장 다정한 노래보다 더 소중하다네.
작은 갈색 새는 5월 최고의 행복
학교 안팎에서 어느 누구도 깨치지 못한 것을
현명하게 되풀이하며 끝없이 들려준다네.

골풀 군락 위로 꽃등에 떼가 새까맣게 떠 있었다. 불빛이 적갈색으로 얼룩졌다. 그 순간 눈앞에 펼쳐진 섬세한 광경에 현기증이 났다. 감성이 폭발하면서 바깥의 말이 내면으로 공처럼 튀어 들어왔다. 나는 그것들을 놓치지 않았다. 바로 종이에 적어 놓으면 다음에 다시 그 순간을 느낄 수 있다.

5월 12일 금요일

우리 동네에 있는 포트힐(Forthill) 공원에 산책을 갔다. 빅토리아 시대부터 있었던 그곳을 느긋하게 돌아다니다가 전에 못 보던 것을 발견했다. 예전에, 우리가 들락거리면서 놀던 참꽃나무겨우살이 덤불이 잘려 나가면서 그 안의 차갑고 어두운 세계도 함께 사라져 버린 일이 있었다. 그런데 놀랍게도 이번 봄에, 그루터기 아래에서 싹을 틔운 프림로즈가 우리 눈에 포착된 것이다. 대체 몇 년이나 그 사실을 모른 채 지냈던 걸까. 프림로즈 사이로 아네모네도 보였다. 꽃은 수줍은 듯 살포시 고개를 내밀고 있었다.

참꽃나무겨우살이가 덮개처럼 드리운 탓에 프림로즈와 아네모네가 제대로 자라지 못하고 성장이 멈춰 있었던 것이다. 그러다가 갑자기 아네모네가 피어나 내 눈에 들어왔다. '아도니스가 흘린 피'라고도 불리는 꽃이, 한때 이곳에서 번성했던 '숲의 피'가 다시 피어나고 있었다. 이것은 유물과도 같다. 고대에 일어난 살인의 단서이며 아일랜드 전역을 뒤덮었던 습지와 숲이 훼손되었다는 증거다. 아네모네가 확산되는 범위는 100년에 2미터 남짓하다. 이곳의 아네모네 꽃밭이 햇볕을 잘 받아서 또 한 번 퍼져 나갔으면 좋겠다. 아이들이 노는 공원과 마을에 아네모네가 피어나길. 여러 신화에 등장해 다양한 사연을 들려주는 아네모네가 다시 곳곳에 피어나 이 시대를 살아가는 사람들의 마음을 열고 삶을 어루만지면 좋겠다.

오래전에 엄마는 공원과 맞닿은 이곳 초등학교에 다녔다. 바로 여기서 산책을 한 것이다. 엄마가 다닌 세인트테레사 여학교의 교복은 잿빛 앞치마에 빨간 장미 배지가 달려 있었다. 엄마는 교복이 마음에 들었다고 했다. 엄마의 이름은 '로신'이고 아일랜드어로 작은 장미라는 뜻이기 때문이다. 엄마는 참나무와 플라타너스 나뭇잎, 솔방울, 밤처럼 생긴 마로니에 열매를 모았다고 했다. 학생들은 자신이 찾아낸 것들을 '자연의 탁자' 위에 올려놓았다. 지금도 자연의 탁자가 있는 학교가 얼마나 있을까. 우리 학교에는 없다.

이곳의 제비는 의기양양하다. 짧은 잔디 위에 선명하게 돋보인다. 나는 누워서 '행복한 왕자'를 올려다봤다. 원래 이름은 콜 기념비로 19세기의 군인이자 정치가였던 G. 로리 콜 장군을 기리기 위해 세운 동상이다. 하지만 우리 가족은 오스카 와일드의 소설에 나오는 동상 이름을 따서 행복한 왕자라고 부른다. 오스카 와일드는 에니스킬렌에 있는 포토라 왕립 학교 기숙사에서 지낼 때, 회색 탑을 바라보면서 겨울에 홀로 남은 외로운 제비의 친구가 되어 주는 소년 동상의 주옥같은 이야기를 상상했음이 분명하다. 이야기 속에서 왕자는 발밑에 펼쳐진 세상의 끔찍한 모습을 목격하고, 조각상 표면을 장식한 금박과 보석을 떼어내 가난한 사람들에게 나눠 주라고 제비에게 부탁한다. 동상은 흉한 모습으로 변하고 사람들은 동상을 해체해 용광로 속에 넣어 버린다. 결국 제비는 죽고 왕자는 부서진 심장을 남긴다. 그러자 천사들이 제비와 심장을 천국으로 가져가서 도시에서 가장 아름다운 것이라 칭한다.

이 이야기를 들을 때마다 눈물이 난다. 나뿐 아니라 가족 모두가 운다. 나는 풀숲 깊숙이 몸을 웅크리고 제비들의 그림자를 바라보며 지저귀는 소리에 귀를 기울였다.

오스카 와일드는 포토라를 경멸했다. 나 역시 그곳에서 18개월을 보내면서 영혼이 파괴되는 경험을 했다. 나는 왜 그곳에 가려고 했을까. 아마도 아일랜드에서 가장 유명한 작가가 그곳에 다녔기 때문일 것이다. 소설가 사무엘 베케트는 분명히 그곳을 좋아했던 것 같다. 베케트는 운동을 좋아했으니까. 나로서는 매일매일이 고통이었다. 그걸 잘 숨겼을 뿐이다. 힘세고 인기 많고 운동을 잘하는 아이들은 늘 남을 괴롭히는 데 앞장섰고 입만 열면 거짓말을 했다. 추악한 거짓말. 빌어먹을 거짓말들. 나는 몸을 일으켰다. 심장이 쿵쾅대며 요동쳤다. 1년이 지난 지금까지 당시를 떠올리는 것만으로도 너무 고통스럽다. 그곳을 떠나서 너무 기쁘다. 다시 아네모네 한 떨기를 바라봤다. 홀로 외로워 보였지만 그래서 더 아름답기도 했다.

5월 13일 일요일

익숙한 곳에 가도 항상 같을 수는 없다. 늘 뭔가가 바뀌어 있다. 새로운 날엔 새로운 방식으로 살짝 바뀌고, 관점을 달리해서 바라보면 전에 보지 못했던 무언가가 나타나기도 한다. 그 무언가는 돌담처럼 무해한 것일 수도 있다. 갈라진 돌 틈에서 수많은 생명체를 발견하기도 한다. 잠시 시간을 내어 돌담을 바라보자. 장담하는데, 반드시 뭔가 발견할 거다. 그렇게 발견한 것은 멈춰 서서 바라보는 사람들만을 위해 준비된 공연과도 같다. 오늘의 공연은 돌담 너머에서 열렸다.

우리는 예전부터 킬리키간 자연보호구역(Killykeeghan Nature Reserve)을 산책했다. 킬리키간은 작고 비밀스러운 장소로 우리 집에서 가깝다. 덕분에 늘 우리만 있는 것처럼 느껴지는 곳 중 하나이기도 하다. 오늘 우리는 뻐꾸기 소리를 듣고 석회암이 깔린 길을 뛰어다니면서 난초와 포유동물의 배설물을 찾아 다녔다.

블라우니드는 담장 너머 엿보기를 좋아해서 호시탐탐 기회를 노린다. 블라우니드에게는 육감이 있다. 우리 둘 다 그런 감각이 있다. 블라우니드는 엿보기 딱 좋은 장소에서 멈췄다. 고대에 돌로 세운 벽인 캐셀(cashel) 뒤편에는 숨겨진 연못이 있다. 수면 위로 하늘이 비치고 물결에 따라 그림자가 지기도 하고 빛이 반짝이기도 했다. 올챙이 떼가 헤엄치며 뭉쳤다 흩어졌다를 반복했다. 그 모습에는 삶의 순환과 예측과 매혹의 서사가 담겨 있다. 우리는 진흙이 묻

은 돌담을 기어올라 가 기뻐서 어쩔 줄 몰라 하며 안쪽에서 일어나
는 일들을 지켜봤다.

메탄가스가 올라와서 물 위로 기포가 일었다. 그걸 보니 윌
오더 위스프와 밴시에 관한 민담이 떠올랐다. 윌 오더 위스프는 유
기물의 사체가 분해되면서 뿜어져 나오는 붉은빛이 춤추는 듯 너
울거리는 섬광으로 흔히 도깨비불이나 승천하지 못하고 이승을 방
황하는 영혼이라고 여겨진다. (밴시는 여자 요정이다.) 아빠는 증조
부의 농장이 있는 탐나하리(Tamnaharry)에서 어둠 속에서 춤추는
윌 오더 위스프를 본 적이 있다고 했다. 요즘에는 좀처럼 만나기 힘
든 현상이다. 농지와 배수시설이 들어서면서 늪지와 습지대가 대
부분 사라졌기 때문이다. 반딧불이 같은 생물이 빛을 내는 생체 발
광 작용이나 메탄가스가 연소되는 것이 밴시와 윌 오더 위스프 같
은 민담과 설화들로 만들어져서 사람들의 마음을 매료시킨다는 점
은 매우 놀랍다. 즉, 민담과 설화는 자연계의 낯설고 아름다운 현상
에 영향을 받았고, 인간의 상상력이 자연에 뿌리를 두고 있다는 증
거이기도 하다. 무엇보다 나는 연못을 바라보는 것이 그냥 좋다. 그
러니 당연히 마음의 건강에도 좋을 것이다. 대개 내 머릿속은 매우
정신없이 돌아간다. 물벼룩, 물방개, 소금쟁이, 잠자리 유충을 관
찰하는 것은 과민한 나의 뇌를 위한 처방이기도 하다.

수면에 잔물결이 일었다. 그때 내 머리 위로 부서지던 빛이 커
다란 빗방울로 변했다. 물방울이 눈썹을 타고 얼굴 위로 흐르자 정
신이 돌아왔다. 블라우니드와 나는 산울타리 옆에 비를 피할 만한

곳을 찾아다녔다. 곧 비가 멎자 블라우니드는 엄마 아빠에게로 가 버렸다. 나는 혼자 다른 방향으로 걸었다.

지구의 공전 덕분에 특정한 시기에만 접할 수 있는 것들이 있다. 오늘은 뻐꾸기 소리를 무척 듣고 싶었다. 나는 계절의 시작을 알리는 '첫 번째' 것에 집착하는 편이다. 모든 것의 처음은 매우 특별하다. 오늘은 바로 그 첫 번째 뻐꾸기 소리를 듣고 싶은 열망으로 움직이다가 가족들로부터 꽤 멀리 떨어진 곳에 왔다는 사실을 깨달았다. 동시에 나는 개암나무와 블루벨이 가득한 비밀의 숲에 들어와 있었다. 잊고 있던 장소가 갑자기 기억날 때의 느낌을 아는지? 나는 작은 숲에서 막 걸음마를 배우던 때로 돌아갔다. 엄마가 나를 들어 올릴 때까지 라일락꽃을 밟아 뭉개고 있었다. 그 기억을 뒤로하고 빠르게 두 해 정도가 흐르더니 쇠똥구리를 찾으려고 쇠똥을 뒤적이고 이끼 낀 둑에 올라가 뭔가를 찾던 때가 떠올랐다. 눈물이 날 것만 같았다. 혼자 있으니 평화로운 마음에 과거의 기억이 떠올랐고, 그때의 기억이 지금 이곳에서 머리 위로 우거진 나뭇가지 사이로 반짝이는 햇빛과 사향 냄새와 겹쳤다.

푸릇푸릇한 빛이 개암나무와 블루벨이 한창인 숲속 비밀스럽게 난 길을 비췄다. 길이 있어서 안도했다. 종 모양의 야생화 속에 산다는 요정들의 분노를 살까 봐 두려웠다. 블루벨의 종소리가 불길하다는 이야기도 있다. 그 소리를 들은 사람은 운이 지지리도 없는 귀를 가진 탓에 죽음의 마법에 걸린다.

나는 조심조심 숲길을 걸었다. 이제 어린 시절의 불도저 같던

성미는 사라졌다. 그 자리를 공손한 마음이 채웠다. 블루벨이 숲을 뒤덮으려면 우리가 지구에서 보내는 것보다 훨씬 오랜 시간이 걸린다. 블루벨 숲은 귀하고 황홀할 정도로 멋지다. 그리고 블루벨은 자신에게 마음을 연 수많은 이들에게 주문을 건다. 블루벨은 씨앗이 자라 구근을 만들기까지 5년이 걸린다. 노동은 느리지만 성장은 완벽하다.

블루벨 꽃밭, 봄의 순환, 그중에서도 느닷없이 나를 놀라게 한 것은 바로 뻐꾸기 소리였다. 뻐꾸기의 노랫소리는 컸고 꽤 가깝게 느껴졌다. 하지만 구태여 찾지는 않기로 했다. 나는 소리에 귀를 기울였다. 이곳에서는 다 괜찮아지리라는 생각에 마음이 놓이면서 미소가 지어졌다.

5월 18일 금요일

정원 그네에 앉아 있었다. 울타리를 두른 작은 정원에는 햇볕이 내리쬐고 새들이 노래하고 꿀벌이 부산하게 날아다녔다. 그네에서 풀쩍 뛰어내려 우리의 작은 들통을 들여다봤다. 조약돌과 깨진 토분 조각으로 들통을 채우고 어서 빗물이 차오르기를 기다리던 때가 떠올랐다. 우리는 아빠의 작품인 연못에서 흙탕물을 한 컵 떠 와서 부었다. 연못 속에는 산소를 공급하는 식물이 심겨져 있기 때문이다. 아니나 다를까 마법의 흙탕물은 생명을 자라게 했다. 물벼룩이 제일 먼저 나타났다. 일주일이 지나지 않아 달팽이도 보였다. 그 다음은 물방개였다. 그러고 나서 잠자리 유충이 보였고, 귀하디 귀 한 올챙이가 나타났다. 새들이 우리의 마법 들통을 찾아와 물을 마 시고 목욕을 했고 물밑에서는 변태가 진행되었으며 올챙이 5마리 도 아주 잘 살았다! 꼬물꼬물 헤엄치고, 물방울을 뿜어내고, 들통 가장자리에 붙은 물풀을 뜯어먹었다. 자기만의 들통 만들기에 도 전한다면 누구든 마법을 경험할 것이다. 들통 속의 생명체들을 바 라보면서 보내는 봄날의 저녁은 그야말로 마법에 걸린 듯 황홀하 다. 그렇다, 완전 끝내준다!

저녁을 먹으러 집에 들어갔다가 금방 다시 나와서 들통으로 직진했다. 들통은 끊임없이 선물을 건네 주며 우리를 놀라게 한다. 나는 서로 다른 종들이 어떤 방식으로 상호 작용하는지 관찰하기 를 좋아한다. 톡토기는 물의 표면장력을 이용해 활발하게 정찰 활 동을 펼친다. 표면장력은 곤충에게 두꺼운 피부 같은 역할을 하는 데, 톡토기는 아주 작은데다 신나게 뛰어다니느라 수면 아래에서 무엇이 돌아다니는지 눈치채지 못한다. 어두운 물속에서는 배고픈 물벌레가 노처럼 생긴 뒷다리를 저으며 철사처럼 날카로운 주둥이 를 벌리고 공격할 준비를 한다. 물벌레와 톡토기의 접전은 대단하 다. 톡토기는 아주 빠른데, 꼬리처럼 생긴 부속물인 도약기와 배의 힘으로 튀어 나간다. 물벌레는 우아하게 광기를 뿜어낸다. 톡토기 와 물벌레가 서로 쫓고 쫓기면서 벌이는 한 판을 한 시간 정도 지켜 봤다.

나는 자기 전에 한 번 더 들통을 들여다봤다. 톡토기는 아직 살아 있었고 생생해 보였다. 얼마나 오래 버틸까? 나는 마음으로 깡충깡충 뛰었다. 집 안을 깡충거리며 돌아다니는 꼴을 보이기에 내 몸은 너무 커져 버렸으니까. 행복한 마음으로 잠자리에 들었다. 우리는 어린아이 같은 행동이 잘못된 것이라고 배운다. 그러면 안 된다고 말이다. 그런 감정을 표현하지 못하는 세상이 슬프고 안타깝다. 기쁨 없는 세상, 단절된 곳. 나는 수많은 감정들을 밀어냈다. 눈을 감으니 꼬물대는 올챙이와 톡토기들과 교묘히 숨어 있는 물벌레가 아른댔다.

<u>5월 19일 토요일</u>

아침 식사 전에 다시 들통을 확인했다. 물벌레는 아직 버티고 있었지만 톡토기는 사라지고 없었다. 궁금해하거나 찾지는 않았다. 자연스럽게 사라진 거다. 나는 올챙이를 세어 보고 안도의 한숨을 내쉬었다. 토분 조각 주변을 헤엄치는 녀석들과 들통을 대각선으로 가로지르는 나무토막 위에서 쉬는 한 마리까지 올챙이 숫자는 어제와 같았다.

아빠와 차로 2시간 가까이 걸리는 다운패트릭(Downpatrick)으로 가서 일을 본 뒤 인치 애비(Inch Abbey)에 들렀다. 인치 애비에는 까마귀 떼가 평지에 둥지를 튼 곳이 있는데 내가 정말 좋아하는 장소다.

벌레들이 윙윙거리는 소리와 서남쪽 쿼일(Quoile) 강 어딘가에서 들려오는 제비갈매기의 꽥꽥 소리만 빼면 여름 저녁의 느낌이 들었다. 사방에 나비가 날아다녔다. 폐허가 된 시토 수도회 사원 쪽에서 갈까마귀가 우짖었다. 갈까마귀 떼가 조용히 우리 주위로 착륙하는데 조금 다른 소리가 들렸다. 까악 거리는 소리는 아니었다. 돌담 틈새를 살펴보니 잔가지를 쌓아 둔 곳에 아기 새들이 있었다. 갑자기 사방에서 삐악대는 소리가 들리는 듯했다. 나는 물러서서 숨겨 놓은 둥지를 쉴 새 없이 들락날락하며 새끼들에게 먹이를 물어다 주는 부모 새를 지켜봤다.

우리 새 모이통을 찾아오는 갈까마귀들의 검은 형체에 나는 매번 깜짝깜짝 놀란다. 모이통 가장자리에 불안정하게 앉은 모습이 어쩐지 어울리지 않아 보이기도 했다. 지방과 갖가지 씨앗을 섞어 공처럼 뭉쳐서 걸어 둔 먹이에 와락 달려들어 채 가는 까마귀의 사촌들(특히 떼까마귀들)과 달리 갈까마귀는 꽤 고상하게 먹이를 먹는다. 지능이 매우 높은 지각 있는 새다. 또 갈까마귀는 사람의 눈을 들여다보고 의도를 읽어 내려 하며, 요령을 익힐 줄도 안다. 정말 놀라운 생명체다. 목탄처럼 어둡고 짙으면서 반질반질 윤기가 도는 깃털도 정말 멋지다.

켈트족 신화에는 갈까마귀 떼에 관한 이야기가 나온다. 갈까마귀들은 떼까마귀와 큰까마귀의 괴롭힘을 피해 성안의 도시로 들어가게 해 달라고 왕에게 간청한다. 왕은 이를 거절하지만, 갈까마귀들은 포기하지 않고 먼스터(Munster) 지방을 거인 포모리안족 (Fomorian)의 공격에서 보호해 준 마법의 반지를 되찾아 준다. 왕은 마음을 바꿔 갈까마귀를 받아들이고 조류 시민으로 인정한다.

나는 이런 이야기들이 정말 좋다. 자연주의자인 나의 삶을 풍요롭게 해 준다. 우리는 잃어버린 연결고리를 되찾기 위해 좋은 이야기들을 찾아낼 필요가 있다. 이야기는 우리의 상상력에 원료가 되며, 야생의 존재들에게 생명을 부여하고, 우리가 자연과 동떨어져 있지 않은 그것의 일부라는 사실을 일깨운다. 조류 시민! 현실에서도 가능한 일 아닐까?

5월 26일 토요일

늦은 봄의 연휴를 맞아 래쓰린 섬에 돌아오니 기분이 정말 좋았다. 지난번과 같은 숙소인 돌로 지은 오두막에 묵었다. 오후에는 시버드 센터에 갔다. 지난번보다 사람이 훨씬 많았다. 엄마는 전망대로 내려가기 전에 우리를 한쪽으로 데려갔다. 거기서 우리끼리 통하는 암호를 주고받은 뒤 함께 손을 꽉 잡았다. 갑옷을 입었다고 상상하면서 군중 속으로 들어가는데 감각이 팝콘처럼 톡톡 터지는 느낌이 들었다.

5월에서 7월 사이의 번식기에 이곳 절벽에 서면, 모든 것이 한꺼번에 훅 밀려오는 경험을 하게 된다. 청량함과 거리가 먼 냄새.

다채롭다 못해 어지러운 소리들. 바다오리, 세가락갈매기, 레이저빌, 풀마갈매기, 퍼핀 같은 수천 마리의 새들이 공중을 빙빙 돌거나 물속으로 곤두박질치거나 둥지를 보호하기 위해 주변을 순찰하거나 어슬렁어슬렁 걸어 다닌다. 그야말로 놀라운 광경이다. 웅장하기 이를 데 없다. 이곳은 생존과 인내의 냄새로 진동한다. 나는 온몸이 간질간질하고 과잉 흥분상태가 되지만 꾹 참아야 한다.

　이제 각각의 종에 집중해 볼 작정이다. 꾸벅꾸벅 졸면서 뭔가를 기다리는 풀마갈매기부터 시작해 본다. 혼자서 왕좌의 여왕처럼 앉아 있는데, 가만히 보면 날개 그림자를 드리우며 공중을 날아다니는 다른 새의 보호를 받고 있다. 암컷 풀마갈매기는 마치 열반에 이른 부처처럼 에너지를 아끼면서 자리를 지킨다. 그다음에는 함께 모여 있는 어마어마한 바다오리 떼가 눈을 사로잡는다. 숫자가 많으면 안전하다. 바다오리들은 높이 솟은 바위를 완벽하게 뒤덮어 버렸다. (정확히 말하면 새들과 배설물이 덮었다.) 레이저빌들은 목을 길게 빼고 부리로 딸깍딸깍 소리를 내기도 하고, 화려하고 윤기 나는 깃털을 고르기도 하면서 서로를 유혹하는 중이다. 그럴 때면 흑백의 대조가 유난히 도드라져서 폭동이 일어나 영토를 다투는 것처럼 보이기도 한다. 세가락갈매기들은 짝을 지어 절벽에 꼭 붙어 있거나 함께 날아다닌다. 이들은 갈매기들 중 가장 유순해 보이지만, 바다를 횡단하는 데 한 해의 절반을 보내기 때문에 유목민처럼 강인하고 굳세야 한다. 어린 새들은 2살이 넘어야 육지로 돌아온다. 작은 몸으로 뒤뚱뒤뚱 걷는 녀석들이 보인다. 퍼핀이다!

좁고 긴 눈 때문에 몽유병자처럼 보이는데, 초록색 풀밭을 걸어갈 때는 작은 몸을 잔뜩 부풀린다. 그 모든 것이 나름대로의 노력처럼 보이지만, 실제로는 단호하고 카리스마가 넘친다. 나는 퍼핀이 작은 조사관처럼 이 굴에서 저 굴로 바쁘게 돌아다닐 때 옆에 오즈의 마법사를 대동하고 있는 건 아닐까 상상한다. 비행할 때는 놀랍게도 1분에 400번이나 날갯짓을 해 시속 90킬로미터까지 속도를 낼 수 있다.

웃음이 났다. 절벽에서도 훤히 보일 정도로 활짝 웃었는데 내 웃음이 모든 새들의 날개와 부리에 가닿을 것만 같았다. 나는 다른 사람과 이야기를 나누며 소통해 보겠다는 새로운 도전을 시작하기로 했다. 이런 환경 속에서는 훨씬 쉬울 것이다. 나는 나의 자연 서식지에 있다. 이런 것들을 다른 사람들과 함께 나누는 일은 매우 기쁠 것이다.

5월 27일 일요일

잠이 부족해서 입이 마르고 눈이 뻑뻑했다. 신나게 빠져들 만한 일을 찾아야 한다. 내가 가지지 못한 것에 대해 불평하지 않고 하루하루를 버틸 능력을 길러야 한다. 미지의 것에서 기쁨을 찾자. 인생은 모르는 것투성이이고 우리는 예외없이 어둠 속에서 분투하고 있다. 최소한 나에게는 많은 사람이 갖지 못한 위안거리가 있다. 나에게는 가족이 있다. 나는 마음이 따뜻하다. 나에게는 넘치는 사랑이 있다. 그것이면 충분하다.

어제는 정말 굉장했다. 잰걸음으로 전망대에 오르자 바람에 실려 온 새소리가 따뜻한 공기와 섞이면서 가슴속으로 스몄다. 전망대에서 내려와 저녁을 먹으러 식당에 갔다. 태양이 하늘을 진홍빛으로 물들이면서 천천히 바닷속으로 들어가는 모습을 지켜봤다. 우리는 잔을 들고 행운을 빌며 이야기를 나눴다. 엄마와 아빠가 대화하기 시작하자, 나는 바닷물이 들어왔다 빠져나가기를 반복하는 것을 의식하면서 이 순간이 우리에게 계속 움직여 나가라고 말해주고 있다고 생각했다. 다른 곳으로 집을 옮기고, 새로운 풍경 속에서 새로운 사람들을 만나고, 그렇게 움직이라고.

엄마는 우리가 새롭게 시작해야 한다고 했다. 로칸과 내가 새 학교에 다녀야 한다고도 했다. 아빠 일자리 때문에 벨파스트 근처로 이사를 가야 한다. 그곳으로 가면 할아버지가 돌아가신 뒤로 혼자 지내시는 할머니 집과도 가까워진다. 나는 고개를 끄덕였다. 엄마 아빠가 하는 말이 이해되었다. 하지만 소금기가 가득한 공기를 들이마시는데 목구멍이 활활 타오르는 느낌이 들었다. 나는 모든 것을 있는 힘껏, 가능한 한 멀리 밀어냈다. 부정. 혼란. 엄마와 아빠가 우리를 재빨리 살피더니 서로 쳐다봤다. 이럴 때는 나를 혼자 둬야 했다. 하지만 엄마는 그렇게 하지 않고 우리를 끌어안았다. 아무 말 없이 우리는 숙소로 향했다. 기분이 묘했다.

내 머릿속을 뒤흔들던 긴장감이 힘을 잃어가고 있다. 타오르는 태양빛을 받으며 잠에서 깼다. 아침을 먹고 루 포인트(Rue Point)로 향했다. 도착하니 해초와 염소 사체 때문에 악취가 진동했다. 냄새는 지독했지만 어렴풋이 드러나는 바다와 섬의 절경을 덮지는 못했다.

바다 호랑가시풀로 뒤덮인 둑에 앉아 쉬면서 바위 사이에서 날갯짓하는 종달새를 관찰했다. 쌍안경으로 다른 것은 없는지 훑어봤다. 햇살이 너무 강해서 위쪽의 형상을 알아보려면 눈을 가늘게 떠야 했다. 회색 바다표범이 바위 위에 대자로 누워 있었다. 기분 좋게 햇볕을 쬐면서 몸을 여기저기 긁기도 했는데 아주 여유로워 보였다. 진심으로 부러웠다. 새벽부터 해 질 때까지 바위 위에 누워 지내다가 식사 때가 되면 몸을 한 번 꿈틀 움직여서 바닷속으로 뛰어들기만 하면 된다. 가만히 있을 때부터 몸을 움직일 때까지 어떤 준비나 중간 동작이 없었다. 나는 한 마리 한 마리를 관찰하며 행동을 비교했다. 비슷해 보이지만 각각의 개성이 매우 뚜렷했다. 몇 달 뒤면 번식 활동이 시작된다. 지금은 최대한 쉴 때다.

1914년, 회색 바다표범은 아일랜드 정부가 법으로 보호하기로 지정한 첫 번째 동물이다. 하지만 회색 바다표범 보호법은 수산업과의 갈등을 매듭짓지 못했고 사냥도 계속되었다. 다행히 1970년대 후반, 사람들이 격렬히 항의하면서 더 이상의 포획은 일어나지 않았다. 하지만 생물학자 리지 댈리는 자신의 단편 영화 〈조용한 암살자〉에서 2018년 스코틀랜드의 연어 양식장 근처 해안에서 총에 맞아 죽은 바다표범이 발견되었다는 사실을 폭로했다. 이 문제는 여전히 논란 중이다.

바위 위로 피가 흐르는 상상을 하면 속이 메스껍다. 머리를 흔들어 생각을 떨쳐 버리고 바깥세상으로 눈을 돌렸다. 바다표범들과 상당한 거리를 유지한 채, 녀석들이 자기 영역을 지키느라 이리저리 꿈틀대고 밀치면서 몸을 움직이는 한 편의 드라마를 보고 있자니 엄청난 만족감이 밀려왔다. 정말 멋진 무성영화였다. 바다표범이 자신의 영역을 지키려는 욕구와 비사교적인 행동이 이해가됐다. 바람이 방향을 바꾸자 악취가 나를 덮쳤다. 이건 아니다. 내가 아무리 열정 넘치는 자연주의자라지만 자리를 옮겨야 했다. 나는 다른 장면들을 찾아 나섰다.

까악까악 울어 대는 까마귀와 늦봄에 피어나는 들꽃인 클로버, 미나리아재비, 갯장구채 사이에서 하루가 흘러갔다. 풀밭에 누워 파란 하늘에 둥글넓적하게 피어오르는 적운을 바라봤다. 나는 이렇게 조용하고 고독한 순간이 좋다. 래쓰린에서 보내는 이번 주말은 진짜 짧다. 너무나도 짧다.

땅거미가 지면서 하늘을 블랙베리 색으로 물들인다. 공기는 차갑고 건초 향기가 짙게 배었다. 너무 어두워지기 전에 우리는 차로 섬을 돌아보기로 했다. 한때는 아주 흔해서 더블린 시내와 영국과 아일랜드 전역의 들판과 농장 어느 곳에서든 들을 수 있었던 소리에 우리는 귀를 기울였다. 갓길에 차를 세우고 기다렸다. 사방에 정적이 흘렀다. 너무 고요해서 귀가 먹먹했다. 내 심장소리가 들렸다. 마치 소리가 내 귀로 터져 나올 것만 같았다. 기대감에 입에서

쇳내가 났다. 아빠가 시동 버튼을 누르려는 찰나, 뜸부기가 울기 시작했다. 선명하고 마치 톱니바퀴 소리처럼 가늘게 떨리는 소리였다. 흰눈썹뜸부기였다. 그 소리는 농업의 발전에 희생된 새끼양의 울음소리, 소의 웅얼거림, 다른 야생의 소리에 의지해 끓어오르듯 울려 퍼졌다.

예전에는 농작물 수확이 늦어서 짝을 이룬 흰눈썹뜸부기가 밭에 둥지를 틀고 새끼를 낳아 기르기가 수월했다. 그러다 봄과 여름 동안 목초를 말리지 않고 빨리 수확해 신선하게 저장하는 방식의 농법으로 대체되었다. 농법이 달라지자 새들의 생태도 영향을 받았다. 상상도 못 했던 일이 벌어진 것이다. 칼날이 생명을 베어 버렸다. 상상해 보라. 알이 죄다 깨져 버렸다. 종의 미래가 산산이 부서졌다. 모조리 사라져 버린 것이다. 범인은 물론 운전석에 앉은 인간이다.

요즘은 수컷만이 무한한 하늘을 노래하며 날아다닌다. 수컷 뜸부기의 울음소리에 응답할 암컷이 없다. 우리는 조용히 앉아서 소리를 들었다. 차 안에서 모두가 미소를 짓고 있었다. 나는 가족들을 사랑하지만 그 순간만큼은 미소 짓는 가족들을 향해 소리를 지르고 싶었다. 나는 그 기쁨을 함께 나누지 못했다. 눈물이 뺨을 타고 흘렀다. 나는 차를 빠져나와서 조용히 소리 나는 쪽을 향해 걸었다. 아주 작은 공간이었다. 마른 갈대 사이에 흙으로 덮인 조그마한 땅이 드러나 있었다.

나는 "미안해"라고 속삭였다.

새는 아랑곳하지 않고 뜸북뜸북 울어 댔다. 이 계절이 끝날 때까지 계속 그렇게 울 것이다. 밤이면 밤마다. 끈질기게.

그 모습을 보고 소리를 들으면서 나는 외로웠고 절망스러웠다. 강렬한 감정이 마음속을 휩쓸었다. 뭔가 해야만 한다. 목소리를 내야 한다. 싸워야 한다.

하늘에 어둠이 짙게 내렸다. 나는 차로 돌아갔다. 흰눈썹뜸부기는 계속 울었다.

6월 1일 금요일

한 주간 학교에 다니고 주말이 찾아왔는데 아직도 얼이 빠진 상태다. 그네에 앉아서 어른 참새가 모이통 앞뒤를 날아다니거나 땅을 콕콕 파서 새끼에게 먹이를 물어다 주는 모습을 지켜봤다.

혓바닥이 묵직한 느낌이었는데 일주일 내내 그랬다. 말을 하기 힘들었다. 시험이 얼마 남지 않았다. 이번 시험은 매우 중요하다. 내가 치러야 할지도 모르는 중등 교육 자격 검정 시험에 영향을 주기 때문이다. 그 시험 자체는 문제가 아니다. 사실 나는 필기시험을 좋아한다. 나는 도전을 좋아하는 편이지만 이건 너무 빨리 닥치는 느낌이다. 그사이 새로운 것들을 충분히 익히지 못했다. 너무 답답하고 지친다.

만약 내가 글을 쓰지 않았다면 끊임없이 나를 뒤덮는 솜털 같은 가벼움, 흐릿함, 감당하기 어려운 소음을 걸러 내고 자세히 살펴 정리할 방법을 몰랐을 것이다. 아마 나는 무너져 버렸을지도 모른다. 모든 압박감이 나를 짓이겼을 거다. 하지만 나는 이렇게 존재하고, 지금은 금요일 저녁이며, 우리는 내일 연못 낚시를 하러 갈 계획이다.

창문 밖으로 몸을 내밀고 2분 간격으로 휙휙 오가는 형체를 넋을 놓고 바라봤다. 성실한 부모 새가 부지런히 날아다니는 중이었다. 새들은 잠시도 쉬지 않았다. 기쁨이 가득한 시간이다. 곧 어린 새들이 밖으로 나오면 정원에 활기가 넘칠 것이다. 수컷 재색멋쟁이새가 담장에 앉았다. (오늘 아침에도 한 마리가 찾아왔었다.) 퉁퉁한 몸에 산홋빛 가슴이 회색빛 담장과 대비되어 화려해 보였다. 새는 민들레꽃송이에 달린 씨앗을 쪼아 먹으려고 폴짝 뛰어내렸는데, 움직이는 모양새가 좀 어색했다. 녀석은 몇 번을 더 시도했고, 가슴 깃털이 탁한 분홍색을 띤 암컷이 가세했다. 두 녀석은 재잘재잘 대화를 주고받았다. 수컷의 등에 난 은빛 깃털이 나에게 아주 가깝게 다가왔다. 손을 뻗으면 만질 수도 있을 듯했다. 휙휙 움직이는 꼬리가 더 가까워졌다. 나는 숨을 죽이고 마음의 준비를 했다. 바로 그때 잔디 깎기가 웅웅 소리를 내며 돌아갔고, 우리의 짧은 만남도 그 속으로 빨려 들어가 버렸다.

6월 2일 토요일

긴 목초지를 달렸다. 톡 쏘는 냄새가 옷에 배었다. 캐슬 아치데일의 큰 참나무 아래에 멈춰 서서 나무껍질에 뺨을 대고 쉬었다. 나뭇결을 보호하는 오래 묵고 거친 껍질이 느껴졌다. 나무가 숨을 쉬는 소리에 귀를 기울였다. 우리의 리듬이 뒤엉켰다. 눈을 감았다.

다 자라는 데 300년이 걸리고, 다 자란 채로 300년을 살고, 소멸하는 데 또 300년이 걸린다. 그런 생각을 하자 내가 이 위대한 존재의 껍질을 꼬물꼬물 기어 올라가는 개미처럼 작게 느껴졌다.

이 나무는 거의 5세기 동안 개미와 더불어 수백 종의 다른 생물들을 도왔을 것이다. 나무에 등을 기대고 앉아 우거진 나뭇가지를 올려다봤다. 산들바람이 불자 나뭇잎이 반짝였고 내 몸도 환해졌다. 되새가 두 가지 음으로 박자를 맞추자 나머지 무리들도 노래를 하기 시작했다. 나뭇가지에 앉은 새들이 모두 함께 노래했다. 나만을 위한 공연이었다. 나는 잠시 되새 떼의 노래를 감상하다가 멀리서 들려오는 반갑지 않은 소음에 방해받기 전에 그곳을 떠났다. 우쭐한 기분이 들었다. 나는 완벽한 타이밍에 떠났고, 깡충거리면서 연못에 있는 다른 사람들에게 돌아갔다.

하늘이 심상치 않았다. 눈 깜짝할 사이에 구름이 하늘을 뒤덮었다. 약 2분간 천국이 열렸다 닫히더니 반짝이는 빛이 우리 눈앞으로 달려들었다. 잠자리 떼였다. 잠자리의 비단결 같은 날개에는 석탄기의 지도가 새겨져 있다. (잠자리의 조상이 공룡과 함께 날아다넸을 당시에는 날개폭이 무려 2미터에 이르렀다.) 잠자리는 터보 부스터를 받은 빛 조각처럼 조용히 날아올랐다. 빛을 받은 날개가 수십억 년 전 과거를 우리에게 슬쩍 보여 준다.

나는 공중에서 격전을 벌이는 별박이왕잠자리를 발견했다. 격전의 대상은 파리 떼였다. 별박이왕잠자리가 막대기 같은 다리 안쪽에 파리를 잡아넣었다. 빨간색 실잠자리 두 마리가 잎 위에 앉아 몸을 뒤틀어 하트 모양을 만들며 구애활동을 하고 있었다. 수컷이 암컷을 머리 뒤쪽에서 꽉 움켜쥐고 있었다. 실잠자리 커플은 함께 날아올랐는데 다른 실잠자리가 참견하려 했지만 꼭 붙어서 떨어지지 않았다.

비가 곧 올 것 같지는 않았기 때문에 우리는 양동이에 물을 채우고 연못에서 잡은 날도래 유충, 소금쟁이, 램즈혼 스네일, 물맴이, 거머리를 넣었다. 벌레들은 서로에게서 떨어지려고, 틈새로 비집고 들어가려고, 양동이를 탈출하려고 애쓰며 구불거리고 꿈틀댔다. 우리 가족들의 다섯 쌍의 눈은 애나 어른이나 할 것 없이 호기심으로 반짝였다. 이 순간, 석양 아래서 우리는 작은 양동이 속의 생물들과 우리 주변에서 움직이는 모든 살아 있는 것에 연결되어 있었다.

6월 5일 화요일

늦봄의 따스한 기운에 정원의 꽃들이 만개했다. 강한 햇살에 눈이 부셨다. 학년이 끝날 무렵 찾아오는 짙은 피로와 분노를 보상해 주기에 충분했다. 우정은 항상 나를 교묘히 피해 갔다. 우정이란 과연 무엇일까? 내가 생각하는 우정은 둘 혹은 그 이상의 사람들 간에 주고받는 행동과 말의 집합체인데 사람들은 우정을 나누며 성장하고 변한다. 그러니 좋은 것이 분명하다. 사람들도 그렇게들 말한다. 하지만 나는 우정이라는 것을 경험해 본 적이 없다. 학교에서 몇몇 아이들과 단체로 보드 게임을 해 보기도 했다. 하지만 '말'은 하지 않았다. 무슨 할 말이 있단 말인가? 가끔은 한번 말하기 시작하면 입을 다물지 못할 것 같은 기분이 들기도 한다. 그런 적이 있긴 했다. 여러 번 있었다. 하지만 매번 끝이 좋지 않았다. 우리 반 애들은 함께 동네를 돌아다니거나 축구를 하거나 뭐든 좋아하는 운동을 했다. 어쨌든 그 애들은 이야기를 나누지 않는다. 자기들과 뭔가 다른 구석이 있는 사람을 향해 히죽대고 기분 나쁘게 킬킬거릴 뿐이다. 안타깝게도 비웃음의 대상은 바로 나다. 그 애들과 내가 다르기 때문이다. 나는 우리 반 아이들과도 다르고 우리 학교 대부분의 학생들과도 다르다.

다행히 오늘 쉬는 시간에는 백할미새가 둥지를 드나드는 모습을 봤다. 그런 새가 있는데 내가 어떻게 외로울 수 있을까? 야생 동물은 나의 피난처다. 앉아서 새를 보고 있으면 대부분의 어른들은 괜찮냐고 묻는다. 마치 그냥 앉아서 세상 돌아가는 모습을 바라보거나 다른 종들이 하루를 시작하는 모습을 보면서 생각에 잠겨 있으면 괜찮지 않다는 뜻 같다. 야생 동물은 사람들이 그러는 것처럼 나를 실망시키는 일이 절대 없다. 자연은 나에게 순수하고 꾸밈없는 모습으로 다가온다. 나는 백할미새가 둥지를 들락날락하는 모습을 보다가 조금 가까이 다가갔다. 살짝 안을 들여다보니 지난주에 봤던 알들이 부화해 새끼들이 태어나 있었다. 밝은 노란색의 작은 부리가 조용히 열렸다 닫혔다 했다. 이건 마술이다. 이 새는 운동장에서 춤추고 깡충깡충 뛰는 사람들이 그렇게 많은데도 누구의 눈에도 띄지 않았다. 시곗바늘처럼 쉼 없이 움직이는 활기찬 새의 꼬리는 절대 땅에 닿지 않는다. 부모 새가 다시 나타났다. 새소리가 본격적으로 울려퍼졌다. 누가 볼까 봐 속으로 웃었다. 나는 많은 것을 억눌러야 한다. 많은 것을 단계적으로 차단해야 한다. 정말 지치는 일이다.

우리 집 정원 주변을 어슬렁거리다가 처음 피어난 허브 로버트 꽃을 발견했다. 파릇파릇한 색들 사이에 핀 분홍색 야생화였다. 나는 그 이름을 정원에서 처음 발견한 것을 적는 공책에 기록했다. 기분이 좋았다. 아빠가 퇴근해서 돌아오는 소리가 들렸다. 아빠는 상처 입은 박쥐를 데려왔다. 박쥐는 올해 처음 봤는데 우리가 돌보게 된 것이다. 암컷 박쥐는 한 해에 새끼를 한 마리만 낳는다. 그러니 얼마나 소중하겠는가. 우리는 밀웜을 주고 우윳병 뚜껑에 물도 담아 줬다. 박쥐의 주둥이가 너무 작아서 블라우니드의 그림 붓에

물을 묻혀서 혓바닥에 떨어뜨려 줘야 했다. 나뭇잎이나 웅덩이에서 떨어지는 물방울을 받아먹는 느낌이 들기 바랐다. 탈수증은 다친 박쥐의 주요 사망 요인이기 때문에 물을 공급하는 일은 중요하다. 몸이 회복되면 밀웜을 스파게티 먹듯 씹어 먹을 것이다.

박쥐들은 정말이지 악의 없고 소심한 생물이다. 영화나 할로윈 축제에 등장하는 이상하게 과장된 이미지와는 걸맞지 않다. 박쥐는 곤충의 수를 통제한다. 집박쥐 한 마리는 하룻밤에 각다귀 3천 마리를 잡아먹는다. 박쥐 수가 적당하지 않으면 벌레 떼의 습격으로 캠핑을 망칠 수도 있다는 사실을 사람들은 알까? 아마 상상도 못 할 것이다.

박쥐는 지금 내 방에서 자고 있다. 내 방은 매커널티 가족들의 왁자지껄함으로부터 떨어져 조용하기 때문에 종종 박쥐가 날아든다. 나는 방에 박쥐가 날아들어 오면 항상 푹 잔다. 밤중에 박쥐가 긁어 대는 소리가 들려도 무섭지 않다. 오히려 위안이 된다.

6월 8일 금요일

무거운 마음으로 학교까지 터덜터덜 걸어갔다. 박쥐는 하룻밤을 넘기지 못했다. 우리는 단지 한 마리만 잃은 것이 아니었다. 우리는 그 박쥐의 대를 이을 세대를 통째로 잃었다. 고양이 때문에 입은 상처가 너무 심각했다. 아빠는 감염으로 죽었다고 했다. 마음이 너무 아팠다. 시험이 모두 끝났지만, 내 기분은 나아지지 않았다.

방과 후에 로칸과 함께 집에 가자 엄마와 블라우니드가 기쁨에 찬 비명을 지르고 있었다. "아기 새들이 나왔어! 아기 새들이 나왔다고!" 엄마가 아이처럼 기뻐하며 소리쳤다. 그건 많은 아이들이 8살이나 9살이 되기 전에 잃어버리는 그런 모습이다. 그 흥분은 사람을 잔뜩 취하게 했고 나에게도 스며들었다. 나는 조금 붕 뜬 느낌이 들었다. 우리는 나는 법을 막 배운 진박새와 푸른박새와 참새가 소나무 가지에 앉아 쉬는 모습을 창문을 통해 지켜봤다. 새들은 입을 벌려 소란스럽고 활기 넘치는 노래를 불렀다. 불협화음을 내는 무리를 바라보면서 나는 녀석들이 어른이 된 모습은 보지 못하겠구나 생각했다. 우리는 곧 이사를 가야 한다.

나는 이사를 완강히 거부해 왔다. 하지만 내일 우리는 다운 카운티의 캐슬웰란(Castlewellan)에 집을 구하러 갈 예정이다. 이런 상황을 앞둔 내 마음은 온통 뒤죽박죽이다. 짜증이 나는 건지 아니면 신나는 일이 다시 시작될지도 모른다는 예감 때문에 설레는 건지 모르겠다. 내 자신을 다시 창조할 기회도 생길 것 같긴 하다.

엄마가 내 기분을 알아차렸다. 나는 최선을 다해 활짝 웃어 보이면서 엄마를 안았다. 이사는 가족 중 누구에게도 쉽지 않은 일이겠지만 엄마와 아빠가 대부분의 일을 해결할 거다. 내가 걱정하는 일까지도.

매일, 엄마는 나와 동생들을 모두 앉혀 놓고 우리가 겪어야 할 상황을 세세하게 설명해 준다. 공원이건 극장이건 누군가의 집이

나 카페에 가는 일이건 항상 그렇게 했다. 매번 어떤 식으로 예의를 갖춰야 하는지 세심하게 교육했다. 사회적인 신호, 몸짓이 담은 의미, 무슨 말을 해야 할지 모를 때 쓸 간편한 답변까지. 그림, 생활 동화, 도표, 만화도 활용했다. 많은 사람들이 내가 '자폐아처럼 보이지 않는다'고 의심하며 추궁한다. 나는 자폐아 같지 않다는 말이 무슨 뜻인지 모르겠다. 나도 '자폐 스펙트럼'에 관해 꽤 많이 알고 있지만 우리는 모두 다르다. 우리는 한눈에 알아볼 수 있는 품종 같은 것이 아니다. 우리는 사람이다. 우리가 특이해 보이지 않는다면 그건 우리의 본모습을 감추려고 애쓰는 중이기 때문이다. 우리는 감추고 억누른다. 그러려면 엄청난 노력이 든다. 그렇다 해도 훨씬 더 많은 노력을 기울이는 것은 우리 엄마다. 엄마는 여전히 노력하는 중이다. 엄마는 어린 시절 혼란과 극심한 고통을 직접 경험했다. 그래서 우리의 경험이 자신보다 낫길 원한다. 엄마와 아빠는 이사를 걱정하고 엄마는 마인드맵을 그려 가며 꼼꼼히 계획을 짠다. 엄마는 모든 것이 딱 맞아떨어지도록 할 방법을 안다. 그런 면에서 나는 운이 좋다. 나는 진짜 행운아다.

6월 9일 토요일

눈부시게 아름다운 날이다. 여름 날씨라서 나는 (펑크락 밴드 언더톤스의 '나의 완벽한 사촌'이라는 노래 제목이 적힌) 새 티셔츠를 꺼내 입었다. 그 옷 덕분에 기분이 좋았다. 나도 왜 취향을 과시하는 듯한 티셔츠를 좋아하는지 이유를 모르겠다. 어쩌면 사람들을 겁 줘서 쫓아 버리거나 내가 관심 없는 주제의 대화가 나를 빼고 시작되길 바라서일지도 모른다. 어느 쪽이 되었든 아직까지 그런 일이 일어난 적은 없다.

우리는 첫 번째 집을 둘러봤는데 엄마는 그 집을 싫어했다. 말하지 않아도 알 수 있었다. 나도 그 집이 싫었다. 위층에서 몬(Mourne) 산맥이 보이긴 했지만 그 집은 너무 좁았다. 두 번째 집은 훨씬 나았지만 손봐야 할 곳이 많았다. 전망은 굉장히 좋았다. 하지만 두 집 모두 우리 마음에 불을 지피지 못했다. 그래서 감사하게도 오늘은 그쯤에서 마무리했다. 아직 오전이었고 우리는 캐슬웰란 포레스트(Castlewellan Forest) 공원을 돌아보기로 했다. 그곳은 정부에서 관리하는 자연림으로 침엽수 조림지와 붉은솔개 서식지를 볼 수 있다. 호수와 숲속 산책로도 있다. 로칸과 블라우니드는 와 본 적이 있지만 나는 처음이다. 정말 아름다운 곳이다. 점점 기대가 커졌다. 만약 이곳으로 이사 오면 우리는 숲 옆에 살게 된다. 무성한 나무숲을 근처에 두는 것이다! 자동차 대신 자전거를 탈 수 있다는 뜻이기도 하다.

이것은 아이들에게 무척 중요한 문제다. 우리는 부모님 세대가 자연에 접근했던 방식대로 자연에 다가갈 수가 없다. 우리가 야생 동물과 자연 환경을 접할 권리는 현대 문명과 '발전'에 강탈당했다. 우리의 탐사 경로는 개발과 도로와 공해로 끊겨 버렸다. 에니스킬렌에서 자전거를 타기로 마음먹는다면 그건 목숨을 걸고 모험에 나선다는 뜻이다. 도로는 꽉 막히고 혼잡하며 불친절하다. 특별히 나처럼 순간순간 멈춰서 바라보고 싶어 하는 사람에게는 더욱 그렇다. 우리는 항상 산림 공원이나 자연보호구역으로 가야 했다. 그런 다음에는 삭막한 콘크리트 건물과 깔끔하게 손질된 잔디로 돌아와야 한다. 그러니 숲 바로 옆에서 살 수 있다는 건 정말 엄청난 일이다!

그 생각이 머릿속에 계속 메아리치자 나는 차츰 행복감에 젖어 들었다. 그러다 결국 좋아서 어쩔 줄 모르는 지경에 이르렀다. 태양 빛 아래 이곳저곳에서 춤추듯 날아다니는 제비, 흰털발제비, 칼새 떼와 함께 우리는 짜릿한 행복을 만끽했다. 새들이 무척 많았다. 한 번에 그렇게 많은 새가 날아다니는 광경은 본 적이 없었다. 동생들과 셋이서 함께 본 적도 없었다. 강력하고도 자극적인 모습에 우리는 몸을 들썩이며 곁눈질로 서로를 살피고는 조심스럽게 웃었다. 모든 걱정을 잠시 미뤄 두고 말이다.

공원에는 평화 미로가 있다. 1998년, 북아일랜드 신·구교계 정파들 간의 오랜 분쟁을 끝내기 위해 영국과 아일랜드 공화국의 중재로 굿프라이데이 협정이 체결되었다. 미로는 협정이 가져올 진정한 평화와 화해를 기원하면서 학생 5000명과 인근 지역 어린이들이 함께 주목 6000그루를 심어서 조성한 것이다. 하지만 지금도 갈등은 완전히 사라지지 않았다. 우리는 분노에 휩싸여 미로를 통과한 뒤 밧줄로 된 출렁다리에 도착했다. 걸음을 멈추고 쌍안경을 꺼냈다. 붉은솔개 3마리가 하늘로 솟구쳤다가 우리 머리 바로 위 높이까지 낙하하길 반복하며 활공하고 있었다. 믿기 힘든 광경에 넋이 나갈 지경이었다. 우리는 하늘을 바라보며 조용히 합의하고 있었다. 이곳은 살기 좋은 곳이라고.

우리는 지친 몸을 이끌고 워렌포인트(Warrenpoint)에 있는 할머니 집으로 갔다. 이곳에서 오늘 밤을 보낼 것이다. 엘시 할머니 집 뒤뜰로 나가면 엄청난 풍경이 펼쳐진다. 그곳에서는 칼링포드(Carlingford) 호수와 몬 산맥과 쿨리(Cooley) 산맥이 보인다. 매일 모습을 달리하는데, 색이 미묘하게 바뀌거나 산 위에 구름이 얹혔다가 흩어지는 방식이 조금씩 변하는 식이다. 오늘은 태양이 높이 솟았고 참새들이 지저귀고 있었다. 우리는 저녁 식사 전에 해변을 산책하기로 했다.

걸으면서 해변을 청소했다. 오늘은 쓰레기가 많지 않아서 해변을 돌아볼 시간이 넉넉했다. 로칸은 '오늘의 물건'을 발견했다. 파도에 매끈하게 다듬어진 갑오징어 뼈였다. 표면이 비단결처럼 윤이 났다. 사실은 뼈라기보다는 껍데기라는 편이 옳다. 알을 낳고 몇 주 뒤에 죽은 암컷의 것으로, 두족류 동물의 뼈는 시간이 흐른 뒤에 해변으로 올라오는 경우가 많다. 로칸이 주운 갑오징어 뼈에는 폴라스조개가 만들어 놓은 듯한 구멍이 파여 있었다. 속에 생명체가 있는 것 같아서 물기가 마르기 전에 바다로 돌려보냈다. 우리는 바짝 마른 갑오징어 뼈를 하나 더 주웠다. 그건 할머니 집으로 가져갔다.

그날 밤엔 로칸과 함께 방을 썼다. 우리는 어둠 속에서 늦게까지 흥분에 겨워 갑오징어가 어떻게 움직이는지 이야기하다가 잠이 들었다.

6월 16일 토요일

즐거운 나날이 쉴 틈 없이 이어지다가 흐지부지되고 말았다. 가끔 견디기 힘들 정도로 더웠고 정원 역시 어려움을 겪고 있다. 풀은 바싹 말랐고, 나는 여름 방학을 앞둔 학기 마지막 주를 지나고 있다.

다음 주에는 초청을 받아 스코틀랜드에 갈 예정이다. 이머 루니 박사님이 엄마에게 문자를 보낸 것이다. 루니 박사님은 북아일랜드 맹금류연구소(Northern Ireland Raptor Study Group)에서 일한다. 전에도 루니 박사님을 몇 번 만난 적이 있는데 한번은 잿빛개구리매의 날(Hen Harrier Day) 행사 기간이었고, 또 한번은 기금 마련 걷기 대회를 마친 뒤였다. 박사님은 내 열정을 알고 있다. 특히 맹금류를 향한 애정을 잘 안다. 박사님이 나의 영웅 데이브 선생님과 함께 엄마와 나를 초대했다. 데이브 선생님은 참매에 위성과 연결된 꼬리표를 부착한 뒤 이동 경로를 연구할 예정이다.

참매라니! 소식을 듣자마자 나는 맹금류 도감을 살폈다. 그러다가 참매가 나온 부분에서 멈췄다. 순해 보이는 매였다. 참매가 우는 소리를 들어 본 적이 있다. 소리는 빅 도그 포레스트의 침엽수림

속에서 들렸다. 사방이 조용한 가운데 고막이 찢길 듯 큰 소리가 났다. 실제로 모습을 본 적은 없었다. 곧 볼 수 있을지도 모른다! 상상도 안 됐다. 하지만 믿어야 한다. 아주 많은 것을 배울 기회다.

나는 정신을 차리고 오늘 빅 도그 포레스트로 순례를 떠난다는 사실을 떠올렸다. 이사하기 전 마지막 방문이 될 것이다. 모든 일이 빠른 속도로 진행됐고 우리는 집을 구했다. 괜찮아 보이는 곳이었다. 정원에는 마가목이 자랐고 도로를 건너면 바로 우리가 지난주 돌아봤던 숲 공원이었다. 오늘 아침 모두가 잔뜩 들뜬 상태였지만 나는 엄마와 아빠의 핼쑥한 얼굴에서 지친 표정을 읽어 낼 수 있었다. 엄마는 우리가 다닐 학교를 찾고, 특수 교육 필요 인정 보고서와 중등 교육 자격 검정 시험 선택 여부를 정리하고, 버릴 가구와 가져갈 가구를 나누어 처리했으며, 그러는 와중에도 집에서 블라우니드를 가르쳤다.

우리는 행복한 마음으로 출발했다. 하지만 빅 도그 포레스트에서 감정을 정리해야 한다는 것은 미처 생각하지 못했다. 이곳에서 나는 처음으로 잿빛개구리매가 나무에서 날아오르는 광경을 보았고 참매의 울음소리를 들었다. 이 숲은 나를 위한 장소였다. 얼마 뒤면 다시 찾아올 일도, 늘 그랬듯 느릿느릿 숲을 거닐며 한가로운 시간을 보낼 기회도 사라질 것이다. 이사 갈 곳의 숲 공원도 언젠가는 추억이 샘솟는 장소가 되겠지만, 지금은 그 생각을 하는 것조차 이곳을 배신하는 기분이 든다.

아빠와 로칸과 블라우니드가 리틀 도그를 오르는 동안 엄마와 나는 늘 잿빛개구리매를 관찰하던 호숫가에 앉아 있었다. 나는 붉은제독나비 두 마리에 정신을 빼앗겼다. 나비들은 햇살을 받으면서 서로 빙글빙글 원을 그렸다. 눈이 부셨다. 나는 직감적으로 고개를 들었다. 커다란 새가 보였다. 맹금류가 확실했다. 새는 우리 머리 위를 날아 가문비 나무숲 사이로 들어갔다. 꿈만 같았다. 나는 덜덜 떨면서 검고 흰 날개 한 쌍에 집중했다. 마치 바람 속에서 헛간 문 한 쌍이 퍼덕이는 것 같았다. 엄마와 나는 놀라서 소리를 꽥 질렀다. 물수리였다! 엄마가 재빨리 사진을 찍어 이머 루니 박사님에게 전송했다. 박사님은 우리가 이미 아는 사실을 확인해 주었다. 이 새는 이주 무리에 끼기에 너무 늦어 버렸다. 물수리의 이런 의심스러운 출현은 어떤 징조일지도 모른다. 물수리가 아일랜드에서 다시 번식할 수 있을까? 우리는 팔짝팔짝 뛰면서 잿빛개구리매를 기다렸다. 그러다가 재빨리 마음을 다잡았다. 얼마 지나지 않아 마음속 불만이 쏟아져 나왔다. 잿빛개구리매가 나타나지 않아서가 아니었다. 그렇게 단순한 문제가 아니었다. 우리는 이곳에 더는 오지 못할 것이고 잿빛개구리매를 만나지도 못할 거다. 기분이 가라앉았다. 너무 슬펐다.

여름
Summer

땅바닥에 누워 참나무 가지를 올려다본다. 그림자로 얼룩덜룩한 빛이 우거진 가지 사이로 비치고, 나뭇잎이 고대부터 내려온 주술을 속삭인다. 이곳에 뿌리내리고 살아오면서 내가 전혀 알지 못하는 광경을 보고 소리를 들었을 이 나무는 숱한 멸종과 전쟁과 사랑과 상실을 목격했을 것이다. 우리가 나무의 언어를 번역할 수 있다면 얼마나 좋을까. 그러면 나무의 목소리를 듣고 그들의 이야기를 읽을 수 있을 텐데. 나무는 믿기 힘들 정도로 많은 생명을 주관한다. 이 웅장한 거인의 겉과 속과 밑에서는 수천 종의 생물이 살아가고 있다. 나는 나무가 인간 본성이 더 나은 방향으로 나아가도록 영향을 준다고 믿는다. 이 참나무가 생태계와 연결된 방식으로 우리도 참나무와 연결되어 있다면 좋을 텐데.

나는 종종 머리 위로 드리운 나뭇가지가 세상으로부터 나를 보호해 준다는 상상을 한다. 하지만 대개는 별 효과가 없다. 내가 세상으로부터 받은 굴욕감은 절망으로 굳어진다. 나는 심호흡을 하고 이런저런 말을 무시하며 공격을 견딘다. 하지만 견디는 데 에너지를 너무 많이 써서 녹초가 된다. 6월쯤 되면 나는 속이 텅 빈 채로 오즈를 향해 가는 밀짚 허수아비 같다는 생각이 든다. 텅 빈 느낌을 혼란이 뒤덮는다. 사람들은 어떻게 그렇게 잔인할까? 내 또래들. 그 애들은 어떻게 그렇게 치고 박고 욕설을 퍼부어 댈 수가 있을까? 누가 아이들에게 잔인함을 가르치는 걸까? 왜 조롱하고 비웃는 걸까? 이 모든 증오는 어디서 오는 걸까?

다행히 고통은 누그러든다. 그들은 나를 다치게 하지 못한다. 그들에게는 나를 지배할 힘이 없다. 더 이상은 그럴 수 없다. 나는 세상에서 아름다움만을 본다. 적어도 그러려고 부단히 애쓴다. 우리를 둘러싼 인생은 너무나도 황홀하고, 말할 수 없이 흥미롭다. 자폐 스펙트럼 탓에 나는 모든 것을 한층 민감하고 강하게 느낀다. 나에게는 기쁨을 거르는 필터가 없다. 남들과 조금 다르고, 즐겁고, 활기차고, 매일매일 행복의 파도 위에서 넘실거리며 사는 모습을 대부분의 사람들은 좋아하지 않는다. 사람들은 나를 좋아하지 않는다. 하지만 나는 내 흥분을 누그러뜨리고 싶지 않다. 왜 그래야 하는 걸까?

참나무 아래의 모든 것이 빠르게 성장하고 있다. 캐슬 아치데일 포레스트는 내가 공허와 싸우면서 애쓰는 동안에도 생기가 넘친다. 나는 6월 말을 고대하는 중이다. 그때쯤이면 학기를 마무리하고 다시 집에서 가족과 함께 안전하게 지낼 수 있다. 내 성적은 항상 완벽에 가깝다. 그건 그나마 쉬운 부분이다. 모두가 전화번호를 교환하고 방학 동안 만날 약속을 잡는 동안, 나는 그저 놀라고 당황한 채 어색해하며 서 있었다. 나도 친구를 사귀고 무리에 끼고 싶지만, 그렇게 어울려야 한다는 것도 마음에 들지 않는다. 대신 나는 가족들과 집에서 여름을 보낼 거고 날씨가 좋은 날은 야외로 나갈 작정이다. 할 일은 많다. 꽃가루받이, 중세 시대 연구, 시 읽기, 음악 듣기. 엄마는 자신이 어렸을 때 하지 못했던 것을 우리에게 경험하도록 해 주겠다고 마음먹었다. 우리는 매번 만족한다. 그중에서도 장거리 여행을 좋아한다. 우리는 학교에서와는 달리 제자리에 머무를 일이 없다.

우리가 항상 그렇게 자유롭게 다녔던 것만은 아니다. 나는 심하게 짜증을 내곤 했는데 7살 때 절정에 달했다. 다른 가족들과 함께 시간을 보낼 때면 다른 부모나 아이들에게는 그야말로 지옥 같은 시간이었다.

참나무 아래의 땅에 햇빛이 비쳐 눈이 부셨다. 나는 풀에 반사되는 빛을 바라봤다. 따사로운 햇살 속에서 기억의 파편이 드러났다. 10년 전이었다. 오늘같이 따뜻한 여름날이었고 학교 도서관을 나서던 참이었다. 나는 땅에 떨어진 갈까마귀 깃털을 주워서 옆에 선 여자아이에게 건넸다. 그 아이는 내 행동 때문에 자주 혼란에 빠졌는데 그날도 예외는 아니었다. 그 아이는 혐오스러운 표정으로 깃털을 쳐다보았다. 그 애의 엄마가 깃털을 잡아채더니 던져 버렸다. 아줌마는 "끔찍하다"면서 "더러워"라고 말했다.

지금도 그때 내 마음속에 끓어오르던 열기가 느껴진다. 마치 끓는 수프 방울처럼 요란한 소리를 내면서 터져 버리던 분노를. 나는 감정을 주체하지 못하고 괴성을 질렀다. 고함 소리가 너무 컸고 너무 오래 소리를 질러 대서 로칸이 울음을 터뜨렸다. 엄마는 내 눈에서 상처와 혼란을 봤을 것이다. 그렇다고 엄마가 할 수 있는 일은 없었다. 지금도 나는 그 순간이 한 아이의 엄마이자 누군가의 친구이며 또 한 인간인 나의 엄마에게 어땠을지 궁금하다. 엄마는 나를 조금도 나무라지 않고 부드럽게 다독였다.

그때의 깃털은 내가 누군가에게 주려고 했던 첫 번째 야생의 선물은 아니었다. 하지만 마지막이었던 것만은 분명하다. 가족 말고는 누구도 그 깃털처럼 아름다운 선물을 받을 자격이 없다고 나는 생각했다. 사람들은 그저 멀리서 자연을 즐기려는 듯하다. 벚꽃이나 낙엽은 나무에 붙어 있을 때 아름답다. 그곳이 자기 자리인 것이다. 하지만 축축하고 딱딱한 바닥이나 잔디나 운동장에 떨어지면 그리 대단해 보이지 않는다. 달팽이는 혐오스러운 생물이다. 여우는 농작물에 해를 입히는 동물이고 오소리는 위험하다. 이런 이상한 생각들이 거미줄처럼 나를 휘감았고 나는 그 속에 완전히 갇히고 말았다. 내 존재가 성가신 파리처럼 느껴졌고 잘못된 상식들이 나를 졸라맸다. 인간의 편견이 야생 동물을 장악하고 나를 통제하고 있다. 하지만 좋아하는 것에는 기쁨이 있다. 나에게는 통제력을 회복하기 위해 맹렬하게 그리고 정정당당히 맞서 싸울 힘이 있

다. 참나무 아래 누워 있으면 땅 아래에서부터 강한 감정이 밀려온
다. 뿌리가 나를 휘감고 멈추지 않는 에너지로 나에게 힘을 주는 느
낌이 든다.

6월 21일 목요일

낮이 가장 긴 하지라 해가 새벽 3시부터 뜨기 시작한다. 밤은 짙고 공기는 맑았으며 사방이 조용했다. 차에 짐을 싣고 벨파스트의 선착장을 향해 출발했다. 엄마와 나는 이머 루니 박사님, 켄드루 콜하운 박사님과 함께 여행 중이다. 두 분은 조류학 전문가로 스코틀랜드 캘란더(Callender) 지방을 여행하는 길에 우리를 초대했다. 우리는 탐험을 떠나는 원정대다. 참매와 함께 제대로 된 현장 연구를 하기로 했다! 이 모든 상황이 마이클 로젠이 쓴 『곰 사냥을 떠나자』라는 동화 같았다. 나는 그 생각을 하면서 차 안에서 웃음을 참았다.

우리는 별 사건 없이 제때에 페리선 선착장에 도착했다. 비행기로 여행할 때는 항상 번거로운 일이 생겼다. 비행기 탑승 시간이

지연된다든가 좌석이 지나치게 좁다던가 하는 것들 말이다. 그렇게 사람들과 가까이 붙어 있어야 하는 상황에 나는 상당히 예민한 편이다. 다행히 이번엔 달랐다. 나는 안락한 각도로 기울어진 의자에 자리를 잡고 잠을 청했다. 아마도 엄마는 쉬지 않을 것이다. 꿈틀대다 눈을 떠 보니, 역시나 엄마는 책을 읽고 있었다. 이머 루니 박사님과 켄드루 콜하운 박사님은 나란히 앉아 눈을 붙이고 있다. 엄마가 나를 보고 웃으며 말했다. "나는 조용한 시간을 즐기는 중이야. 이렇게 조용한 곳에 있어 본 적이 없거든."

　다시 눈을 붙였다. 엄마가 깨웠을 때 우리는 뭍에 가까워지고 있었다. 갈매기를 관찰하는 전망대로 가서 또 다른 것이 보이는지 살폈다. 구름이 걷히고 푸른 하늘이 드러났다. 기분이 무척 좋았다. 정말 기대됐다. 하지만 나의 흥분이 공황상태로 빠져드는 느낌이 들었다. 어떤 하루가 펼쳐질지 궁금했다. 내가 바보짓을 하는 것은 아닐까? 나는 쓸모 있는 존재일까? 계속 웅얼거리지 않기를, 참매에 관한 정보를 기계적으로 나열하는 일이 벌어지지 않기를 바랐다. 혹시라도 몸에 문제가 생겨서 이 일을 제대로 해내지 못하면 어쩌지? 엄마는 빠르게 바뀌는 내 마음을 감지한 듯했다. 엄마는 내 쪽으로 어깨를 기울이더니 엄마도 걱정된다고, 하지만 다 괜찮을 거라고 했다. 그리고 이렇게 덧붙였다. "우리는 친척들과 있는 거야." 여기서 친척은 새를 사랑하는 사람들을 말하는 거다. 배려심 많은 사람들 말이다. 엄마 말이 맞다. 눈앞에 펼쳐질 장관만 생각하자.

차를 타고 가는 동안 펼쳐진 풍경은 굉장히 멋지면서도 낯설었다. 한쪽으로는 바다의 장엄한 풍경이, 다른 쪽으로는 별 특징 없는 선명한 초록색 들판이 펼쳐졌다. 특정한 작물을 재배하기 위해 품종을 단일화시켜 다양한 식물군이 하나둘 사라진 뒤 남은 모습이었다. 아일랜드 본토보다 더 산업화된 모습에 한숨이 나왔다. 초록색 들판이 조성되면서 자취를 감춘 생명이 무엇일지 곰곰히 생각했다.

어른들은 모두 쾌활한 목소리로 이야기를 이어갔지만, 나는 앞으로 벌어질 일을 생각하느라 점점 기분이 가라앉고 말수가 줄었다. 나는 모든 상황을 머릿속으로 그려 보려고 애썼다. 서식지, 참매를 찾는 기술, 어떤 식으로 임상지를 걷거나 늪지를 건널지 같은 것들 말이다. 우리는 이 분야에 정통한 전문가와 함께한다. (더 많은 전문가를 만날 예정이다.) 하지만 사람들과 어떻게 대화해야 하는지에 관한 구체적인 고민과 생각이 꼬리에 꼬리를 물었다. 나는 해야 할 말과 예의 바르게 행동하고 열정적으로 보일 방법을 연습했다. 머리가 빙글빙글 돌고 어지러웠다. 하루에 벌어질 일의 세세한 부분을 미리 살피는 일은 너무 힘들다. 하지만 나는 진심으로 좋은 인상을 남기고 싶다.

나는 어려서부터 맹금류에 푹 빠져 지냈는데, 시간이 흐르면서 맹금류를 보호해야겠다는 열망도 함께 자랐다. 몇 달 전에 엄마와 나는 쿨키 산에서 하이킹도 하고 늪 체험도 했다. 48킬로미터의 멋진 경관이 펼쳐진 길을 걷고 위성 경로 추적 프로그램 기금을 모앉는데, 북아일랜드에서는 처음 열린 행사였다. 이 작업은 매우 섬세하고 비밀스럽게 진행된다. 이 연구의 목적은 맹금류의 위치를 추적하고 감시해서 새의 이동 방법과 둥지를 트는 장소와 비행 패턴과 행동 양식을 알아내는 것이다. 우리는 이런 작업을 위한 사전 훈련을 하고 캘란더의 과학자들에게 여러 가지를 배우기 위해서 스코틀랜드로 왔다. 또한 환경 보호를 위한 활동에 직접 참여해 보려는 목적도 있다. 1800년대에 사냥꾼들과 알 수집가들은 참매가 멸종하기 직전까지 사냥을 했다. 지금 영국에서 번식하는 백여 마리의 참매는 매 사냥에 이용되다 야생으로 방사된 참매들의 후손이다. 나는 참매를 가까이서 보면 어떤 생김새일지, 어떤 냄새가 날지, 어떤 느낌일지 상상했다. 참매 생각을 멈출 수가 없었다. 참매와 물수리는 지금도 인간에 의해 무자비하게 죽임을 당하고 있다. 총에 맞고, 유독 물질에 노출되고, 덫에 걸려서. 인간들이 그토록 아름다운 생명체를 못살게 굴어도 괜찮다고 여긴다는 사실을 나는 믿기 어렵다. 분통이 터진다.

차를 타고 이동하는 동안 나는 바닷물 속으로 자맥질하는 가넷과 홀로 울타리에 구부정하게 앉아 있는 독수리를 포착했다. 제비 떼가 급강하했고 나는 그 아래에서 정말 행복했다. 차창은 닫혀 있었지만, 새들의 노랫소리가 머릿속에서 흘러나온 덕에 따스한 기운이 나를 감쌌다.

구름이 거의 걷혔다. 새털구름 몇 가닥만이 푸른 하늘을 얼기설기 장식하고 있었다. 중간 지점에서 커피를 마시기 위해 잠시 멈췄다. 나는 모카커피를 마셨다. 그러고는 빈 커피 잔을 내려다보면서 후회했다. 각성 효과 때문에 머릿속이 뒤죽박죽이 되어 버렸기 때문이다. 나는 카페인 효과를 떨어뜨리려고 물을 벌컥벌컥 마셨다. 엄마는 커피를 2잔이나 마셨는데도 아무렇지 않다. 몇 년간 밤을 새며 공부하느라 카페인에 면역력이 생긴 것이다. 우리는 엄마가 모닝커피를 마시지 않으면 천사에서 악마로 변신한다고 농담을 한다. 물론 모닝커피를 마시지 않아도 엄마는 그대로다.

11시가 다 되어 우리는 데이브 선생님 집에 도착했다. 갑자기 무척 긴장되었다. 데이브 선생님이나 나나 둘 다 맹금류를 좋아하기 때문에 잘 어울릴 거라고 짐작은 했다. 나는 데이브 선생님을 검독수리에게 인공위성 추적 장치를 부착하는 텔레비전 프로그램에서만 봤는데, 모르는 사람을 만날 때면 늘 이런 느낌이 들었다. 6시간가량을 이동한데다 늦은 시간에 이러는 것은 도움이 되지 않는다. 나는 심호흡을 했다. 엄마가 뒤에서 나를 몇 초간 꼭 끌어안고 손을 꼭 잡아 줬다. 데이브 선생님은 명성만큼이나 대단한 분이었다. 데이브 선생님의 가족이자 팀 동료인 사이먼 선생님도 함께였다. 사이먼 선생님은 웃는 눈에 유머감각이 뛰어났다. 데이브 선생님이 앞으로 무엇을 할지, 왜 그 일을 해야 하는지 말해 주었다. 용감하고 중요한 일이었고 함께할 수 있다는 것만으로도 나에게는 엄청난 영광이었다. 데이브 선생님이 인공위성 추적 장치를 건넸다. 생각보다 가벼워서 놀랐다. 그렇게 작은 조각이 네트워크로 연결되어 태양전지가 수명을 다할 때까지 몇 년간 어디서든 새의 움직임을 보고한다는 점도 굉장했다. 사실 이런 기술이나 보존 팀이나 맹금류에 대한 책임감이나 비통함 같은 것들 가운데 무엇도 필요치 않아야 이상적이라 할 수 있을 것이다. 참매, 검독수리, 잿빛개구리매, 독수리, 붉은솔개 같은 맹금류가 박해받는 한, 이런 식으로 인간이 개입하는 일은 피할 수 없다.

데이브 선생님네 개들과 사이먼 선생님과 함께 데이브 선생님의 트럭을 타고 가문비나무 조림지로 가다가 중간에서 보존 팀 팀원 한 사람이 더 탔다. 우리는 한낮이 되기 전에 조림지에 도착했다. 조림지 안으로는 차가 들어가지 못해서 트럭에서 내린 뒤 장비를 들고 걸었다. 햇볕에 피부가 따뜻해졌다. 울새 소리가 들렸고 뒤이어 되새 소리가 들려왔다.

첫 둥지를 발견하기까지는 그리 오래 걸리지 않았다. 둥지 아래에 새의 배설물이 굳은 조분석이 떨어져 있고, 땅에 떨어진 나뭇가지에 흰 깃털이 몇 개 붙어 있었다. 데이브 선생님과 사이먼 선생님이 조심스럽게 도구를 펼쳐 놓는 동안 사려 깊은 속삭임이 오갔다. 선생님은 가슴줄을 메고 숙련된 자세로 빠르게 나무를 탔다. 나무 아래 서 있는데 아기 새들이 우는 소리가 조그맣게 들렸다. 멀리서 엄마 새의 소리가 들렸다. 엄마 새의 소리는 반복적이지도 않고 우리를 향한 것도 아니었다. 모든 상황이 괜찮았다. 우리는 엄마 새가 스트레스 받지 않기만을 바랐다.

나는 긴장을 풀기 위해 데이브 선생님의 개를 쓰다듬으면서 둥지를 올려다봤다. 오렌지색 가방에 담긴 꾸러미가 조심스럽게 내려오는 것이 보였다. 지켜 주겠다는 '약속'을 담은 꾸러미였다. 나는 숨을 깊이 들이마시면서 숲의 향기와 소리를 함께 흡입했다. 솔잣새가 지저귀는 소리가 들렸다. 솔잣새를 한 번도 본 적이 없어서 위치를 찾고 싶었지만 간신히 흥분을 가라앉혔다. 아기 참매들이 땅에 내려왔기 때문이다. 마음속에서 뭔가가 꿈틀댔다. 선생님은 밧줄의 맨 아랫부분을 잡고 하네스에서 가방을 분리한 뒤 꾸러미를 바닥에 내려놓았다. 그 안에는 가을 숲에 떨어지는 첫눈 같은 아기 새들이 들어 있었다. 아직 솜털이 부숭부숭했는데 갓 자란 깃털이 드문드문 박힌 모습이 별자리처럼 보였다. 숨이 턱 막혔다. 우리는 경외심에 휩싸였다. 새가 나를 쳐다봤다. 뭔가를 찾는 듯한 푸른 눈과 단단한 부리가 갈색 깃털이 별처럼 박힌 보송한 머리 때문에 아직 여리게 보였다.

데이브 선생님은 나에게 관찰 일지를 기록하라는 임무를 줬다. 내가 도움이 된다고 생각하니 기분이 좋았다. 아기 새의 무게를 달고 치수를 잰 뒤 고리를 달고 추적 장치를 붙였다. 그건 외과 진료도 수술도 아닌 일종의 기술적으로 움직이는 발레 동작과 비슷했다. 아기 새는 마치 둥지에 있는 것처럼 땅에 주저앉아 꽤 담담한 모습으로 머리를 까딱였다. 우리는 다시 같은 과정을 반복했다. 오렌지색 가방을 타고 아기 새 두 마리가 더 내려왔다. 무게 달기. 치수 재기. 고리 달기. 추적 장치 붙이기. 나는 이 모든 작전에 마음을 빼앗겼다. 사람과 새들 사이의 섬세한 상호작용이라니. 각기 다른 종 사이의 '친밀감'이라는 표현은 어쩐지 딱 들어맞지만은 않지만 굉장히 매혹적으로 들렸다. 어쩌면 내가 익숙하지 않은 것일지도 모른다.

어느새 나는 사이먼 선생님, 데이브 선생님, 이머 박사님, 켄드루 박사님과 이야기를 나누고 있었다. 마음이 한결 편했다. 이건 정말 드문 일이다. 이분들은 나를 놀리거나 혼란스럽게 하지 않는다. 내가 질문을 하면 자세하면서도 재치 있는 답변이 돌아온다. 주변이 온통 황금빛으로 빛나는 느낌마저 들었다. 이것이말로 내가 원하던 일이며 내가 바라던 바다. 친절한 사람들 틈에서 신중한 자세로 지식을 활용해 명확하고도 유용한 일을 하는 것 말이다. 확실히 이 일은 나의 과민한 뇌를 진정시키기에 알맞다. 사실을 향한 나의 끝없는 욕구와 정보를 향한 갈망은 쉽게 채워지지 않았는데 이번에는 다르다. 나는 지금 여기서 일하고 보고 느끼고 있으며, 이것만으로도 충분하다.

첫 번째 둥지의 작업을 끝내고 우리는 다른 곳으로 향했다. 온갖 생명이 부산하게 움직이는 분홍바늘꽃밭을 지났다. 그곳에서 붉은제독나비와 뒤영벌에 잠깐 정신이 팔렸다. 늦은 오후의 달콤한 향기를 들이마셨다. 계속 앞으로 나아가 빽빽한 조림지로 들어갔다. 그곳의 지형은 아까 갔던 곳보다 훨씬 험하고 높았고 나무들은 더 가늘었다. 그 때문에 두 번째 둥지로 올라가는 일은 훨씬 힘들 것이다. 데이브 선생님은 새들이 '뛰어내릴' 가능성에 대비해서 나무 밑동에 둘러서라고 했다. 나는 위를 올려다봤다. 나무들이 마치 마녀가 가느다란 손가락으로 주문을 거는 것처럼 보였다. 갑자기 4마리의 새가 뛰어내렸는데 그중 한 마리가 내 쪽으로 향하고 있었다. 가슴이 세차게 뛰었다. 새들이 땅에 닿을 때 모두 주변으로 흩어졌다. 나도 한 발짝 물러섰다. 이머 박사님과 켄드루 박사님이 새들을 잡아서 장치를 달 장소로 안전하게 데려온 뒤 나는 이전과 같은 작업을 반복했다. 자로 날개 길이 재기. 저울에 달린 자루에 새를 넣어 무게 재기. 색깔 밴드를 다리에 묶고 영국 조류연구재단 (British Trust for Ornithology) 표식이 새겨진 고리를 달았다. 마지막으로 위성 위치 추적 장치를 참매의 등에 조심스럽게 부착했다. 누군가에게는 기계적이고 재미없어 보이겠지만, 나에게는 기적과도 같았고 매우 흥분되는 일이었다.

아기 새를 보자 몸이 떨렸다. 아침부터 아무것도 먹지 않았다는 사실이 떠올랐다. 우리는 시간이 없었고 점심 도시락을 기억할 만한 초능력도 없었다. 음식을 먹지 못해서 체온이 떨어지고 잠이 왔다. 계속 보고 듣고 기록한 덕분에 배고픔을 잊을 수 있었다. 데이브 선생님이 나에게 새를 들고 있으라고 부탁했다. 새를 가슴에 안자 온기가 느껴졌다. 강렬한 감정이 차올랐다. 이것이 바로 나다. 우린 모두 이렇게 되어야 한다. 나는 이 새들과는 다르지만, 분리되어 있지 않다. 아마도 그렇게 느끼는 까닭은 사랑 혹은 그리움이라는 감정 덕분일 것이다. 나도 확실히는 모르겠다. 이런 감정, 감각을 느끼는 일은 드물다. (학교와 숙제로 가득 찬) 내 삶은 대부분 그럴 여유가 없다. 참매가 꿈틀댔다. 나는 새를 진정시키고 다시 눈을 맞췄다. 이 새가 자라면 눈 색깔이 하늘색에서 밝고 깊은 호박색으로 바뀔 것이다. 나는 이 새가 성체가 되어 공기를 가르며 나무 사이를 오가고, 날개를 단단히 움츠리고 무서운 속도로 활공하고, 새끼들을 위해 둥지를 만드는 상상을 했다. 다시 이 새를 보러 오게 될까? 이 아기 새가 살아남길 바랄 뿐이다.

3마리의 새를 조심스럽게 나무 위 둥지로 돌려보낸 뒤, 우리는 트럭으로 돌아와 조림지를 떠났다. 호텔로 돌아오는 길에 저녁을 먹었다. 거의 아무것도 먹지 못해 정신이 반쯤 나간 상태라 모두 붉게 달아오른 얼굴로 흥분하는 바람에 식당에 있던 사람들은 아마도 우리가 (물론 나는 빼고) 술에 취했다고 생각했을 것이다. 정말 정신없이 밥을 먹었다.

머릿속으로 하루를 낱낱이 곱씹느라 뜬눈으로 보내지 않은 첫 번째 날이었다. 나는 베개에 머리를 대자마자 잠이 들었다. 아주 푹 잤다.

6월 22일 금요일

아주 작은 호텔방에서 눈을 떴다. 얇은 커튼을 뚫고 햇빛이 비쳤다. 지붕 위에서 떼까마귀가 달그락거리는 소리를 냈고 칼새가 빽빽 노래했다. 낯선 곳에서 일어날 때 듣기 딱 좋은 배경 음악이었다. 기분이 상쾌했다. 오늘 하루를 생각하니 흥분이 되었다. 오늘도 참매에 위성 추적 장치를 붙일 예정이다.

엄마와 나는 아침 식사를 마친 뒤 이머 박사님과 켄드루 박사님을 만나 점심과 간식거리를 챙겼다. (같은 실수를 반복할 수는 없었다.) 그리고 데이브 선생님네 집으로 향했다. 정원에서 데이브 선생님네 개와 인사를 나눈 뒤 잠깐 요란하게 놀고 나서 우리는 또다시 모험을 하러 출발했다.

오늘은 어제보다 훨씬 더웠다. 잠자리 떼가 윙윙 날아다니고 메뚜기가 풀숲에서 몸을 흔들었다. 여기저기서 제비가 날아다녔다. 우리는 다른 조림지와 맞닿은 경계에 있었는데 그곳은 숲의 나무들과 농지가 이어지는 곳이기도 했다. 데이브 선생님이 검은색 상자를 꺼냈다. 드론이었다. 선생님은 드론을 제대로만 쓰면 놀라운 탐사 도구가 될 거라고 했다. 선생님이 드론을 작동했다. 드론은 조용히 날아오르더니 멀리 암컷 물수리가 알을 품고 있는 나뭇가지 사이 어딘가로 재빨리 움직였다. 엄마와 나는 기술력에도 놀랐지만 화면에 보이는 새의 영상에 완전히 마음을 빼앗겼다. 화면 속 암컷 물수리는 조각 같은 눈으로 우리를 꿰뚫을 듯 쳐다봤다. 새가 드론을 무엇이라고 생각할지 궁금했다. 너무나 조용하고, 불필요하게 관심을 끌지도 않으면서 둥지 위에 잠시 머물고만 있으니 말이다. 물수리가 몸을 일으키더니 깃털을 가다듬었다. 그때 깃털 아래 얌전히 놓인 알 3개가 모습을 드러냈다.

드론은 5분 만에 임무를 끝냈다. 놀랍도록 효율적이었다. 나에게는 모든 것이 너무 빨랐다. 우리는 벽처럼 늘어선 가문비나무 사이를 걸어 또 다른 참매를 찾아 나섰다. 데이브 선생님이 숲이 진창이 되었다며 방수복을 입고 장화를 신자고 했다. 지형을 탐색하며 웅덩이와 나뭇가지와 밝은 초록빛 물이끼를 뛰어 건너는데 아드레날린이 치솟아 다리를 타고 퍼지는 느낌이 났다. 데이브 선생님은 키가 컸다. 그래서 선생님이 한 발짝을 가면 우리는 세 발짝을 가야 따라잡을 수 있었다. 엄마가 서둘러 앞장섰다. 걱정이 되었다. 엄마가 산을 쉽게 오를 수 있다 해도 지금은 사정이 달랐다. 진짜 위험했다. 이곳 조림지는 일렁이는 늪지대 위에 조성되었다. 자주 찾는 사람만이 곳곳에 파인 작은 구덩이를 알고 있다.

나는 데이브 선생님이 엄청나게 큰 수렁을 건너는 모습을 지켜봤다. 엄마가 그 뒤를 이어 뛸 준비를 했다. 나는 수렁의 간격을 확인했다. 엄마의 다리가 그 간격을 뛰어넘지 못하리라는 사실을 직감했다. 엄마가 다리를 뻗었다. 하지만 수렁 속으로 떨어져 엉덩방아를 찧고 말았다. 철퍼덕 소리가 났다. 나는 엄마가 부끄럽기도 하고 걱정되기도 했다. 놀랍게도 엄마는 데이브 선생님이 내민 손을 거절하고 둑에 한쪽 다리를 딛고 올라섰다. 엄마도 몹시 당황했을 것 같았다. 장화는 벗겨지지 않았지만 이끼와 진흙이 잔뜩 묻어 있었다. 하지만 엄마는 활짝 웃으며 옷을 털고 앞장섰다.

공터에 도착하자 빙글빙글 돌며 우짖는 암컷 참매가 보였다. 마음이 불편하고 걱정이 됐다. 우리가 나타나서 스트레스를 받은 것 같았기 때문이다. 참매는 자기 둥지에 내려앉았지만 다시 날아올라 빙글빙글 돌며 우짖었다. 이쯤에서 조용히 물러나는 편이 좋겠다고 데이브 선생님과 사이먼 선생님이 말했다. 떠나기 전, 나는 모든 것을 사진처럼 기억해 두는 시간을 가졌다. 아마도 오늘 마지막으로 보는 참매일지도 모른다는 생각이 들었다. 어쩌면 이번 여행에서도 마지막이 될지 모른다. 나는 모든 장면을 눈에 담았다. 우리가 앉았던 통나무, 이끼가 촘촘히 낀 나뭇가지의 색과 대비를 이루며 묘하게 무리지어 있던 밝은 오렌지색 한련, 빛이 나무 사이로 흔들리는 모습, 근처 밭에서 풍기던 옅은 액체 비료 냄새까지.

돌아오는 길에 우리는 다른 둥지가 있는 장소를 확인했다. 둥지는 비어 있거나 버려져 있었다. 새들은 어디론가 도망갔고 상황은 좋지 않았다. 우리는 탐사를 중단하고 들판으로 나가 한낮의 태양 아래서 점심을 먹었다. 풀밭에 앉아 있는데 데이브 선생님이 산 위로 높이 올라가서 더 희귀한 새를 보자고 제안했다.

간절함을 억누르기 힘들었다. 하지만 그건 트럭을 몰고 떠나야 하는 사이먼 선생님에게 작별을 고해야 한다는 뜻이기도 했다. 헤어지기 전 선생님과 악수를 나눴는데, 무척 고마웠다. 현장에서 선생님에게 많은 것을 배웠고, 모든 것이 교실 안과는 너무나도 달랐다.

데이브 선생님의 차를 타고 가면서 창밖에 펼쳐진 장관을 바라봤다. 바위투성이에 나무가 우거진 풍경을 바라보니 몬 산맥이 떠올랐다. 그러자 이내 이사 계획으로 생각이 옮겨 갔다. 불안이 으르렁대기 시작했다. 하지만 신기하게도 모든 것을 비워 낼 수 있었다. 아름다운 계곡과 솟아오른 언덕, 웅덩이와 개울이 흐르는 숲에 정신을 집중했다. 내 삶도 이런 것으로 가득했으면 좋겠다. 가능할지도 모른다.

농장 지대를 거쳐 꼬불꼬불한 길을 오르는 동안 여러 개의 문을 지났고 얼마 뒤 비밀스러운 장소에 도착했다. 이른 저녁 시간이었다. 차에서 내리자 우리는 각다귀 떼의 환영을 받았다. 곧 손바닥난초가 눈에 띄었다. 그다음엔 점박이 난초가 보였다. 난초는 수레국화 옆쪽에 만개해 있었고 꽃등에와 벌이 잔뜩 모여 있었다. 물소리가 여기저기서 들려왔다. 계곡이 들썩들썩 노래하며 쉬어 가라고 말했다. 나무가 빽빽한 조림지에 있다가 넓게 트인 곳으로 나오자 폭포에서 다이빙하기 전에 큰 숨을 들이마시는 것 같은 느낌이 들었다. 자유낙하 직전의 그 기분 말이다.

길을 따라 단단한 땅을 밟고 걸으니 안심이 되었다. 데이브 선생님이 가파른 언덕을 가리켰다. 바위가 이어지다 우묵하게 들어간 곳이었다. 우리는 잔뜩 흥이 올랐다. 데이브 선생님이 배낭에서 드론을 꺼내 바위가 움푹 파인 곳을 향해 날렸다. 우리는 기대에 차서 화면을 지켜봤다.

드론이 바위투성이 절벽 위로 날아가자 화면의 영상도 절벽위의 둥지를 향해 움직였다. 공중에서 드론이 멈췄다. 거기였다! 카메라가 둥지 속의 검독수리 새끼 영상을 전송했다. 굉장했다! 웃음이 터져 나왔다. 우리 모두는 함박웃음을 지으며 홀린 듯 화면을 지켜봤다. 이 정도 월령이면 부모가 며칠에 한 번씩 먹이를 가져다줄 테니 부모 새를 볼 가능성은 적었다. 우리는 삶과 죽음의 벼랑위에 다음 세대가 앉아 있는 모습을 보고 있었다. 우리는 바로 그 아래에서 자연을 둘러싼 문제의 심각성을 온몸으로 느끼고 있다.
태양이 계곡 너머로 지는 모습을 지켜봤다. 가슴에 행복감이 차올
랐다.

6월 23일 토요일

나에게 스크라호그, 그러니까 원숭이올빼미의 울음소리에 관해 이
야기해 준 건 할아버지다. 할아버지는 젊었을 때 시골에서 원숭이
올빼미 소리를 들었다고 했다. 밤에 주점에서 집에 돌아가는 길에
자주 들을 수 있었다고 한다. 요즘은 북아일랜드에서 외양간에 둥
지를 트는 올빼미의 소리도 듣기 어렵다. 아일랜드의 다른 지역에
서도 그렇다. 그 말은 할아버지가 청년 시절 들었던 소리를 나는 듣
지 못하리라는 뜻이기도 하다. 현대식 농업과 주택 개발로 올빼미
서식지가 사라지고, 쥐약을 사용하면서 시궁쥐, 생쥐, 들쥐를 잡아
먹고 사는 외양간 부엉이의 개체수도 크게 줄었다. 쥐약 사용을 완
전히 금지하지 않는다면 올빼미의 미래는 없다.

　　탐사 마지막 날, 쌍안경으로 암컷 원숭이올빼미를 관찰했다.
새는 혼자였고 굉장히 말라 보였다. 극심하게 굶주린 어미새가 새
끼를 잡아먹었을 가능성이 컸고, 새는 여전히 먹이를 찾으려 애쓰
고 있었다. 어미 올빼미에게 고리가 달렸으니 데이브 선생님과 팀
원들이 계속 관찰할 것이다. 우리는 어미 올빼미가 다음 해에는 성

공적으로 번식하리라 기대하고 있다.

황홀했던 며칠의 탐사가 슬프고도 불안하게 끝났다. 이게 현실이다. 많은 새들이 버텨 내지 못했다. 데이브 선생님과 이 모든 일을 해내는 분들이 너무나도 존경스러웠다. 모두가 내 영웅이다. 그분들이 하는 일을 조금이나마 엿볼 수 있었으니 나는 정말 운이 좋다. 새를 관찰할 때가 가장 신났다. 하지만 혹시라도 최악의 상황이 발생하면 그만큼 기운이 빠지고 속이 상한다. 이 일은 기쁨과 흥분과 비통함과 분노의 감정을 빠르게 오가는 시계추에 매달린 것과 비슷하다.

페리 선착장으로 가는 길에 독수리의 수를 세고, 물속으로 곤두박질치는 가넷을 바라봤다. 차창에 기대 잠이 들었는데, 푸른 눈에 밝은 노란빛 발톱을 지닌 참매 꿈을 꿨다. 보송보송한 솜털이 느껴졌다. 기억의 조각들을 꼭 붙잡았다. 이 기억을 품고 앞으로 닥쳐올 힘든 나날을 견뎌 낼 것이다. 3주 뒤면 이사를 간다. 이 순간을 붙잡고 기억을 가둬 두어야 한다. 그렇게 살아 내야 한다.

6월 27일 수요일

가뭄이 계속되고 온도가 연일 상승하고 있다. 마지막으로 비가 온 것이 언제인지 기억을 더듬어 보았다. 지난달이었나? 세상을 다 녹여 버릴 듯 더운 날이 계속되고 있다. 1940년 이후로 가장 더운 여름이라고 부를 만하다. 학기의 마지막 날들이 지루하게 이어지고 있다. 다른 아이들은 여유를 즐기는 듯 보이지만 나에게는 지옥이다. 나는 멍하니 있거나 생각하는 걸 좋아한다. 마음 가는 대로 있다 보면, 정리해야 할 것과 이해해야 할 것들이 보이고 해결의 기미가 보인다. 나는 이런 방식으로 살아간다.

이야기를 나누거나 농담을 주고받는 일은 서로 밀접하게 연결되어 있는 듯하다. 하지만 관심 있는 것에 관해서가 아니라면 나는 불안해진다. 그냥 나는 내 역할을 어떻게 수행해야 할지 잘 모르겠다. 자폐 스펙트럼이 있는 사람에게 학교는 뭔가 학습하기에 좋지 않은 환경이다. 소음을 걸러 내기가 불가능하기 때문이다. 집중하는 데 너무 많은 에너지가 든다. 나는 오후 3시 정도면 완전히 진이 빠진다. 하지만 집에 와서 숙제를 해야 하고 기상 알람을 맞춰야 한다. 그리고 다음 날 이 모든 것을 다시 반복해야 한다. 나는 다른 '일반' 학생들보다 훨씬 열심히 공부해야 한다. 나는 과학자가 되고 싶기 때문에 반드시 해내야만 한다. 나는 대학에 가고 싶다. 그러니 고생을 감내해야만 한다. 분명히 이 과정을 통과하면서 우리는 강해질 것이다. 그럼 더 나은 시민이 되는 것일까. 나는 잘 모르겠다. 지난 100년간 인류는 기술 면에서 놀랍도록 발전했지만 우리가 교육받는 방식은 전과 달라지지 않았다. 융통성 없이 줄을 맞춘 책상 뒤에 꼼짝 않고 앉아 있어야 한다. (내 경험상 드문 일인) 교사가 토론을 지도할 때가 아니라면 손을 들고 말을 해야 한다. 우리는 그런 상황을 받아들인다. 왜일까? 순응하고 순종하는 것이 당연하다고 생각하기 때문이다.

　이제 우리 집은 이삿짐 상자로 채워지고 있다. 보통은 교문을 나서는 순간 불안감이 뒤로 밀려나는데, 이젠 집에 와서 현관문을 열어도 불안감이 사라지지 않는다. 집 안이 난장판이다. 혼돈 그 자체다.

　나는 새를 보러 정원으로 도망쳐 나왔다. 여기저기에 막 날기 시작한 어린 새들이 보였다. 그 옆에는 흙탕물에 젖은 채 기진맥진한 어른 새들도 있었다. 떼까마귀가 뜨겁게 달아오른 지붕 위를 깡충깡충 뛰었다. 그러더니 슬레이트 지붕 꼭대기에 은빛 부리를 닦았다. 한 번 깡충, 두 번 깡충, 세 번 깡충, 멈춤, 부리 닦기. 한 번 깡충, 두 번 깡충, 세 번 깡충, 멈춤, 부리 닦기. 반복. 멀리서 산비둘기가 우짖었다. 오늘은 머릿속에서 "이사 가고 싶지 않아, 이사 가고 싶지 않아"라는 대사가 노래처럼 메아리쳤다. 그 말이 자꾸 되풀이되는데 어찌할 도리가 없다.

　나는 머릿속 스위치를 꺼 버리는 상상을 했다. 그랬더니 산비둘기 소리가 산비둘기 소리로 들렸다. 이리저리 서성대다가 올챙이 단계를 막 벗어난 새끼 개구리를 보러 갔다. 개구리들은 우리가 (자유자재로 드나들라고) 만들어 준 벽돌과 나뭇가지 위에서 기분 좋게 햇볕을 쬐는 중이었다. 우리가 다운 카운티로 이사 가기 전에 새끼 개구리들이 다 커서 흔들거리는 들통을 떠나길 바란다. 몸을 기울이자 수면 위로 내 그림자가 비쳤다. 새끼 개구리들은 눈 깜짝할 새에 사라져 버렸다.

견딜 수 없을 정도로 더웠다. 책을 가지고 그네로 가서 겉표지로 얼굴을 덮어 햇볕을 가렸다. 그래도 더위가 가시지 않는다. 일어서서 다시 서성이다가 또 앉았다. 가만히 있기가 힘들었다. 집 울타리에서 자라는 라즈베리에 물을 주던 엄마가 이제 먹어도 되겠다고 말했다. 정말 다행이었다. 할 일이 생긴 거다! 우리 가족은 함께 라즈베리를 따먹고 손과 입이 얼룩덜룩해졌다. 안절부절못하던 증상이 가라앉았다.

로칸과 블라우니드가 집 안으로 달려 들어갔고 나는 그네에 앉아서 앞뒤로 몸을 흔들었다. 왜 인생이 나에게 이런 커브볼을 던져 주는지 궁금했다. 이사 가는 모양으로 굽는 커브볼이라니. 이것이 내가 '정상적'인 사람으로 성장하는 데 도움이 될까? 내 인생에 이런 커브볼이 계속 던져진다면, 나는 사소한 것들을 지나치게 걱정하지 않게 될지도 모른다. 솔직히 그런 일은 절대 일어나지 않을 거라는 생각이 들었다. 나는 지금보다 능숙하게 어려움을 헤쳐 나갈 수 있겠지만, 내면의 고통이 줄어들지는 않을 것이다.

저녁 식사를 마치고 나니 날씨가 선선해졌다. 우리는 저녁 산책을 하기로 했다. 아빠가 운전해서 벨라날렉(Bellanaleck)으로 갔다. 그곳은 에니스킬렌 외곽에서 10킬로미터 정도 떨어진 작은 마을이다. 해가 나무 뒤로 넘어갔지만 늦은 저녁의 열기가 아직 남아 있었다. 나는 제비 떼가 호수 위를 스치듯 날아가며 각다귀를 잡아먹는 모습을 지켜봤다.

퍼매너의 호수들이 그리울 거다. 퍼매너는 어느 방향으로 가든 물이 있다. 어느 쪽으로 가든 호수며 강을 끼고 여행을 할 수 있다. 로칸과 블라우니드와 아빠는 산책을 했고 엄마와 나는 둑에 조용히 앉아서 다리를 흔들거리면서 제비가 부리로 물살을 가르는 모습을 지켜봤다. 잠시 후, 엄마가 동생들을 찾으러 갔다. 나는 그 자리에 남아서 등을 대고 누워 하늘을 봤다. 검은 잠자리 떼가 내 머리 위로 원을 그리며 날았다. 마치 저녁에 불어오는 바람 조각처럼 재빨리 움직였다. 나는 몸을 뒤집어 땅에 배를 깔고 물방개가 뱅글뱅글 돌며 만드는 잔물결을 바라봤다. 다운 카운티의 새집 근처에는 어떤 형태의 물이 있을지 궁금했다. 나는 어떤 연못과 호수를 들여다보게 될까?

7월 1일 일요일

우리 정원에 올해 처음으로 메뚜기가 나타났다. 메뚜기는 그네 의자의 팔걸이 위로 뛰어올랐다. 팔걸이는 더위로 뜨겁게 달아올라 있었다. 나는 메뚜기가 초록색 금속 위에 앉아 있는 모습을 보면서 날개 아래쪽 복부에 귀가 달리면 얼마나 멋질까 생각했다. 팽팽한 얇은 막으로 이루어진 메뚜기의 귀는 음파가 부딪히면 진동한다. 메뚜기가 다른 메뚜기의 노랫소리를 듣는 원리다. 각각의 종은 다른 리듬으로 노래하는데 덕분에 암컷은 자신과 정확히 같은 종과 교미할 수 있다. 나는 이런 식으로 완벽한 시스템을 갖추고 자신의 안정적인 위치를 찾아내는 종의 생존 방식을 좋아한다. 메뚜기가 이렇게 오랫동안 앉아 있는 모습은 처음 본다. 메뚜기에 온 정신을 집중했다. 메뚜기가 뒷다리를 날개에 비벼 대면서 울기 시작했다. 소리가 굉장히 크고 가깝게 들렸다. 마법과도 같은 광경에 입이 귀에 걸리도록 활짝 웃었다. 메뚜기가 공중으로 튀어 오르는 모습을 놓치지 않고 지켜봤다.

　우리 정원의 잔디를 밟으면 사각사각 소리가 난다. 꽃들은 무지개처럼 화려하게 피었다. 이 모든 것을 뒤로하고 떠나야 한다는 사실이 몇 주 동안 마음에 그늘을 드리운다. 아침 내내 불안이라는 괴물을 막아 내기 위해 안간힘을 쓰는 중이었는데 이젠 액체공포증까지 나를 덮쳤다. 심장이 미친 듯이 뛰었다. 숨을 쉬기 힘들었다. 이런 열기는 전혀 도움이 안 된다. 그네 의자의 팔걸이로 손을 뻗어 단단히 붙들고 손가락 마디에 힘을 줬다. 그네를 멈추려고 발을 황급히 땅에 딛는데 발바닥에서 으스러지는 느낌이 났다. 메뚜기가 죽는 소리였다. 끔찍했다. 붉은 안개가 덮치는 듯 눈앞이 빨갛게 변했다. 소리를 지르지는 않았지만 엄마와 아빠와 로칸이 내 쪽으로 달려오는 모습이 아주 느린 동작으로 보이더니 세 사람의 팔이 나를 붙잡는 느낌이 났다. 머릿속에서는 "좋은 일을 하려고 할 때마다 나쁜 일이 일어난다"라는 말이 쾅쾅 울려 댔다. 나를 뭉개 버릴 듯한 어둠에 맞서야 했다. 호흡을 해야 했다. 가까이 있는 손을 잡아야 했다. 햇빛이 느껴졌지만 언제 눈을 감았는지, 얼마나 오래 감고 있었는지 알 수 없었다. 주변의 목소리들이 나를 진정시키려는 말을 했다. 그건 알 수 있었다. 알긴 했지만 지금은 물속에 완전히 잠긴 기분이었고, 정원에서 자라는 식물들을 파내면서 "전부 다 가져가고 싶어"라는 말을 횡설수설 뱉고 있었다. 누군가가 "최선을 다해 볼게"라고 대답했는데 그 말로는 충분하지 않았다. 눈을 떴다. 진이 빠져서인지 한낮의 햇볕에도 한기가 느껴졌다.

발을 질질 끌며 집으로 들어가는데 갑자기 그 생각이 났다. 내일은 학교에 가지 않아도 된다. 내일도 그다음 날도 또 그다음 날도 학교에 가지 않는다. 그러자 앞으로 펼쳐질 모든 낮과 저녁을 두려움과 걱정 없이 보낼 수 있겠다는 생각이 들었다.

감정의 파도에 휩쓸려 어둡고 답답한 마음들을 토해 내자 다시 호흡이 편해졌다. 지금 나는 집에 있다. 좀 어지럽긴 하지만 지평선처럼 먼 곳에 새로운 감정이 있을 거라고 짐작해 본다. 새집을 떠올리면 전보다 훨씬 가벼운 기분이 든다. 그곳에는 탐험을 나설 새로운 장소가 있기 때문이다. 그곳 나름의 다른 풍경과 서식지와 새로운 동물과 식물들이 있을 테니 정원의 식물들을 파내 가져갈 필요가 없다는 뜻이기도 하다.

나는 무슨 생각을 했던 걸까?

뒷문 계단에 앉았는데 새소리의 힘과 강렬함이 이전보다 줄어든 느낌이 들었다. 뭔가 절박함이 부족했다. 봄과 이른 여름의 업무가 끝나 가고 있었다. 이런 일은 매해 일어난다. 나도 알고 있다. 대륙검은지빠귀와 다른 모든 새들은 내년에 다시 시끄럽게 노래할 것이다. 돌쟁이 때부터 침실에서 그림자를 바라보며 알게 된 사실이다. 노래는 멈추지만 항상 다시 시작된다. 이런 깨달음은 늘 가까이 있지만 쉽게 얻어지지 않는다. 적어도 칼새는 여전히 비명에 가까운 소리를 내질렀고 이곳에 한참 더 머물 것이다. 나는 숨을 들이마시며 해 질 녘의 향취를 맡았다. 어둑어둑한 그림자가 휙 날아갔다. 박쥐가 각다귀를 잡아먹으려고 나오고 있었다. 나는 눈을 감고 간질간질 스치는 만족감을 만끽했다. 오늘을 버텨 낸 나 자신이, 이 하루가 씁쓸하게 끝나도록 내버려 두지 않은 내가 자랑스러웠다. 나는 어두운 마음이 나를 완전히 삼키도록 놔두지 않았다. 그래서 지금 이 순간이 존재하는 것이다. 낮이 저녁으로 바뀌는 순간과 따스하고 고즈넉한 분위기와 박쥐들이 제비를 대신해 선선한 공기를 가르는 모습을 즐기면서 말이다.

7월 2일 월요일

늦잠을 잤다. 창을 통해 비스듬히 들어온 빛이 최소한 9시가 넘었다는 사실을 말해 주었다. 나는 한동안 책을 읽었다. 월요일 아침에 누리는 호사를 음미하면서 말이다. 하지만 그 시간은 오래가지 않았다. 곧 아침 식사를 차리는 소리가 들리고 따뜻한 빵과 커피 냄새가 풍겼기 때문이다. 부엌으로 가니 엄마가 한 손에 커다란 커피 잔을 들고 식탁 위에 펼쳐 놓은 지도를 들여다보고 있었다. 엄마는 나에게 오늘은 한 번도 가 본 적 없는 새로운 장소에 가도 되겠냐고 물었다. 그리고 "우린 곧 떠나니까. 다른 비밀 장소를 찾아보는 것도 좋을 것 같아"라고 덧붙였다. 나는 눈에 날을 세우고 엄마를 쳐다봤다. 가 본 적 없는 새로운 장소를 탐험한다고? 그래서 다른 지역으로 떠나게 된 상황을 슬퍼하라고? 부글부글 화가 치밀었지만 이런 생각들을 다른 쪽으로 밀어내고 생각을 가다듬었다. 나도 새로운 장소를 찾고 싶다. 새로운 냄새, 새로 올라갈 나무, 아직 만난 적 없는 생명체들.

좀 더 긍정적인 방향으로 생각해 보려는 노력, 꽁꽁 묶은 욕구, 나 자신과의 논쟁, 그런 것들 때문에 시간이 좀 흘렀던 것이 분명하다. 부엌으로 다시 돌아갔을 때, 로칸과 블라우니드가 어느새 식탁 앞에 앉아 있었기 때문이다. 우리는 오늘 뭘 할지 이야기하기 시작했다.

여름 방학의 첫날로 아주 적당한 날이었다. 하지만 너무 피곤하니 아무것도 하지 말아야 할까? 아니면 방학 첫날이고 학교에서 벗어났으며 시간이 넘쳐 나니까 하루를 꽉 채울 계획을 짜야 할까? 밖으로 나가서 바쁘게 돌아다니고 싶었다. 그래서 가족들과 의견을 조율하는 과정도 행복했다. 그러다가 어디로 갈 것인가 하는 피할 수 없는 논쟁이 시작되었다. 그 와중에 부엌으로 들어온 아빠는 폭풍 같은 요구 사항들과 '내가 원하는 것들'이 시리얼 상자와 잼 상자에 튕겨 식탁 중앙에서 다시 충돌하는 장면을 마주했다.

나는 상관없었다. 그저 어디로든 나가고 싶었다. 지난번에는 로칸이 가고 싶은 곳을 선택했고 지금은 내 차례가 분명했다. 그래서 빅 도그로 가자고 했다. 올해는 잿빛개구리매를 본 기억이 없다. 그렇게 의견을 말하고 자리에 앉아서 항의가 들어오길 기다렸다. 로칸이 폭풍같이 반대 의견을 쏟아냈다. 로칸은 계곡에 수영을 하러 가고 싶다고 했다. 그러자 블라우니드도 동의했다. 계곡 수영이 대세였다. 나는 다수결의 원칙으로 정해질 결정을 기다렸다. 하지만 이상하게도 그렇게 되지 않았다. 엄마는 종이 뭉치를 집어들고 일어서더니 이사 가기 전에 우리가 원하는 것들과 가고 싶은 장소들의 목록을 적기 시작했다.

로칸
계곡 수영, 킬리키간 자연보호구역에 가기, 카약 타기,
바다 다이빙
다라
빅 도그에 가기, 잿빛개구리매 보기, 쿨키 산에 가기
블라우니드
연못 낚시, 도니골의 로스노우라 해변에 가기,
레저 센터 옆 공원에서 친구들이랑 놀기

엄마는 우리가 원하는 활동을 각기 다른 날에 배치했다. 그러자 모두가 자기 의견이 받아들여졌다고 느꼈고, 자기만의 특별한 장소에 작별을 고할 수 있게 되었다. 그렇게 낮에 할 일이 생겼고, 아빠와 엄마는 저녁에 나머지 짐을 쌀 수 있게 되었다. 엄마는 모든

것을 매우 합리적으로 해결한다. 대화가 중구난방으로 조금 더 이어졌지만 우리는 모두 아주 훌륭한 계획이라는 데 동의했다. 우리는 논의 끝에 빅 도그부터 가기로 했다.

우리에게는 차에서 어떤 음악을 틀지를 놓고 벌이는 말싸움을 피할 수 있는 간단한 시스템이 있다. 듣고 싶은 노래를 나이가 가장 어린 사람부터 순서대로 돌아가면서 트는 것이다. 그러니까 블라우니드의 '마이 리틀 포니'를 먼저 틀고 로칸이 좋아하는 DJ 카이고(Kygo)나 록 밴드 모터헤드(Motorhead)의 노래를 튼 뒤 내 차례엔 펑크 음악을 듣는다. 그런 다음 엄마도 펑크, 아빠도 펑크 음악을 튼다. 이 시스템이 마음에 든다. 내가 좋아하는 장르의 노래 세 곡을 연속으로 들을 수 있기 때문이다!

퍼매너 지역을 돌아다니는 여행은 한 시간 반 정도 걸리는데 그 말은 노래 선곡 사이클이 2번 돌아간다는 뜻이다. 블라우니드가 3곡을 틀 때도 있는데, 오늘 역시 그런 날이었고 '마이 리틀 포니'가 다시 흘러나오자 로칸과 나는 눈동자를 굴렸다. 우리는 모두가 승자라는 둥 말도 안 되게 긍정적이기만 한 가사를 열창하는 가수에게 불만을 토하지 않으려고 애썼다. 곧 빅 도그에 도착해서 얼마나 다행이었는지 모른다! 우리는 환호하며 차에서 구르듯 튀어나와 호수까지 들고 갈 짐을 달라며 야단법석을 떨었다.

15분 정도 걷는 사이, 가문비나무 조림지를 지나 기존에 자라던 나무를 잘라 낸 뒤 새로 나무를 심은 삼림 관리 지역으로 들어갔다. 그곳에는 죽은 나무 몇 그루가 높이 솟은 기둥에 뾰족한 가지를 붙인 채 서 있었다. 맹금류들이 그 나무들을 횃대로 사용하고 있었다. 풀밭종다리와 검은딱새들이 나선형으로 날아다니며 딱딱 소리를 냈다. 가끔은 이곳이 싫기도 했는데, 황량한 느낌 때문일지도 모른다. 잿빛개구리매가 살지 않았다면 아마 이곳을 좋아하지 않았을 거다. 몇 년 뒤, 묘목들이 자라면 단조로운 삼림이 조성될 것이다. 그런 조림지는 잿빛개구리매가 살기에 적합하지 않다. 잿빛개구리매는 버드나무와 개암나무 같은 잡목림을 좋아하기 때문이다. 이런 아쉬움을 뒤로하고 언덕 위로 올라가면 진짜 장관이 펼쳐진다. 멀리서 빛나는 두 호수가 유혹의 손짓을 보낸다. 그걸 보는 순간 정신없이 뛰어갈 수밖에 없다. 우리는 항상 그렇게 한다.

신나게 달리다가 중간에 멈췄다. 호수 가장자리에 4개의 형태가 보였는데 왠지 불안했다. 사람들이었다! 이상하게 들리겠지만 이곳 퍼매너에서 우리는 사람을 만날 일이 거의 없다. 적어도 '우리의' 장소에서는 그랬다. 다른 사람들을 맞닥뜨려야 한다는 사실에 나는 늘 당황한다.

마음을 가라앉히며 천천히 벤치를 향해 걸었다. 식구들은 아직 뒤편 언덕에 있었고 나는 버드나무 뒤에 앉아 천천히 숨을 골랐다. 낯선 사람들을 보고 싶지 않았다. 그래서 호수를 바라봤다. 잠자리가 수면을 스쳐 날아갔다. 그 모습이 보석으로 장식한 헬리콥터 같았다.

가족들이 도착하고 로칸이 지금 당장 호수에 들어가 수영을 하겠다고 했다. 다른 사람이 수영하는 모습을 봤기 때문이다. 엄마와 아빠는 어떻게 해야 할지 의논했다. 호수의 네 사람은 물 밖으로 나와 몸을 말리고 옷을 입은 뒤 떠나려는 참이었다. 저 사람들도 나와 비슷하게 느꼈는지 모르겠다. 어쩌면 우리처럼 고립되고 황량한 곳을 찾아다니는 방문객들일 수도 있다. 우리는 그들에게 고개를 숙여 다정하게 인사를 했다. 그 사람들이 언덕 너머로 사라지자 저절로 함박웃음이 지어졌다. 이제 우리뿐이다. 우리가 원하던 대로 된 것이다.

얕은 물가는 용광로처럼 뜨거웠다. 아빠가 수건과 잠수복을 가지러 차에 다녀오는 동안 우리는 호수 주위의 좁은 풀밭을 따라 조금 더 걸어가서 우리 물건을 펼쳐 놓은 뒤 시원한 물에 발을 담그고 간식을 먹었다. 나는 둑에 누워 가문비나무를 바라봤다. 수컷 갯빛개구리매 두 마리가 나무에서 쏜살같이 날아올라 보랏빛 헤더꽃과 어깨를 나란히 하고 활기차게 움직이던 모습을 본 것이 2년 전이었다. 녀석들은 위로 올랐다 빙글 돌았다 하며 춤추듯 화려하게 날아다녔다. 그 새들을 이곳에서 다시 볼 수 있을지 궁금했다. 여러 계절이 지나도록 보이지 않았고 그 새들이 없는 이곳은 활기를 잃었다. 마음속에 어둡고 차가운 그림자가 스물스물 자라났다. 그 순간 빨간 실잠자리가 눈길을 사로잡았다.

아빠가 수영 도구를 들고 돌아왔다. 나는 혼자 시간을 보내기로 했다. 로칸과 블라우니드는 재빨리 옷을 갈아입고 물에 뛰어들었다. 내 동생들은 나보다 훨씬 자유로운 영혼의 소유자들이다. 분명 나보다 모험심도 강하고 무모했다. 어쩌면 나이 때문일지도 모른다. 나이를 더 먹은 지금의 나는 이전보다 훨씬 남을 의식하고 나 자신에 대해서도 생각이 많다. 동생들처럼 거리낌 없이 살면서 쉴 새 없이 말하고, 설명하고, 격렬한 감정을 느끼고, 신나서 가만히 있지 못했던 기억이 아직도 생생하다. 10대 초반의 나는 말수가 줄고 더 내향적이 되었으며 감정 표현도 덜 하고 사람들에게 상처도 잘 받는다.

수영하는 로칸과 블라우니드를 보자 갑자기 용기가 났다. 함께하고 싶다는 생각이 든 것이다. 재빨리 옷을 벗고 물속으로 뛰어들었다. 찬 기운이 얼음 주먹처럼 나를 강타했다. 숨이 턱 막히고 살갗이 얼얼했다. 블라우니드와 로칸과 어울려 놀아 보려고 했지만 잘 되지 않았다. 대신 뭍으로 올라와 등을 바닥에 대고 누워 햇볕을 쬐며 몸을 덥혔다. 뭔가 달라진 느낌이다. 지금도 나는 변하고 있다. 나는 몸을 뒤집고 머리를 푹 숙였다. 그러고는 심호흡을 하며 눈을 크게 뜬 채 다시 물속으로 들어갔다. 어둠이 나를 덮쳤다. 가슴이 조여 왔다. 호수에는 바닥이 없을지도 모른다.

의심은 귀찮으리만치 붙어 다니며 나를 괴롭힌다. 뭔가 잘못될 가능성이 아주 적을지라도 나에게는 큰 의미로 다가온다. 가능성이라는 존재 자체가 그랬다. 몰입의 기쁨을 누리고 싶다는 갈망이 물속에 들어와 있다는 두려움에 사로잡힌다. 어쩌면 다른 사람들도 비슷하게 느낄지도 모른다. 물어보지는 않았지만.

물 위로 올라와 호흡을 가다듬은 뒤 물가로 기어올라갔다. 따뜻한 풀밭에 몸을 누이고 주변에 내리쬐는 밝은 빛을 즐겼다. 말파

리(우리는 '쇠등에'라고 부른다)가 파리 왕국의 특공대처럼 몰려들기
시작했다. 침묵의 공격이었다. 녀석들은 나를 괴롭히고 엄마 아빠
에게도 달려들었다. 굉장히 아름다운 생물들인데 아쉬웠다. 아름
답지만 치명적이라니. 결국 우리는 더 이상 참기 힘들다고 판단하
고 저녁을 먹으러 가기로 했다. 여름 방학 첫날을 함께 제대로 만끽
한 셈이다.

　잿빛개구리매는 없었지만 언덕을 내려오는데 까마귀들이 떼
지어 날았다. 노랑할미새도 있었다. 새들은 바위틈에서 몸을 까딱
였는데 노란색 가슴 외에는 거의 보이지 않았다. 마음이 편해지고
기분이 좋았다. 나는 내가 10대라는 사실도 잊고 깡충깡충 뛰었다.
뛰고 웃고 소리치면서 우리는 함께 언덕을 뛰어 내려갔다. 어린 시
절은 아직 끝나지 않았다.

7월 6일 금요일

산책은 내가 가장 좋아하는 일이 되어 가고 있다. 한때는 땅바닥에
누워서 눈앞에 생물이 나타나길 기다리기 좋아했지만, 요즘에는
너무 기분이 가라앉아서 가만히 있기가 힘들다. 움직여야 한다.

　산책하러 나가면 우리 가족은 항상 야단법석이다. 우리는 흥
분을 억누르지 못한다. 그리고 바스락거리는 나뭇잎, 갑자기 나타
난 깃털, 천천히 기어가다 날개를 붕붕 펼치는 딱정벌레 같은 것들

에 마음을 빼앗겨 산책이 중단되기 일쑤다. 나는 수다를 떨고 팔을 마구 흔들어 대고 요란한 발소리를 내며 달려가고 비명에 가까운 소리를 내며 웃는 일을 자제할 수가 없다. 산책은 매력적이지만 나를 미치게 만들기도 한다.

오늘 아침에도 산책을 했다. 로칸과 블라우니드는 신이 나서 껑충껑충 뛰었지만 나는 거기에 맞추기가 힘들었다. 고개를 숙이고 천천히 걸으며 관찰하는 데 에너지를 집중했다. 아빠가 말하고 보고 찾는 모든 일을 동시에 해내는 건 늘 놀랍다. 나로서는 불가능한 일이다. 내게는 너무 벅차다. 로칸은 나와 같이 뒤처져 걸으면서 최근에 꽂힌 관심사에 관해 이야기했다. 로칸은 비디오게임과 소련 공산주의에 대해 이야기했다. 오늘은 이야기를 나누며 머리를 식히는 것도 환영이다. 관찰하는 데 너무 몰두하지 않는 것도 나름대로 편하다. 반짝이는 무언가가 나타나면 무시할 수 없긴 하지만, 이렇게 목적 없이 걷는 것도 기분이 좋다.

너도밤나무, 자작나무, 플라타너스 나무들이 만드는 그늘 아래서 우리는 숲이 참 시원하다는 사실을 새삼 깨달았다. 이리저리 흩어진 빛이 우리 주변으로 밝게 퍼졌다. 로칸은 계속 걸었고 나도 팔과 다리가 나름의 박자에 맞춰 움직이는 것을 느끼며 성큼성큼 걸었다. 그러자 발을 내디딜 때마다 리듬감이 생기면서 곧 뮤지컬이 시작될 듯한 기분에 사로잡혔다. 주변의 모든 것이 오케스트라를 구성하는 악기였다. 울새와 대륙검은지빠귀는 현악기다. 아주 멋졌다. 진박새와 푸른박새들은 관악기고 까마귀들은 금관악기다.

독수리의 날카로운 울음소리는 타악기를 닮았다. 이윽고 새들은 모두 함께 내 발자국 리듬에 맞춰 노래했다. 나도 그에 맞춰 몸을 끄떡였다. 그때, 뭔가 발견했음을 알리는 비명소리가 들렸다. 블라우니드였다. 블라우니드가 환하게 웃고 있었다. 손에는 어치 깃털이 들려 있었다. 그 순간 블라우니드의 존재가 환하게 빛났다. 블라우니드는 솜털 수집의 여왕이었다. 이 순간을 아주 오랫동안 기다려 왔을 것이다. 블라우니드가 깃털을 머리에 꽂고 득의양양한 모습으로 팔짝팔짝 뛰었다. 엄마가 사진을 찍었다. 늦은 오후의 햇살 속에서 어치 깃털을 꽂고 있는 소녀. 블라우니드가 찾은 것과 함께 우리는 따스한 하늘 아래서 다시 걷기 시작했다. 가족 중 누군가가 뭔가 특별한 것을 찾으면 그것은 우리 모두의 에너지를 채워 준다. 고통을 나눌 때도 마찬가지다. 불과 몇 분 뒤, 또 다른 비명소리가 공기를 가를 때도 그랬다.

"내 깃털!"

블라우니드의 눈에 눈물이 고였다. 깃털이 어디론가 사라진 것이다. 좋아서 뛰어다닐 때 떨어뜨린 듯했다.

우리는 무릎을 꿇고 손으로 숲길을 더듬으면서 온 길을 되돌아갔다. 하지만 깃털은 어디로 사라져 버렸는지 찾을 수 없었다. 블라우니드를 달래 보려고 했다. 고통은 현실이고 엄청나게 많은 에너지를 소모한다. 블라우니드는 주저앉아 울음을 터뜨렸다. 어떤 기분인지 나도 잘 안다. 블라우니드의 대답을 기다리지 않고 등에 업었다. 블라우니드가 평소 부르는 엉터리 노래를 불러 줬다. 하늘에서 한 줄기 빛이 비쳤다. 블라우니드가 내 어깨에 머리를 얹고 몸을 편하게 늘어뜨렸다. 나는 계속 걸었다. 등이 찌릿찌릿할 때까지 계속 버티면서.

블라우니드가 자신에게 팔을 두르고 있는 엄마 쪽으로 미끄러져 내려갔다. 엄마가 "내 어치 깃털을 줄게. 그리고 내가 찍어 둔 사진으로 무슨 일이 있었는지 이야기를 만들어 봐도 좋겠다"고 말했다. 블라우니드가 고개를 끄덕이며 엄마 손을 잡았다.

깃털을 다시 찾지 못한다는 것은 기정사실이었다. 우리는 잃어버린 것을 대신할 다른 보물이라도 찾기를 바라면서 길을 걷는 내내 땅바닥과 덤불 속을 계속 탐색했다. 그러던 중에 시끄럽게 윙윙대는 소리가 적막을 깨뜨렸다. 초원 귀뚜라미가 해 질 녘에 노래를 시작한 것이다. 우리는 걸음을 멈추고 귀를 기울였다. 검은딸기나무 덤불 속으로 몸을 잔뜩 기울이고 있는 모습을 누군가 봤다면 이상한 사람들이라고 생각했을 것이다. 어쨌든 우리로서는 아주 경건한 순간이었다. 조그마한 생명체가 우리의 영혼에 불을 밝혀 주었다. 인간이 당한 안타까운 사고가 작은 곤충 한 마리 덕분에 완전히 역전되었다.

7월 7일 토요일

책장이 텅텅 비었다. 벽에도 그림 한 점 남지 않았다. 부엌에서는 우리 목소리가 메아리친다. 한창 바쁠 낮 시간에 모든 곳이 텅 비어 공허한 느낌이다.

낡은 차고에 꾸민 내 방은 이삿짐 상자들로 가득 찼다. 벽에 붙여 둔 포스터와 자격증들도 다 떼어 냈고 주기율표도 말아 뒀으며 내 화석이며 조개껍데기며 두개골들도 날개와 깃털과 바다 유리와 함께 싸 뒀다. 공간은 그대로 있을 테지만 나는 떠난다. 나는 더 이상 내 방이었던 그곳에 있고 싶지 않았다. 이제 로칸과 함께 방을 쓰는 데 익숙해져야 한다. 새집으로 이사 가면 둘이 함께 지내야 하기 때문이다.

그 일이 얼마나 지옥 같을지 생각하지 않으려 애썼다. 방을 같이 쓰다니. 이제 뭐라도 하려면 양해를 구해야 한다. 우리 둘 다 마찬가지다. 우리는 서로 타협하고 우리 둘 모두에게 필요한 평화와 안정을 누릴 방법을 궁리해야 한다. 어쨌든 지금으로서는 그리 나쁘지만은 않다. 나는 떼까마귀들이 내 방 지붕 위에 모여들어 매일 아침 색다른 춤을 추면서 발자국 소리로 나를 깨우는 것이 좋다. 창밖에는 새롭고 다채로운 소리로 우는 울새도 있다.

아침을 먹는데 엄마가 "붉은날다람쥐다!" 하고 소리쳤다. 우리가 동시에 벌떡 일어나 창가로 달려가는 바람에 의자들이 바닥을 긁는 소리를 냈다. 새 모이통에 앉아 있는 푸른박새 외에는 아무것도 보이지 않았다. 그때 나무 그늘에서 낯선 얼굴이 튀어나왔다. 조그마한 형태가 풀밭으로 휙 날아가더니 멈추고 보고 뛰고, 멈추고 보고 뛰기를 반복했다. 정말 붉은날다람쥐였다. 믿을 수가 없었다. 눈을 뗄 수도 없었다. 숲을 벗어나 이런 교외 지역에서 헤매는 모습을 포착한 것이다. 카메라를 집어 들었다. 아무도 믿지 않을 테니 사진을 찍어 둬야 했다. 붉은날다람쥐는 잘 보이는 곳에서 움직였다. 야생화 꽃밭 사이를 지나 나무 위로 기어오르더니 나뭇가지를 건너다녔다. 녀석은 적갈색 몸통과 균형을 이루는 풍성한 꼬리로 힘들이지 않고 멋진 곡예를 선보이며 나무에서 나무로 뛰더니 결국 사라져 버렸다. 가족들이 모두 자리로 돌아가고 나서도 나는 바닥에 뿌리를 내린 듯 그 자리에 서 있었다.

가족들의 목소리가 메아리치는 식탁으로 돌아가자 공허함이 밀려들면서 기쁨이 우울로 바뀌었다. 2주 내로 이곳은 우리 집이 아닌 곳으로 바뀐다. 새로운 사람들이 이사 올 테고 그 사람들은 우리처럼 야생 동물의 방문을 좋아하지 않을 것이다. 아무래도 그럴 가능성이 높다.

밖으로 나가자 아침 공기가 부쩍 차가워졌다. 막 날기 시작한 어린 새들이 재잘거렸다. 정원에 앉아서 꽃등에와 벌이 개박하와 옥스아이데이지와 카우파슬리 사이를 날아다니며 꿀을 빼는 모습을 지켜봤다. 숨을 들이마시며 모든 기억을 함께 빨아들였다. 부풀어 오르는 감각을 느꼈다. 그때 방울새가 오색방울새 모양의 장식물 옆에 앉았다. 우리 집의 작은 숲에서 타오른 열정의 불꽃, 우리 마음에서 타오른 열정의 불꽃이 느껴졌다. 이런 곳을 떠난다고 생각하니 가슴이 아팠다. 풀밭에 누워 소리 높여 우는 칼새를 바라봤다. 몸이 쑥 가라앉는 느낌이 들었다. 그냥 이대로 땅속으로 들어가고 싶었다.

7월 10일 화요일

우리 가족 모두 이 집에 있는 마지막 순간을 견디기 힘들어한다. 우리가 집 안 이곳저곳을 돌아다닐 때마다 집이 쿵쿵 부딪쳐오는 느낌이다. 게다가 각자만의 특별한 장소에 다녀와야 한다는 절박함이 갈수록 심해진다. 목록을 만들어 하나하나 실행해 가고 있지만 시간이 부족하다. 오늘 아침에는 캐슬 콜드웰 포레스트(Castle Caldwell Forest)에 가기로 했다. 계곡에서 수영을 하고 날도래 유충을 관찰하고 뻐꾸기 울음소리를 쫓고 번데기에서 갓 나온 가락지나비가 돌돌 말린 날개를 햇볕에 말린 뒤 높은 풀 사이로 날아오르는 모습을 보았던, 각자 그곳을 여행하며 경험한 기억 보따리를 들고서.

　지독하게 더운 날이었지만 너도밤나무가 드리운 그림자 덕에 열기를 식히며 걸을 수 있었다. 캐슬 콜드웰의 너도밤나무는 아일랜드 토종 나무가 아니다. 1600년대 무렵부터 얼스터(Ulster) 지역에 조림지를 가꾸면서 다른 이국적인 나무들과 함께 들여온 나무다. 당시 퍼매너 카운티에서는 전략적으로 에른(Erne) 호수 주변에 성을 많이 세웠다. 그즈음 아일랜드 귀족들은 통합의 징후가 보임에도 불구하고 영국 청교도 의회와 스코틀랜드 장로교도의 이주가 늘어나는 데 겁을 먹었다. 즉, 이 성들은 그들의 불안이 반영된 요새였던 셈이다. 콜드웰에 있는 성은 영국 노픽(Norfolk) 출신인 프란시스 블레너하셋(Francis Blennerhassett)이 세운 것으로 원래는 하셋의 요새(Hassett's Fort)라는 이름으로 알려졌다. 1641년 아일랜드 반란이 일어나 많은 요새가 불타고 주민들이 살해되는 동안에도 콜드웰 성곽은 화를 면했다. 하지만 그 이후 쇠퇴해 지금은 폐허만 남았다.

역사적인 내용을 깊이 파고들 것도 없이 17세기에 스코틀랜드와 영국에서 건너온 새로운 정착민들과 아일랜드 토착민 사이에 일어난 사건만 놓고 보더라도, 그 당시의 충돌은 연쇄적인 반응을 일으켜 영국에서 내전이 일어나는 원인이 되었다. 그 결과 찰스 1세가 처형당했고 올리버 크롬웰의 지위가 확고해졌다. 크롬웰이 1648년 아일랜드를 재정복하면서 아일랜드 인구의 3분의 1가량이 목숨을 잃었고 귀족들은 재산을 몰수당했다. 이러한 대대적인 파괴를 암시하는 단층은 불확실한 현 세계의 표면에 여전히 드러나 있다. 눈 깜짝할 새에 인류가 소용돌이 속으로 휘말릴 수 있다는 사실을 우리는 너무나도 잘 안다.

웃음소리로 가득했던 시절에 이 폐허가 어떤 모습이었을지 상상해 봤다. 그 소리가 전쟁으로 몽땅 사라져 버리는 안타까운 모습도 떠올렸다. 이제 이곳은 자연의 손에 맡겨졌다. 지하실에는 굴왕거미가 살고 나무는 뿌리와 나뭇가지를 뻗는다. 나뭇가지는 새둥지와 붉은날다람쥐 집과 박쥐가 매달리는 횃대로 쓰인다. 나는 눈을 가늘게 뜨고 늘어진 가지를 올려다봤다가 다시 숲 바닥에 넓게 퍼진 빛을 바라봤다. 폐허가 된 성곽을 뒤덮은 담쟁이꽃과 돌 틈 사이를 벌이 윙윙 소리를 내며 바쁘게 오갔다. 벌은 마치 에너지를 충전하듯 꿀을 모으고 있었다.

계속 걸어서 야생화가 가득한 초원에 다다랐다. 그곳엔 메도스위트 꽃이 흐드러지게 피어 있었다. 노란 구륜 앵초와 미나리아재비도 반짝이는 불빛처럼 풀숲 사이에서 고개를 내밀고 있었다. 자리에 앉아 꿀 내음을 들이마셨다. 퍼매너는 땅속에 표석 점토가 아주 단단하게 자리 잡아서 물도 잘 안 빠지고 농사를 짓기 힘들다. (고맙게도) 덕분에 초원이 잘 조성되었다. 아빠가 자란 곳이자 곧 내가 살게 될 다운 카운티는 배수가 잘 되는 토양층으로 이루어졌다. 내년 여름 우리는 메도스위트 꽃을 보기 위해 더 멀리 여행을 가야 할지도 모른다. 지금은 이렇게 내 눈앞에서 달아오른 공기에 달달한 향기를 뿜어내고 있는데 말이다.

가락지나비가 내 셔츠에 앉았다. 나는 가슴 위에서 팔랑거리는 날개를 느껴 보려고 눈을 감았다. 수많은 소리가 음악처럼 들려왔다. 메뚜기 울음소리, 떼까마귀가 까악 대는 소리, 무척추동물이 조용히 움직이는 소리, 풀과 분홍바늘꽃이 떨리는 소리. 여러 소리들 위로 한 곡의 노랫소리가 터져 나왔다. 나는 몸을 세워 앉아서 쌍안경으로 나무들을 훑었다. 검은다리솔새 한 마리가 너도밤나무 꼭대기에서 울부짖고 있었다. 온 힘을 다하느라 가슴이 부풀고 깃털이 들썩였다.

셔츠를 내려다보니 가락지나비가 보이지 않았다. 내가 갑자기 움직이자 날아가 버린 모양이었다. 눈을 감고 다시 누웠다. 주변 생명체들이 만들어 내는 진동을 느끼고 싶었다. 나는 메뚜기와 나비와 딱정벌레와 실잠자리와 꽃등에 떼가 몸을 뒤덮는 상상을 했다. 곤충들이 내 팔, 가슴, 얼굴, 머리카락 여기저기서 휴식을 취하는 모습을 그려 봤다. 상상 속이긴 했지만 곤충들이 내 피부를 간지럽히는 느낌에 웃음이 터졌고 그러다가 눈을 뜨고 몸을 꼿꼿이 세운 뒤 마구 흔들어 댔다. 그런 유치한 생각을 떨쳐 버리려고 말이다. 또 시간이 되었다. 내적 전쟁이 시동을 건 것이다.

아직 나는 어리지만, 어른처럼 대우받고 싶은 마음도 있고 또 어른스럽게 행동하고 싶기도 하다. 갖가지 이유를 들면서 다른 사람이 뭐라고 생각할지 걱정하고, 나의 순수한 행동에 의문을 품고서 유년기의 거품 방울을 터트리고 싶어 하는 것은 바로 이 '성숙한' 자아다. 하지만 오늘만큼은 그럴 기분이 아니다. 나는 성숙한 자아의 의견에 저항하고 내 몽상과 함께 누웠다. 아무도 안 보는데 무슨 상관이란 말인가. 아무도 없으니 누구도 내 얼굴을 때리며 정신 차리라고 하지 않을 것이다. 미나리아재비와 메도스위트 꽃 아래에서 나는 안전하다.

엄마가 부르는 소리가 들렸다. 벌써 한 시간이나 혼자 있었다.

이제 가족들에게로 가야 한다. 꽃밭 가장자리에 둘러서서 감시병 노릇을 해 준 분홍바늘꽃 옆을 지나다가 잎사귀에 앉아 있는 주홍박각시 애벌레를 보고 잠시 멈춰 섰다. 그 자리에서 셀 수 없이 많은 뱀눈나비가 십자형의 선명한 분홍빛 꽃들 위를 날며 꿀을 모으는 모습을 바라봤다. 오늘은 몸이 전혀 긴장되지 않았다. 액체처럼 유연하고 자유로웠다. 손을 뻗자 바로 뱀눈나비가 날아와 앉았다. 그 순간 그 자리에 꼼짝도 못 하고 서서 등으로 뜨거운 태양 볕을 받아 내며 콧속으로 파고드는 메도스위트의 향기를 맡아야 했다. 이 순간이 영원히 나에게 새겨졌으면 좋겠다.

7월 13일 금요일

도시에서는 폐소 공포증을 느끼기 쉽다. 장소 때문인지 집과 도로와 사람들 때문인지 아니면 집에서 보이는 풍경이 문제인지 모르겠다. 퍼매너에서 우리는 그나마 운이 좋았는데 동부지역처럼 농업이 집중적으로 발달하지 않았기 때문이다. 하지만 도로변과 회전교차로 옆 풀밭 너머로 보이는 농지는 모두 철조망을 둘러(원래는 산울타리가 심겼던 곳이다) 사각형으로 구획 지어진 땅에 밝은 초록색 풀만 가득하다. 흰색 비료 탱크들과 고수익을 내는 축산농가도 있는데 그중 일부는 주정부에서 비용을 지원한다. 모든 것이 합법이고, 보기에 좋을지는 몰라도 따져 보면 그런 풍경을 갖추기 위해 야생 동물들을 몰아냈다는 사실을 외면하기 어렵다. 결국 우리가 집에서 보는 풍경은 매우 암울하고 위협적으로 느껴진다. 그래서 우리는 더 야생적인 장소를 찾아 나선다. 실제로 야생적이진 않더라도 그렇게 느껴지는 곳 말이다.

오늘은 날씨가 흐리지만 꽤 상쾌하다. 우리는 농장 지대를 떠나 단조로운 초록빛 들판을 뒤로하고 남서쪽의 말뱅크로로 향했다. 말뱅크로는 초원을 가로지르는 석회암 포장도로로 양옆으로 난초와 프랑스국화가 자라고 있다. 킬리키간 자연보호구역 입구에 가까워지자 유령 같은 형체가 차창 밖으로 스치듯 지나갔다. 매커널티들의 머리가 왼쪽으로 돌아갔다. 아주 짧은 침묵이 흘렀다. 우리는 곧 수컷 잿빛개구리매가 날아갔다는 사실을 알아채고 기쁨의 탄성을 터뜨렸다. 뜻밖의 전령사였다. 여름 내내 한 번도 보지 못했는데 이렇게 마주하다니, 기쁨의 부적이자 희망의 빛을 전달해 주는 새다웠다.

차 안은 기쁨으로 가득 찼다. 모두 눈썹까지 웃음을 짓고 있다가 차를 세우자마자 뛰쳐나가서 버드나무 가지 속으로 들어가 새의 형체를 쫓아 달렸다. 우리는 달리기를 멈추고 서로 끌어안았다. 우리 매커널티들은 그랬다. 어쩔 수 없었다. 이런 순간에 느끼는 사랑과 기쁨을 놓치지 않고 나눠야만 하는 사람들인 것이다. 엄마가 우리를 안은 팔에 힘을 줬다. 나는 이러다 터져 버릴 것만 같았다. 참고 있었던 슬픔, 나를 자꾸만 아래로 끌어내리는 어둠이 산산조각 나는 듯했다. 이런 이유로 우리는 킬리키간을 '매커널티 예배당'

이라고 부른다. 이곳에서 우리는 절대적 기쁨과 평화를 누린다. 우리가 더 값진 보물을 찾아 각자 다른 방향으로 나선다 해도, 우리를 묶고 있는 보이지 않는 끈은 거미줄처럼 촘촘하게 서로를 이어 줄 것이다.

흔들리는 풀숲 속에서 탁한 녹색과 금빛을 띤 형체가 보였다. 조용히 그쪽으로 다가가서 가까운 돌에 몸을 기댔다. 가는 줄무늬가 있는 날개가 팔랑이면서 황토색과 검은색이 드러났다. 풀표범나비였다. 나비는 흐릿한 햇살 아래서 기분 좋게 햇볕을 쬐고 있었다. 풀표범나비가 풀밭 위를 미끄러지듯 날아다니는 모습을 지켜봤다. 나는 나비의 기운이 남았을까 하는 마음에 나비가 막 떠난 자리에 손을 대 보았다. 이곳에 금어리표범나비도 있을지 궁금했다. 그래서 자리에 앉아 잠시 기다렸는데 곧 조급증이 밀려왔다. 일어서서 걸을 수밖에 없었다.

날이 밝자 진홍나방 애벌레로 뒤덮인 금방망이꽃이 보였다. 금방망이꽃은 독성이 있어서 소나 말에게 위험하다는 이유로 농부들이 무척 싫어하는 야생화다. 하지만 수분을 하는 곤충에게는 무척 유익한 꽃이다. 여름에 금방망이꽃을 가까이에서 지켜보면, 노랗고 검은 줄을 두른 진홍나방 애벌레가 아코디언처럼 천천히 움직이며 줄기를 타고 올라가느라 꽃이 가늘게 떨리는 모습을 볼 수 있다.

내 위쪽으로 독수리 한 마리가 구슬프게 울면서 날아갔다. 독수리가 날개를 펼치고 들판 위를 맴도는 모습을 보려고 고개를 돌렸다. 발밑에는 시간이 흐르며 빗물로 다듬어진 석회암이 깔려 있었다. 그 틈에서 난초와 수레국화와 '악마의 작은 부스럼 꽃'이라고 불리는 체꽃이 자라고 있었다. 독수리가 선명한 초록빛 바다 같은 풀밭 위를 맴돌며 수색을 반복했다. 그러다 갑자기 낙하해 먹잇감을 덮쳤다. 지루하리만치 초록색뿐이던 들판이 독수리에게 먹이를 준 것이다! 이런 들판에서도 생명이 살아간다. 자연은 놀랍기 그지없다. 그저 바라보는 것만으로도 편견이 도전받고, 벗겨지며, 가능성을 향해 나아가게 해 준다. 태양이 구름 사이로 모습을 드러내자 한 줄기 빛이 독수리를 비췄다. 햇볕에 피부가 붉게 달아오르고 따끔거렸다. 나는 공중으로 풀쩍 뛰었다.

7월 25일 수요일

이사를 했다. 결국 그렇게 되었다. 이제 나는 다운 카운티 캐슬웰란의 작고 현대적인 주택단지에 산다. 정원에는 마가목, 물푸레나무, 체리나무, 플라타너스 같은 토종 나무들이 자라는데 담쟁이넝쿨이 나무 밑동을 덮었다. 도로 하나만 건너면 바로 숲 공원이 있다. 지난 며칠이 정신없이 지나갔고, 지금은 마음이 온통 어두워져서 글을 쓸 힘도 없다. '우울'이라는 말은 많이 들었지만 지금 내가 느끼는 감정이 우울인지, 아니면 삶의 변화를 겪으면서 느끼는 정상적인 반응인지 잘 모르겠다. 매일매일 노력하며 힘겹게 버티고 있을 뿐이다. 소용돌이치는 불안과 싸우느라 소모하는 에너지는 우리 집을 둘러싼 몬 산맥처럼 높기만 하다.

지난주에 나는 동식물학자인 크리스 팩햄 박사님과 함께 영국 전역 50개의 자연보호구역에서 야생 동물을 평가하고 기록하는 바이오블리츠(BioBlitz) 영상을 촬영했다. 촬영지는 자연보호구역인 멀로 해변(Murlough Beach)이었는데, 이사 온 집에서 차로 10분가량 떨어진 곳이다. 앞으로 친숙해질 장소를 탐험한다는 사실에 신이 났다. 그룹 프로젝트도 처음이었다. 나는 이제까지 주로 혼자 일했고 조사한 것을 발표하는 여러 청소년들 중 한 명이었으며 내가 좋아하는 바를 말하기만 하면 되었기 때문에 사실 크게 어려울 것이 없었다. 문제는 그 뒤에 생겼다. 소셜미디어에 비교와 평가가 도배되기 시작한 것이다. 그러자 내 속도 끓어올랐다.

축하하거나 비판하는 말들이 화면 속에서 점점 자라났다. 그러다 갑자기 내가 관심과 확인을 바라고 있었다는 사실을 분명하게 깨달았다. 전에는 이런 경험을 한 적이 없다. 아주 오랫동안 나는 마음이 가는 일을 크게 고민하지 않고 해 왔는데, 혼자서 혹은 가족과 함께 그런 일을 하면서 세상의 눈으로부터 어느 정도 떨어져 있었던 것 같다. 안전지대 안에 갇혀 있었다는 의미는 아니다. 내가 매달린 일을 많은 사람들이 관심을 갖거나 들여다보지 못했다는 뜻이다. 하지만 이번에는 내 또래 청소년들과 다른 환경 보호 활동가들과 함께했기 때문에 내가 한 말과 행동과 심지어 얼굴까지도 다른 사람들과 강박적으로 비교하게 되었다. 나는 이런 상황이 몹시 불안했다.

내가 이러는 것을 보면 다른 사람도 틀림없이 그럴 것이다. 그렇다면 이런 비교는 대체 어디서 어떻게 끝날까? 그런 과정을 겪으면서 원래의 목적도 우리처럼 길을 잃을 것이 분명하다. 무너져 가는 생태계를 지지하고 야생 동물을 보호해야 한다는 절박함이 인간의 나르시시즘과 불안을 맞닥뜨린 것이다. 지난주 내내 트위터에 집착하면서 심장이 두근거리는 증상이 심해졌다. 트위터를 중단하고 신경을 끄는 것 말고는 할 수 있는 일이 없었다. 지금도 신경 쓰지 않고 있다. 하지만 이미 나의 열정과 흥분은 훼손되고 말았다. 말은 나에게 상처를 입혔고, 나는 수치심과 죄책감과 혼란 때문에 나 자신을 탓하며 나에게 상처를 주고 싶어졌다.

나는 아무것도 아니다. 다른 사람들에게 종종 듣는 말이기도 하다. 사람들은 내가 땅바닥에 웅크리고 귀를 꽉 움켜쥐고 있을 때 그렇게 속삭인다. 그렇게 몇 년간 들었던 말이 계속 떠올랐다. 그러다 처음으로 스스로에게 그런 말을 하는 사람이 되었다. '너는 아무것도 아니다.'

나는 내가 항상 하던 일, 내가 해야 할 일을 하기로 했다. 그 일은 엄마, 로칸, 블라우니드와 함께 멀로 자연보호구역의 모래 언덕에 올라 파도와 물범과 나비들을 보는 것이다. 나는 잘 다져진 길을 따라 이리저리 왔다 갔다 하면서 홍방울새와 종달새의 노랫소리와 갈매기 소리에 귀 기울였다. 걸음걸음마다 머릿속과 주변 환경의 균형을 되찾기 위해 애썼다. 산, 해안, 바다, 모래, 숲과 같은 자연

풍경은 나의 10대에 영향을 미칠 것이다. 지금 나는 그것에 집중해야 한다. 나의 몸이 그 일부가 되도록 말이다.

나는 자폐증이 있는 완벽주의자다. 그렇긴 하지만 내가 사기꾼이고 실패자라는 사실을 증명할 방법을 항상 찾는다. 소셜미디어 팔로워 수도 많고 옳은 말을 하고 옳은 길을 찾으며 야생 동물을 옹호하고 기후 변화에 분노하는 일에 나보다 더 적합한 사람들은 셀 수 없이 많다. 나는 내가 항상 무언가를 옹호하고 있으며 그런 내 목소리가 사람들에게 전달되기 시작했다고 믿었다. 내 나름의 방식으로 자연을 돕기 위해 싸우고, 내가 사는 지역에서 또 학교에서 내 할 일을 하고 자료를 기록하고 시위에 참여하는 방식으로 과학에 기여하고 있다고도 생각한다. 자연 세계가 겪는 참상에 관한 통계 자료를 계속 내세우는 방식은 내 성격에 맞지 않는다. 내 경험 밖의 일이기 때문이기도 하다. 그런 자료들을 보면 절망스러워 머리를 파묻고 싶을 뿐이다. 내가 약하다는 뜻일까? 내가 너무 게으른가? 내 관심이 부족한 걸까? 만약에 내가 그런 방식으로 활동하지 않기 때문에 이 일을 그만둬야 한다면, 사람들이 내 이야기에 귀를 기울이는 까닭은 뭘까? 나에게는 그런 방식이 어울리지 않을 뿐이다. 나는 그런 사람이 아니다. 내 몸과 마음이 그저 허락하지 않는 것이다. 나는 나의 장점과 한계를 받아들여야 한다. 나도 해결책을 찾도록 돕고 싶지만 지금으로서는 그저 문제를 더하는 느낌이 들 뿐이다.

아직 정리하지 못한 박스들과 가족들을 뒤로한 채 집 밖으로 나왔는데 정말 행복했다. 점박이나방이 악마의 작은 부스럼 꽃 위에 앉아 있었다. 빨갛고 검은색이 어우러진 날개가 보라색 꽃 위에서 쉬는 모습은 마치 고딕 양식과 왕실의 충돌을 보는 듯했다. 이토록 조그마한 생물이 구름으로 뒤덮인 흐린 날의 멀로 해변을 밝혀주고 있다. 모래 위에 누워 파도 소리에 귀 기울였다. 다시는 나 자신을 잃지 않겠다고 다짐했다. 나는 스스로 삶을 멈출 생각을 해서는 안 된다. 내가 없는 세상을 상상하고 싶지 않다. 절대로 생각이 절망의 방향으로 흐르도록 내버려두지 않겠다고, 만약 다시 슬픔을 홀로 참기 시작한다면 가족들에게 이야기하겠다고 맹세했다.

비교하고 평가하는 것은 이면에 깊은 상처가 있기 때문일지도 모른다. 어쩌면 내가 그런 상처를 핑곗거리로 이용하는 것일지도 모른다. 몇 년에 걸쳐 겪은 괴롭힘의 무게를 설명하는 일은 어렵다. 나는 사람들에게 찍혔다. 인지할 새도 없이 그런 일이 벌어졌고, 나는 소비되었고, 말려들었다. 그렇게 기쁨을 빼앗겼다.

그것을 제압할 방법은 뭘까?

그들이 나에게 다시 상처 주지 않을 거라는 사실을 어떻게 확신할 수 있을까?

자연 세계를 위한 싸움에서 내 몫을 해내려면 고정관념을 깨는 것부터 시작해야 한다. 매일같이 나는 보이지 않는 검은 연기를 뿜어내며 내 마음을 식히고 정화하고 다시 나 자신이 되기 위해 온 힘을 다해 애쓴다. 시간이 걸릴 것이다. 그러니 인내해야 한다.

8월 1일 수요일

매커널티 가족의 '예배당'인 킬리키간이 계속 꿈에 나온다. 손으로 석회암이 깔린 길을 더듬고 발로 땅을 구른다. 잠에서 깨어나도 퍼 매너의 냄새가 남아 있지만 나는 그곳에 없다.

나는 새로 생긴 방에 있고, 로칸은 멀리서 달려오는 차 소리를 들으며 노트북 컴퓨터로 음악을 만드는 중이다. 요즘 들어 나는 잠에서 깨면 항상 차오르는 눈물과 싸운다. 로칸은 내가 깬 것을 눈치채고 달려들더니 '첫 달 첫날 첫 주먹을 받아라'라는 노래를 불렀다. 나쁜 운을 물리쳐 준다는 노래지만 나는 받아줄 기분이 아니었다. 그래서 소리를 지르면서 같이 꼬집고 주먹으로 때렸다. 로칸은 예상치 못한 내 반응에 당황하고는 나쁜 말을 중얼거리면서 달아나 버렸다. 누워 있는데 속이 부글대고 검은 안개가 몰려오는 느낌이 들었다.

창밖에서 부드러운 소리가 들려왔다. 다양한 음을 실은 바람이 부드럽게 안개를 흩어 버리자 소리가 더 선명하게 들렸다. 거의 쉰 듯한, 익숙하면서도 낯선 소리였다. 일어서서 커튼을 열자 수컷 대륙검은지빠귀가 폴짝폴짝 뛰어다니면서 습기를 머금은 잔디를 쪼아 대고 있었다. 새는 뭔가 맛있는 것을 골라 먹다 산울타리를 훌쩍 뛰어넘었다. 어른 새가 어린 새에게 먹이를 줬다. 나는 좀 더 자세히 보려고 몸을 움직였다. 어린 새가 세 종류의 춤을 추며 부모를 쫓아갔다. 폴짝 뛰고, 땅을 쪼고, 먹이를 먹고, 또 반복. 어린 새는 어른과 비슷한 리듬의 소리로 배고픔을 표현하며 쉬지 않고 울어 댔다.

아직 새 모이통을 마련해 두지 않았다. 이전 집에서 새 모이통을 치우면서 눈물을 줄줄 흘린 기억이 났다. 비가 오기 전이었지만 비 냄새가 났다. 나는 정원에 앉아 있었다. 이사업체 아저씨들이 집 안에 있었는데 그곳에 함께 있고 싶지 않았다. 낮은 담장 뒤에서 그네 의자에 몸을 말아 넣고 앉아서 풀을 잡아당기자 쥐며느리가 손을 타고 올라왔다. 무당거미가 거미줄을 잣다가 돌 뒤로 종종걸음 치며 사라지는 모습을 지켜보다가 천천히 일어나서 뒷문을 바라봤다. 손잡이가 아래로 내려가더니 엄마가 나왔다. 엄마는 팔로 나를 감싸 안아 줬다. 나는 울었고 엄마랑 같이 좀 더 그렇게 있었다. 엄마에게 다 털어놓을 수는 없었다. 감정이 너무 북받쳤기 때문이다. 대신 나는 참았다. 짐을 미처 다 빼지 못한 상태에서 우리가 먼저 집을 떠나야 할 시간이 되었다. 이사업체가 차를 잘못 가져오는 바람에 짐이 여기저기 널려 있었다. 어떻게 할지 이야기하는 소리가 들렸다. 나에게는 그저 떠드는 소리에 불과했다.

다른 건 기억이 잘 안 난다. 어쨌든 우리는 지금 다운 카운티에 있고 퍼매너는 아주 멀게만 느껴진다. 일상에 적응해야 하고 하루하루 잘 견뎌 내야 한다. 학교가 방학이라 정말 다행이다. 이사를 하자마자 학교에 다니고, 내가 만나서 익숙해져야 할 새로운 사람들을 상상하면 마음속이 구겨지는 느낌이다.

그런데 이곳에 온 뒤 신기한 일이 있었다. 옆집에 나보다 조금 어린 남자아이가 사는데, 그 애는 모든 일에 관심이 많고 보드 게임을 좋아한다. 날씨가 좋아서 우리는 바깥에 함께 앉아 카드 게임을 하며 이야기를 나눴다. 나는 그 애에게 집 뒤쪽 테라스의 콘크리트 바닥을 가로지르는 개미 떼를 보여 줬다. 개미들은 한 줄로 기어가면서 빵 부스러기와 (놀랍게도) 작은 딱정벌레를 옮기는 중이었다. 그 순간 무심결에 나의 진짜 모습이 튀어나왔다. 너무 신난 나머지 가면이 벗겨져 버린 거다. 하지만 그 애는 나를 비웃거나 깔보지 않았다. 대신 쭈그리고 앉아서 함께 그 순간을 만끽했다. 다른 사람, 즉 내가 잘 알지 못하는 누군가와 함께 자연을 관찰한 경험은 색다른 느낌이었다. 함께하는 누군가가 있다는 것은 정말 묘했다. 그런 종류의 만남은 경험한 적이 없다. 그 후에도 우리는 함께 카드놀이를 하고 이야기도 나눴는데, 나는 그런 편안한 느낌이 꽤 마음에 들었다.

저녁 늦게, 우리는 로지를 데리고 캐슬웰란 포레스트 공원으로 산책을 하러 갔다. 놀랍게도 그곳은 우리 현관에서 3백 발자국도 채 안 되는 거리에 있었다. 뒤편 울타리를 뛰어넘어서 간다면 훨씬 가까울 것이다. 로지는 산책을 할 때마다 늘 우리와 함께한다. 듬직하면서도 조용한 보호자다. 이제 꽤 유순하고 순종적인 개가 되었다. 경주 견이었던 시절 몸에 밴 습관은 사라진 지 오래지만, 총소리나 자동차 엔진 소리가 갑작스레 날 때는 예외였다. 우리는 로지를 '자폐 견'이라고 부른다. 로지는 항상 같은 길로만 다니고 싶어 하기 때문이다. 우리가 모두 함께 있지 않거나 엄마가 옆에 없으면 로지는 갑자기 멈춰 서서 뒷발로 땅을 파며 걷기를 완강히 거부한다. 한번은 아빠 혼자 로지를 데리고 산책을 나갔다가 엄마에게 전화로 도움을 요청한 적도 있다. 로지가 꿈쩍도 하지 않았기 때문이다. 엄마는 로지를 움직이기 위해 우리를 몽땅 데리고 나가야 했다. 그 뒤로 우리는 엄마를 우두머리 개라고 부른다.

차가 좀 많이 다니긴 했지만, 우리는 어렵지 않게 길을 건너 늦은 저녁 공기를 즐겼다. 예전 집에서는 불가능한 일이었다. 그곳에서는 에니스킬렌에 도착하기 전부터 도로가 몇 킬로미터에 걸쳐 막혔고 정체는 갈수록 심해졌다.

캐슬웰란을 산책하는 일은 편안했다. 나는 엄마와 이야기를 나누면서 문제가 곪아터질 때까지 마음속에 담아 두지 않기로 약속하고 스스로도 결심했다. 그리고 엄마에게 내가 얼마나 퍼매너를 그리워하는지, 이곳은 또 얼마나 낯설고 다른지 이야기했다. "냄새가 달라요. 나쁜 쪽으로는 아니고, 그냥 그렇다고요. 들리는 소리도 달라요, 좋은 쪽으로요. 여긴 확실히 새가 더 많아요. 벌레도 그렇고요." 그러고 나서 엄마에게 새로 사귄 옆집 친구 주드 이야기를 했다. 엄마는 미소를 지었고 뺨에 보조개가 선명하게 파였다. 그건 엄마가 피곤하다는 뜻이기도 했다. 눈 밑에도 다크서클이 짙었다. 그 모습을 보니 모든 것에서 아름다움을 찾으면서 괴롭힘이 나를 짓누르지 못하도록 노력하겠다고 약속하고 싶었다. 나는 정말 사랑을 많이 받고 있다. 엄마에게 그 사랑을 전해 주고 싶다. 나 자신에게도 그렇게 하고 싶다. 아름다움, 그것은 바로 내 주위에 있다. 그러니 어려울 게 없다.

사방이 어둑어둑해지기 시작했다. 집에 갈 때가 되었다. 우리는 호수를 떠나, 왔던 길을 되돌아갔다. 호수를 한 바퀴 도는 산책이었다. 엄마가 어둠 속에서 낯선 장소를 걷는 것이 불안하다고 해서 우리는 보폭을 넓혀서 최대한 빨리 걸었다.

집에 가까워지자 엄마가 내 팔을 잡았다. 우리는 어둠이 내리는 그곳에 멈춰 서서 길을 가로질러 날아가는 검은 그림자들을 바라봤다. 박쥐였다. 집 뒤편 가로등에는 불이 들어오지 않았기 때문에 박쥐들이 날개를 파닥이는 모습을 더 잘 볼 수 있었다. 엄마와 나는 웃음을 터뜨렸다. 흥분을 감출 수 없었다. 우리는 집으로 달려 들어갔다. 나는 박쥐 탐지기를 찾아 들고서 부엌을 지나 뒷문으로 나갔다. 뒷뜰 나무에는 더 많은 박쥐들이 움직이고 있었다. 나는 박쥐 탐지기를 까맣게 잊은 채, 밤보다 한 단계 정도 밝은색에 종이로 접은 것 같은 형체가 날아오르는 모습을 지켜봤다. 박쥐의 날렵한 날개는 공중에서 먹이를 잡아먹을 때 희한한 각도를 만들어 낸다. 우리는 매일 밤 우리를 위해 모기를 잡아먹는 날개 달린 포유류 덕을 톡톡히 보고 있다.

엄마가 집으로 들어가고 나서도 나는 정원에서 밤하늘을 한참 바라봤다. 뭔가가 있는 것 같았다. 공중에서 윙윙대는 소리가 들렸다. 부들레아 관목 위에서 나는 소리였다. 낯선 것이 움직이고 있었다. 움직임이 아주 날렸는데 그 주변이 진동하는 듯했다. 부엌에 불이 켜지더니 모두가 내 곁으로 다가왔다. 로칸과 블라우니드가 먼저 왔고 곧 엄마와 아빠도 동참했다. 기억은 나지 않지만 내가 소리를 지른 것이 틀림없었다.

우리는 함께 감탄하며, 셀 수 없이 많은 감마밤나비가 보랏빛 꽃 위에서 잔치를 벌이는 모습을 지켜봤다. 쉬기도 하고 꿀을 빨기도 하고 이리저리 춤추듯 날아다니다 다시 목을 축였다. 쉴 때조차 나비의 날개는 폭풍 속의 나뭇잎처럼 떨렸다. 은색에 갈색 반점이 박힌 깃털 같은 비늘로 덮인 날개가 마치 별 가루처럼 희미하게 빛났다. 야행성 이웃에게 잡혀먹히지 않기 위한 보호색이다. 감마밤나비가 털처럼 난 비늘로 박쥐의 초음파 탐지 능력을 교란시킨다는 사실은 흥미롭다. 우리 매커널티들은 이토록 작고 (아마도) 2세대일 이주자들을 열렬히 칭송했다. 곧 나비들은 태어난 곳으로 여행을 떠날 것이다. 육지와 바다를 건너 북아프리카로 말이다.

밤이 깊어지자 폭풍 같은 날갯짓도 자취를 감췄다. 나비의 날갯짓 소리가 들리지 않으니 밤도 잠잠해진다. 우리는 펄쩍펄쩍 뛰면서 서로를 껴안았다. 잔뜩 긴장했던 분위기도 천천히 누그러졌다. 그냥 가게 두자, 짙은 어둠 속으로 사라져 멀리 날아가도록 하자. 우리는 재잘재잘 이야기를 나누며 하늘을 바라봤다. 이제 나비들은 떠나고 하늘엔 오리온자리, 북두칠성이 반짝였다. 우리는 여기에 이렇게 서 있다. 우리가 함께한 최고의 순간에 또 하나의 순간이 기억에 새겨졌다. 이 순간은 앞으로 몇 년 동안 우리의 대화에 언급되며 되살아날 것이다. 그날 밤 반짝이는 별들이 우리의 흥분을 잠재웠다고.

따뜻한 집 안으로 들어갔다. 집에 이삿짐 상자가 없다는 사실을 처음으로 깨달았다. 모든 것이 제자리에 있었다. 선반에는 책이 꽂혔고 벽에는 그림이 걸려 있었다. 우리 집 그대로의 모습이었다. 퍼매너의 집과 똑같았다. 우리가 몇 번이고 다시 이사해도 이런 느낌은 우리를 따라다닐 것이다.

나는 신이 나서 팔짝팔짝 뛰면서 행복에 겨운 비명을 지르고 팔을 흔들었다. 로칸은 내가 몇 달 만에 처음으로 신나 보인다고 소리쳤다.

"형, 다시 행복해졌어?" 로칸이 물었다. "응!" 나는 소리쳤다. 진짜 그랬다. 누가 보기에도 그랬을 것이다.

8월 4일 토요일

아니다. 결국 다 제자리걸음이다. 오늘 아침 일어나니 다시 갇힌 듯 답답한 느낌이 들었다. 그런 기분은 주드와 카드 게임을 할 때도, 가족들과 보드게임을 하면서도 이어졌다. 그러더니 피자를 삼키는 일조차 괴롭게 느껴졌다.

약속대로 엄마에게 숨 막힐 듯 답답한 상태에 대해 털어놓았다. 보이지 않는 구속복을 입은 것 같다고. 떨쳐 낼 방법이 없다고. 생각의 기차가 목적도 방향도 없이 돌진해 왔다. 나는 시시각각 발을 헛딛고, 균형을 잃고, 비틀거리고, 갈 곳을 잃고, 허우적댔다. 전쟁이 따로 없었다.

엄마는 새로 가 보려는 장소가 그런 기분을 격퇴시켜 줄 거라고 생각했다. 또 나에게 그럴수록 품위를 갖추고 감사하는 마음을 잊지 말아야 한다고도 했다. "그런 태도를 갖추려고 노력해 보자. 좋은 일을 하나하나 적어 보면서 기억해 두렴." 물론 엄마 말이 맞다. 하지만 선뜻 동의가 되지는 않았다.

우리는 외출을 하기로 했다. 하지만 차를 타고 가는 중에도 불만이 차곡차곡 쌓였다. 이곳은 퍼매너와 너무 달랐다. 다운 카운티의 주차장은 하나같이 빈자리가 없었다. 어딜 가나 사람들이 있었다. 우리는 결국 주차할 곳을 찾지 못하고 다시 집에 돌아가기로 했다. 그러다 집으로 가는 길에 블러디 브리지(Bloody Bridge)에서 주차할 자리를 하나 찾아냈다. 블러디 브리지라는 이름은 1641년 아일랜드 반란 당시 이곳에서 처형된 개신교도들에게 섬뜩한 방식으로 조의를 표한다. 뉴캐슬의 수감자들과 포로를 맞바꾸러 가던 가톨릭교도들은 도중에 수감자들이 처형당했다는 소식을 듣고 포로로 데리고 있던 개신교도들을 잔인하게 죽였다. 그 피가 이곳의 다리와 강을 붉게 물들였다고 전해진다.

끔찍한 역사에도 불구하고, 어쩌면 그것 때문에 이곳 경치는 어딘가 낯선 아름다움을 품고 있었다. 바다에서 불어오는 산들바람이 해안의 열기를 식혀 주었다. 바위에 부딪치는 파도 소리를 들으며 벌렁대는 가슴을 진정시켰다.

우리는 가파른 층계를 내려간 뒤 좁은 길을 따라 걸었다. 한쪽으로는 바위와 바다가 있었고 다른 쪽은 벌판이었다. 잠시 쉬면서 경치를 구경했다. 아저씨 셋이 바위 위에서 낚시를 하고 있었다. 위험한 행동이라는 생각이 들었다. 지금 나에게 아드레날린 따위는 필요하지 않기 때문에 그렇게 생각하는 것일지도 모른다.

나는 실루리아기에 형성된 변성암인 혼펠스 위에 걸터앉았다. 이 바위는 이끼가 끼면서 울퉁불퉁한 표면이 매끈해진 상태였다. 혼펠스는 약 4억 년 전 대륙이 충돌하면서 접촉 열에 따른 변성 작용으로 만들어졌는데, 당시는 멸종할 뻔했던 해양 생물이 다시 회복되던 중이기도 했다. 4억 살 먹은 바위라니, 나는 돌결을 손가락으로 더듬으며 자세히 관찰했다. 바위의 시원한 감촉이 마음에 위안을 줬다. 어린 굴뚝새들이 바위 쪽으로 건너오면서 서로 주의를 끌기 위해 재잘댔다. 어린 새들이 멈춰서 입을 열고 지저귀면 부모새가 부지런히 답해 줬다. 웃음이 나서 킥킥 소리를 내 웃었다. 구부정하게 가만히 앉아 있는 내가 거슬리지 않는지 새들은 더 가까이 다가왔다. 조그마한 새들이 요란하게 떠드는 모습이 예쁘고 신기하기만 했다.

우리 조상들에게는 이런 소리가 음악이었을 거다. 한쪽 귀에는 파도 소리, 다른 쪽 귀에는 굴뚝새 가족들의 소리가 들렸다. 두 가지 소리가 한꺼번에 나오는 입체 음향 시스템 속에 있는 느낌이었다. 우리가 인식하든 그렇지 않든 자연의 소리는 우리의 모든 것에 영향을 준다.

바위 사이의 웅덩이 쪽으로 자리를 옮겼다. 블라우니드와 로칸은 이미 신발을 벗고 굴뚝새들처럼 바위 사이를 뛰어다니다가 가끔씩 멈춰 서서 몸을 구부리고 관찰하길 반복하는 중이었다. 나도 신발을 벗고 합세했다. 화강암의 차가운 기운에 온몸이 오싹했다. 우리는 생명체들이 가득한 웅덩이를 들여다봤다. 소라게가 우리 발 사이를 종종거리며 지나갔다. 빨강해변말미잘이 푸른 구슬이 달린 진홍색 촉수를 흔들자 망둥이와 베도라치가 달아나며 내 발을 간지럽혔다. 촉수에 손을 대자 끈끈한 느낌이 났다. 빨강해변말미잘은 가시 세포라고 불리는 독침 세포가 있다. 하지만 사람의 피부를 뚫지는 못한다. 촉수가 쏙 움츠러들었다. 나도 손을 거둬들였다. 나는 내가 살고 싶고 보고 싶고 경험하고 싶고 배우고 싶은 삶 속으로 확고하게 돌아왔다. 동시에 마음이 열렸다. 나는 아빠에게 수다의 촉수를 뻗어 우리가 보고 있는 생명체에 관해 재잘거렸다. 기분이 무척 좋았다.

해가 기울면서 한낮의 열기도 차츰 식었다. 우리는 양말과 신발을 다시 신었다. 블라우니드가 친구들과 다시 놀 수 있도록 돌아갈 채비를 했다. 블라우니드는 친구들을 보자마자 신이 나서 뛰어갔는데, 그러다 갑자기 멈춰서 헉 소리를 냈다. 블라우니드가 눈을 반짝이며 뭔가를 보고 있었다. 에메랄드빛으로 반짝이는 길앞잡이였다. 우리는 벌레를 유리병에 집어넣고 움직이는 모습을 잠깐 지켜봤다. 보석처럼 반짝이는 모습이 예쁘지만 개미나 애벌레에게는 흉포한 포식자이기도 하다. 녀석을 놓아주었더니 마치 화살처럼 앞으로 튀어나갔다. 세상에서 가장 빠른 곤충이라고 불릴 만했다.

나는 중력을 거스르는 기분을 즐기며 층계를 뛰어올랐다. 내일도
오늘 같을까?

8월 7일 화요일

인류세

시작할 때 우리는, 가볍게 발을 옮겼다.
맨땅 위에서, 우리는 아무런 영향력 없는
여행자들이었다, 소생과 재생을 허락하고.
충분히 남기는.
공손함을 지녔다.

수천 년을 버티고도, 우리는 계속
끊임없이 무게를 더했다, 납빛의
무게를, 깊고 오랫동안 지속되는
자국들을 남기고, 충격을 던졌다.
절멸시켰다.

잔인함, 거대한 탐욕이, 장애물을 없애고,
손과 발은 산업화되었다.

괴물들이, 유독물질을 토해 내고, 병들게 하고,
귀먹게 하고, 화살들을 토해 낸다.
마음이 찢어진다.

이제 천둥이 치며, 무턱대고 짓밟는다.
한때는 많았던 오솔길을 모조리 훼손한다.
우리는 손쓸 도리 없이 멍하게 바라보며 아파할 뿐,
공허하고 공포에 질린 외침이 텅 빈 곳에 울려 퍼질 뿐.
기다린다.

멈추자. 희망의 소리가 들린다, 성큼성큼 걸어오는 소리가.
필요한 조치를 취하려는 발소리가 울린다.
위대한 정신이 돌풍을 일으키고, 변화를 이끌며,
정중하게 요구한다, 우리의 무게를 줄이자고.

나는 새들의 노래, 날갯짓 소리, 지저귐을 듣고 싶다.
오염도 파괴도 더는 안 된다.
성장을 위한 성장은, 이제 끝내야 한다.
우리 세대는 제대로 성장하는 모습을
볼 수 있을까?

8월 8일 수요일

우리는 매일 길 건너편 숲 공원을 탐방하면서, 그 공간을 즐기며 마치 친구를 사귀듯 알아 가는 중이다. 어치와 떼까마귀들 사이에서 비밀 통로를 발견하기도 했다. 길에서 꽤 떨어진 곳에 있는 나뭇잎 쌓인 둔덕을 오르기도 했다. 에너지가 다시 돌아오는 느낌이었고 식욕도 다시 솟았다. 며칠 동안 허기를 거의 느끼지 못했는데, 머릿속 공허함이 새로운 풍경과 소리로 채워지자 뱃속의 공허함도 음식으로 채워지길 바라게 된 것이다.

이사하고 적응하며 뒤죽박죽이었던 시기는 지나갔다. 새집도, 숲으로 소풍을 가는 일도 익숙해졌다. 그저께는 뿔까마귀가 내 발에 앉았다. 청소년기의 수컷 뿔까마귀였는데 내 다리를 뛰어넘을 때 득득 긁는 듯한 소리가 났다. 그 소리를 들으니 『비밀의 화원』속 대사가 생각났다. "불쾌한 생각이 들고 낙심했을 때 금세 유쾌하고 용감한 생각을 떠올릴 수 있는 사람에게는 더 놀라운 일이 일어난다. 두 가지 생각은 한곳에 머물 수 없다."

8월 11일 토요일

앤트림 카운티의 협곡 중 글레나리프(Glenariff)의 던고넬(Dungonnell) 저수지에는 해마다 잿빛개구리매를 아끼는 사람들이 모인다. 우리도 행사에 참가하기 위해 그곳으로 차를 몰았다. 맹금류 학대에 대한 분노의 감정을 나눌 기회이기도 하고 잿빛개구리매를 직접 본 경험도 공유할 생각이다.

한동안 소수의 사람들과 함께하는 모임 외에는 가 본 적이 없었다. 그래서인지 내 안에 거대한 매듭이 묶여 있는 느낌이 들었다. 나는 여기저기로 불려 다니며 몇 마디 중얼거리고 가식적인 미소로 얼버무리기 시작했다. 그러다 이머 루니 박사님(나는 참매 이머 박사님이라고 부르는 걸 좋아한다)을 만났다. 우리는 물수리, 붉은 수리, 드론과 다른 여러 새들에 관해 이야기를 나눴다. 대화가 물 흐르듯 편안하게 흘러서 기분이 한결 나아졌다. 안타깝게도 루니 박사님과 하루 종일 이야기할 수는 없었다. 우리는 다른 사람들과 인사하기 위해 헤어졌다.

이런 모임에서 만나는 사람들은 내가 얼마나 선한 영향력을 끼치는지를 이야기해 준다. 내 트윗 덕분에 하루를 즐겁게 보낼 수 있고, 내 블로그와 캠페인과 강연이 '정말 놀랍다'거나 '멋지다'고 칭찬하고, 심지어 내가 '청소년들에게 환상적인 역할 모델'이라는 이야기도 한다. 나는 이 모든 것이 싫다. 솔직히 말하면 내가 사기꾼처럼 느껴지기까지 한다. 나는 그런 칭찬을 들을 자격이 없다. 그런 말을 들으면 불편하다. 그런 말보다 그냥 자녀, 손주, 조카들이 동참하도록 도와줄 수는 없는 걸까?

나는 웃으며 악수한다. 평상시대로.

그러고는 사람들의 칭찬을 고마워하지 않는 나 자신이 끔찍해서 모두로부터 떨어진 곳으로 나와 풀로 뒤덮인 둑을 따라 누렇게 마른 땅이 드러난 저수지로 향했다. 그곳엔 낡은 줄에 야생화가 매달려 자라고 있었다. 잠자리들이 공중에 떠 있기도 하고 웅덩이 위에서 이리저리 바쁘게 움직이면서 먹이를 잡아채고 있었다. 공작나비도 아주 많았다. 수를 센 것만도 최소한 12마리였는데, 누르스름한 색을 띤 풀밭을 커다란 눈알 같은 무늬로 수놓고 있었다.

모임에 다시 돌아오니, 마무리되는 분위기였다. 올해는 강연 일정이 없었는데 그 점은 정말 감사했다. 사람들 앞에서 이야기하려는 나의 평범한 열정이 완전히 사라져 버린 상태였기 때문이다. 그런 열정은 어쩌면 제때에 돌아올 수도 있고 아닐 수도 있다. 오후 일정은 별문제 없이 흘러갔다. 집으로 돌아오는 길에 독수리 다섯 마리를 봤다. 하지만 잿빛개구리매는 없었다. 집에 오는 길에도 보지 못했다. 올해 한 마리라도 다시 볼 수 있을지 모르겠다.

집에 돌아오자 블라우니드가 친구들과 함께 우리를 맞이했다. 나는 바깥에서 잠시 어슬렁거리다가 갑자기 동생들과 자연에서 뭔가를 찾으러 나서고 싶은 충동을 느꼈다. 깃털이나 러브풍로초를 찾아서 보여 주면 좋아할 것 같았다. 무작정 숲으로 향했다. 피로 범벅된 깃털 덩어리가 눈에 띄었다. 완벽하다!

나는 집으로 뛰어가서 장갑을 끼고 와 오색방울새의 깃털을 집어들었다. 겉에 묻은 것들을 닦아 내고 재빨리 깃털을 다듬었다. 꼬마들에게 보여 주자 아이들은 역겨움과 호기심이 뒤섞인 표정으로 나와 깃털을 쳐다봤다. 나는 아이들이 잘 볼 수 있도록 깃털을 내려놨다. 영롱한 금색과 검정색 깃털에 은빛 솜털이 점점이 붙어 있었다. 아이들에게 한번 쓰다듬어 보라고, 얼마나 부드러운지 느껴 보라고 했다. 아이들은 주저하지 않고 눈을 빛냈다. 나는 몇 가지 사실을 알려 줬다. 몇몇 아이들이 아일랜드어를 알고 있었기 때문에 오색방울새를 아일랜드어로 라세르 코일레(lasair choille)라고 부르고 '숲의 불꽃'이라는 뜻이라고 말해 줬다. 또 오색방울새의 깃털이 일종의 부적 같은 역할을 한다고 알려 줬다. 아이들이 질문을 했고 나는 책을 가져와 정원에 사는 텃새 사진을 보여 줬다. 주택지의 관목 숲 아래를 살피다 이런 순간을 맞이할 줄 누가 알았겠는가? 날은 어둑어둑해지는데 나는 만족감에 잔뜩 상기되었다.

가로등이 깜빡였고 울새가 거기에 맞춰 노래했다. 나는 집 앞 계단에 앉았다. 이제 길과 거리가 텅 비었다. 나는 여전히 내가 상기된 모습일지, 이런 내 기분을 누가 알아볼 수 있을지 궁금했다.

8월 13일 월요일

날이 더워서 부엌에서 뒷마당 테라스로 나가는 문을 활짝 열었다. 계단에 앉아서 주드와 카드 게임을 하는데 차들이 오가면서 내는 백색 소음 위로 새소리가 들렸다. 우리는 신화와 동물들에 관해 이런저런 이야기를 나눴다. 나는 대화에 소질이 없다. 대화는 내가 규칙을 잘 모르는 예술이다. 나는 장황하게 사실을 늘어놓으면서 다른 사람 말에 귀를 기울이지 않거나, 입을 꾹 다물고 언제 끼어들어야 하나 갈피를 못 잡은 채 그저 바라보기만 한다. 늘 그런 식이다. 하지만 주드와 함께 있을 때는 마음이 편하다. 제3자도 없고, 잔소리하는 사람도 없고, 편 가르기도 없고, 괴롭힘도 없다. 그래도 조심스럽기는 하다. 마치 무심코 튀어나올지도 모를 경멸을 기다리는 상황과 비슷하다. 엄마가 다음 주에 새 학교를 방문할 계획이라는 사실도 불안을 해소하는 데 도움이 안 되기는 마찬가지다. 새 학교를 생각하면 두려움과 기대감이 동시에 밀려든다. 새로 시작할 기회라는 생각과 더불어 아는 사람도 없고, 우리 집 근처에서 주드 말고는 누구와도 만난 적이 없다는 생각이 떠오른다. 사실 나는 다른 사람을 별로 만나고 싶지 않다.

주드가 점심을 먹으러 자기 집으로 돌아갔을 때, 부드러운 바람이 불더니 내 발치에 눈알 모양 무늬의 날개가 날려 왔다. 허우적대는 공작나비였다. 서둘러 설탕물을 가져왔지만 반응이 없었다. 나비를 손가락 위에 올려 하늘 높이 들어 올리자 조금 파닥거렸다. 부들레이아 꽃 위에 올려놓으니 꿀을 조금 빨았다. 지켜보면서 계속 기다렸지만 나비는 바닥으로 떨어지고 말았다. 그렇게 한 생명이 졌다.

작년 8월, 블라우니드가 종잇장처럼 얇고 먼지가 묻은 공작나비를 길에서 발견한 적이 있다. 나비 날개가 파르르 떨리고 있었다. 블라우니드는 공작나비를 마치 살아 있는 브로치처럼 가슴에 달고 집으로 돌아와서 하루 종일 부드럽게 속삭이면서 꿀과 물을 줬다. 나비가 죽자 블라우니드는 나비를 한때 살아 있던 것들을 기념하는 '보물 상자'에 넣었다. 상자 안의 모든 것이 죽은 것들이지만 블라우니드의 기억 속에는 살아 있다. 블라우니드는 그 모든 것을 사랑한다.

뒷마당 테라스 계단에 앉아서 블라우니드의 상자를 생각했다. 눈물이 뺨을 타고 흘러내렸다. 블라우니드의 눈에 살아 있는 것의 계급 따위는 보이지 않는다. 그러니 세상에도 계급은 존재하지 않는다. 아주 작은 생명체도 사바나 초원을 활보하거나 하늘을 날거나 나무를 타는 생명과 똑같이 중요하고 똑같은 관심이 필요하며 같은 경외심을 느끼게 한다. 블라우니드에게도 나에게도 생명은 모두 평등하다.

8월 14일 화요일

아이들이 뛰어노는 소리가 이 집에서 저 집으로 돌고 돈다. 뒤편 창문에서는 간간이 달리는 승용차와 대형 트럭 소리가 들린다. 우리 집 정원에서 자라는 나무들이 도로의 소음을 막아 줘서 엄청나게 불쾌하진 않다. 오래된 나무가 있는 집에 사는 건 이번이 처음이다. 담쟁이넝쿨로 덮인 줄기에서 생명력이 진동한다.

아침을 먹기 전, 로칸이 키보드를 두드리는 소리를 뒤로하고 온갖 경이로운 일들이 가득한 정원으로 나왔다. 정원에서 벌어지는 일을 직접 확인하고 싶었다. 아빠가 체리나무와 마가목 사이에 해먹을 걸어 주었다. 길 위에 차가 많아져 혼잡한 시간이 되기 전에 해먹에 눕는 일은 내가 아침에 빼놓지 않고 하는 일과가 되었다. 해먹에 누우면 박새가 아기 새에게 줄 애벌레와 거미를 찾아 돌아오는 모습이 보인다. 아기 새들은 막 솜털이 난 상태인데 지친 부모 새들처럼 행동이 굼뜨다. 박새 깃털은 알파벳 브이자 형태의 줄무늬가 나열된 헤링본 패턴인데 섬세하면서도 성글고, 보일락 말락한 초록빛이 감돈다. 박새의 울음소리(한 번에 네 번 날카롭게 삑 소리를 낸다)에는 빠르게 답이 돌아온다. 박새는 봄철에 두 번 정도 번식하는데, 우리가 얼마 전 퍼매너에서 막 날기 시작한 어린 새들을 두고 왔기 때문에 다운 카운티로 이사 와서 만난 이 박새들이 올해 첫 새끼를 키우는 중인지 2차 번식을 한 것인지 알 수 없었다. 시간이 좀 걸리겠지만 곧 계절이 바뀔 때 박새들은 나에게 이야기를 들려줄 것이다. 해가 바뀌면 비밀이 드러나게 된다.

눈을 감고 박새가 먹이를 구할 때 내는 네 박자의 울음소리에 귀를 기울였다. 그 소리는 곧 울새 소리에 묻혔다. 울새 소리는 습한 공기 속에서 정교하게 울렸다. 나뭇잎이 흔들리는 소리에 들여다보니 어린 울새가 있었다. 성체와 달리 가슴에 붉은색이 없고 10가지쯤 되는 다양한 갈색 색조를 띤 깃털에 머리에는 얼룩무늬가 졌다. 어린 울새는 내 오른쪽으로 뛰어가서 관목 사이를 오갔다. 자세히 보니 부리 언저리에 아기 울새 특유의 흰빛이 사라졌고 깃털도 윤기가 났으며 붉은색이 드러나는 중이었다.

울새는 폴짝폴짝 뛰더니 우리가 달아 놓은 새 모이통 위로 날아올라갔다. 첫 손님이었다! 일주일 동안 먹이를 넣어 뒀는데 한 마리도 오지 않았다. 어른 새가 위협적으로 덮치려 들자 어린 울새는 잽싸게 사이프러스 울타리 너머로 날아가 버렸다. 어른 새가 가슴을 부풀리며 으스대더니 아름다운 소리로 노래하면서 날개를 푸드덕댔다.

우리는 모두 이 세상에 자기만의 작은 모퉁이를 가지고 있다. 자신의 공간을 의식하고 품위를 지키며 연민의 감정을 품어야 한다. 어쩌면 이곳, 다운 카운티의 작은 모퉁이가 나의 자리일지도 모른다. 이곳에서 나는 생각하고 새들을 관찰하고 해먹에 누워 이리저리 흔들린다. 그런데 이 정도로 충분할까? 저항과 반항에 대해 고민하는 일은? 잘 모르니 웃을 수밖에 없다. 어쨌든 날이 갈수록 마음이 가벼워진다.

8월 16일 목요일

오늘 우리 정원은 새들로 북적인다. 진박새, 푸른박새, 박새, 대륙검은지빠귀, 개똥지빠귀, 까치, 갈까마귀, 떼까마귀, 모두가 잔디 위에서 지저귀며 모이통에서 먹이를 쪼아 먹고 있다. 이런 장면이라면 하루 종일이라도 볼 수 있지만, 동쪽에서 비구름이 다가오고 있어서 서쪽의 멀로 해안으로 가서 햇볕을 쬐기로 했다. 나는 햇볕

쬐는 것을 싫어한다. 빛이 너무 밝고 열기도 너무 뜨거워서 숨을 곳이 없는 것처럼 느껴지기 때문이다. 하지만 이렇게 흐린 날에는 훈훈한 바닷바람을 쫓아 멀로 해변의 모래 언덕에 있는 것도 좋을 듯했다.

이곳 해안의 모래 언덕(dune)은 6천 년 전에 형성된 것으로 장관을 이룬다. 유난히 높은 모래 언덕은 13세기 후반과 14세기쯤 엄청난 폭풍이 불어닥치면서 만들어졌는데, 중세 사람들은 이곳에서 토끼를 키워 고기와 가죽을 얻었다. 이곳에 방목한 토끼들은 황야에서 자라는 풀을 먹었는데, 1950년대에 아일랜드의 여러 지역과 영국에서 토끼에게 치명적인 점액종이 발병한 뒤 개체수가 전멸하다시피 했다. 토끼가 사라지자 산자나무와 플라타너스가 자랐고 황무지는 잡목으로 뒤덮인 관목지로 변했다. 지금은 내셔널 트러스트(국제적인 자연보존단체)가 멀로 자연보호구역의 조경을 관리하면서 예전의 모습을 되찾는 중이다. 새나 작은 동물의 분뇨가 엄청나게 많은 것으로 봐서 토끼들이 다시 번성하고 있는 듯하다.

날이 좋았다. 바람이 불었고 하얀 구름이 뭉게뭉게 일었다. 로칸과 블라우니드는 수영을 하고 싶어 했다. 나는 쌍안경을 들고 해변을 산책했다. 바다에서 뭔가 움직이는 모습이 보였다. 가넷 3마리가 짝을 이뤄 어뢰처럼 움직이고 있었다. 녀석들은 먹이를 향해 달려들 채비를 하고 공중에서 빙글빙글 돌다가 갑자기 낙하했다. 나선형을 그리며 급강하하다가 수면에 내리꽂히기 직전에 날개를 펴자 화살 모양이 되었다. 머리 위쪽으로는 제비가 날아다녔다. 제비의 작은 몸뚱이가 선명하게 보였는데 무게감이 전혀 느껴지지 않는 모습으로 쉴 새 없이 움직였다. 그 모습을 보고 있으니 내 몸도 떠오르는 듯했다.

어둡고 꽁꽁 매듭지어진 내 생각이 그 순간만큼은 멀게 느껴졌다. 나는 가넷과 제비처럼 자유로운 기분이 되었다. 이런 새들도 자신의 삶을 살고 있는데, 나도 나의 삶을 살아야 하지 않을까? 나는 제대로 숨을 쉬고, 삶을 살아 내고, 맞서 싸울 수 있을까? 우리를 포함한 자연 세상은 엄청난 도전에 직면해 있다. 문제에 압도되거나 우울해지기 쉬운 상황이다. 하지만 잘 해결해야 한다.

무엇이 나를 망설이게 하는 걸까? 불안? 우울? 자폐 스펙트럼? 이런 것들은 나를 구속하는 족쇄다. 하지만 나는 떨쳐 낼 수 있다. 아니면 이 모든 것들이 나의 일부라는 사실을 인정하는 것도 내가 선택할 수 있는 방법이다. 정답은 모르겠지만 가볍게 생각할 수는 있다. 최근 나는 생각의 무게를 덜어내고 주변의 모든 것에 몸과 마음을 두려고 노력한다. 내가 의무감을 가져야 하는 단 한 가지는 자연이다. 우리 모두가 그렇듯이.

로칸과 블라우니드가 나에게 뛰어왔다. 나도 동생들을 향해 뛰어갔다. 그렇게 우리는 함께 달렸다. 가슴이 벅찼다. 우리는 속도를 늦추고 해변에 점점이 흩어져 있는 커다랗고 특이한 모양의 조개껍데기를 찾아 다녔다. 우리는 껍데기를 하나씩 집어 들었다. 부서지기 쉬운 도자기처럼 생긴 것이 우리 손바닥 위에 있다. 조개는 창백한 행성 같았고 대칭으로 우묵한 자국이 나 있었다. 내 것을 흔들어 봤다. 모래와 과거의 속삭임이 들리는 듯했다. 내가 찾은 것은 모래무치염통성게로 모랫바닥 속에 얕게 숨어 이동하는 종류다. 이 녀석도 한때는 가시와 하얀 탄산칼슘 껍데기를 갖고 있었을 텐데, 육지나 바닷가에 올라오면 쉽게 부서지고 만다. 이런 것들 하나하나가 다 기적 같다. 너무나 많은 기적이 한꺼번에 밀려 올라와 있다.

우리는 모래무치염통성게를 더 주웠다. 로칸은 성게 3개를 주워 '샌디, 샘, 샌드라'라는 이름을 붙였다. 그러더니 그 녀석들과 이야기를 나누기 시작했다. 그 모습을 보고 어찌나 웃었는지 눈물이 흐를 지경이었다. 따스한 빗방울이 떨어지기 시작하는데도 웃음은 그치지 않았다. 어두운 하늘 아래에서 나는 우리 행성을 돕기 위한 나의 능력에 얹혀 있던 의심의 무거운 짐을 내려놓고 자유로운 기분을 만끽했다. 그러자 기운이 차오르면서 준비된 느낌이 들었다. 비에 젖어 춥고 이가 덜덜 떨렸지만 미친 듯이 웃음이 나왔다. 쏟아지는 빗속에서 희망이 차올랐다. 내 존재만으로도 충분하다.

8월 19일 일요일

공기에서 감미로운 맛이 느껴진다. 며칠 동안 나는 오즈에 처음 도착한 도로시처럼 경이에 찬 눈으로 세상을 바라보고 있다. 무슨 일이 일어난 것일까. 뇌의 세로토닌 수치가 기적적으로 평형상태에

도달한 것일지도 모르겠다. 어쩌면 엄마에게 내 기분을 털어놓거나 모든 것을 글로 적어 보는 일이 도움이 되었을 수도 있다. 잘 모르겠다. 안개가 걷히자 미세한 정보들이 드러나기 시작했다.

오늘 아침 우리 가족은 아빠가 운전하는 차를 타고 톨리모어 포레스트(Tollymore Forest) 공원에 갔다. 그곳은 1955년에 문을 연 북아일랜드 최초의 공원이다. 비는 그쳤고 지난 몇 주 동안 이어지던 맹렬한 더위도 한풀 꺾였다. 차에 타려는데 뭔가 간지러운 느낌이 났다. 어깨에 작은 생명체가 앉아 있었다.

그것이 물벌레의 한 종류라는 사실을 깨닫는 데 몇 초가량이 걸렸다. 아빠에게 정확히 무슨 종류인지 확인해 달라고 했다. 우리는 벌레의 화려한 모습에 감탄했다. 노 형태의 뒷다리를 쭉 뻗은 채로 내 밝은 파란색 상의에 앉아 있는 모습이 마치 연못 표면에 떠 있는 것처럼 보였다. 벌레의 존재를 느끼지 못했다면 이렇게 마술 같은 순간을 누리지 못했을 것이다. 게다가 이 사소한 발견은 우리 모두를 하나의 감정으로 묶었다. 자연이 선물한 기적이랄까. 물벌레는 잠시 날개에 햇볕을 쬐더니 날아올라 우리 시야에서 사라졌다. 덕분에 우리는 톨리모어 포레스트 공원에 가는 내내 계속 그 이야기를 했다.

공원 주차장에는 사람이 엄청나게 많고 굉장히 시끄러웠다. 그간 우리가 이곳에 오지 않은 이유를 새삼 깨달았다. 이런 식으로 감각적 맹공격이 가해지자 덜컥 겁이 났다. 나는 두려운 생각을 떨치려고 커다란 공원 지도를 펼쳤다. 우리는 좀 덜 붐비길 바라는 마음으로 두 번째로 긴 길을 걷기로 했다. 숲으로 들어가자 사람들이 점점 줄더니 새소리가 사람들의 말소리보다 커졌다.

우리 가족은 아주 천천히 걷는 편이지만, 오늘은 군중을 뒤로 하고 쉼나(Shimna) 강을 따라 행군하듯 걸어서 파넬(Parnell) 다리를 건넜다. 걷다 보니 황금빛이 눈에 띄었다. 뱀처럼 꿈틀대는 형태로 솟은 곤봉 모양의 담자균류인 등황색끈적싸리버섯이었다. 스펀지 같은 연골질에 만지면 조금 끈적끈적하다. 숲 바닥을 태양광 같은 노란빛으로 물들이는 모습이 아름다웠다. 등황색끈적싸리버섯의 라틴어 학명은 칼로세라 비스코사(Calocera viscosa)로 칼로세라는 '아름답고 말랑말랑한'이라는 뜻이고 비스코사는 '끈적거리는'이라는 뜻이다. 얼마 전 비가 잠깐 오고 그 후로 계속 건조한 날씨가 이어졌기 때문에 지금은 그렇게 끈적끈적하진 않다.

톨리모어 공원은 1752년에 조성되었는데 토종 나무와 유칼립투스, 칠레삼나무 같은 이국적인 나무가 뒤섞여 자라고 있었다. 톨리모어의 참나무는 화이트 스타 라이너 선박회사에서 타이타닉호를 비롯한 여러 배의 내부를 만드는 데 사용했다. 우리는 나무 사이를 빠르게 지나 고지대로 올라갔다. 그곳에 잠시 멈춰서 독수리 울음소리를 들으며 새가 나무 뒤쪽으로 하강하는 모습을 지켜봤다. 다시 걸음을 옮겼다. 조금 가다가 신발 끈을 묶으려고 허리를 굽혔는데 바로 앞에 버려진 새둥지가 있었다. 버려지긴 했지만 아름다웠다. 새둥지를 주워서 이리저리 살펴봤다. 나뭇가지, 뿌리, 이끼 등으로 촘촘히 엮여 있었다. 그리고 둥지 안에는 솜털과 깃털이 겹

겹이 쌓여 있었다. 어쩌다 둥지가 땅에 떨어졌을까? 습격당한 걸까? 바람에 날려서 떨어졌을까? 새끼들이 날아가면서 나뭇가지에서 떨어진 걸까?

둥지를 들고 걷는 내내 짜임새와 기술력에 감탄했다. 둥지 한쪽에서 거미가 종종걸음을 치며 나타났다. 복부에 흰 점과 십자 모양이 있는 유럽정원거미였다. 나는 거미를 좋아하는데, 특별히 유럽정원거미와 왕거미류가 좋다. 거미는 아주 묘한 매력이 있는데 사람들이 무심코 죽이거나 혐오감을 드러낼 때면 가슴이 아프다. 유럽정원거미는 잽싸게 숨어 버렸다. 나는 새둥지를 땅 위에 내려놓았다. 진심으로 가져가고 싶었지만 어쩔 수 없었다. 새들이 사용하지 않더라도 거미의 피난처였고 먹이를 잡기 위한 수단이 되어 줄지도 모른다. 소중한 공간을 망치고 싶지 않았다.

다른 사람들보다 꽤 뒤처져 있어서 서둘러 걸었다. 거의 뛰다시피 하면서 나는 가족이 있어서 참 다행이라는 생각을 했다. 곧 물이 졸졸 흐르는 스핑크위(Spinkwee) 강과 호어(Hoare's) 다리에 도착했다. 꽤 높은 곳에 올라온 덕분에 아래쪽 나무에 모여 있는 갈까마귀와 떼까마귀 떼가 보였다. 까마귀들의 회의에서는 인간 정부 관계자들이 모였을 때보다 훨씬 더 흥미로운 아이디어가 오가지 않을까 하는 생각이 들었다.

정치에 관해 읽고 들을수록 자연과 야생 동물을 향한 나의 반응은 더 격해진다. 이곳 북아일랜드에 사는 우리의 상황만 생각해도 강한 분노가 일고 좌절감이 밀려온다. 주요 정당들은 오랫동안

분열하면서 각자의 입장만을 고수하는 중이다. 변화를 이끌어 내려면 내가 국회의사당에 들어가야만 하는 걸까? 변화를 만들어 내는 일은 영국 의회와 정부와 유엔에서만 가능한 것일까? 내가 외부에서 변화를 위해 싸울 수는 없는 걸까?

나는 까마귀 소리에 다시 귀를 기울였다. 까마귀 소리가 저 아래 깊은 곳의 기억을 끄집어냈다. 독수리가 작게 우는 소리도 들렸지만 보이지는 않았다. 눈을 감았다. 조금 쉬고 싶었다. 강물이 흘러가는 소리가 들렸다. 대륙검은지빠귀가 노래했다. 여름의 마지막 노래일 것이다.

언덕을 뛰어서 알타배디(Altavaddy) 다리까지 내려갔다. 스펭크위 강이 쉼나 강으로 모여드는 곳이다. 물이 바위 위로 솟구쳐 흘렀다. 둑에서 뻗은 나무뿌리가 강까지 닿아 있었다. 로칸과 블라우니드는 신발과 양말을 벗고 물속을 거닐었다. 물가에 앉자 쇠똥구리가 내 바지로 올라와 느긋하게 기어갔다. 푸르스름하게 빛나는 다리와 광택이 도는 검정색 겉날개 덕에 눈에 잘 띄었다. 손가락으로 벌레를 집어 손바닥에 올려놓고 엄지손가락으로 뒤집어 봤다. 반짝거리는 아름다운 이 생명체는 시골 지역의 성실한 청소부다. 자기 몸무게만큼의 똥을 매일 소비하니 말이다. 녀석들의 습성도 놀랍다. 해가 진 뒤 암컷이 쇠똥을 굴려 둥글게 빚는다. 암컷이 쇠똥 속에 알을 낳을 구멍을 파는 동안 수컷은 암컷 뒤에서 똥 부스러기를 잘 모아 땅속에 저장해 둔다. 암컷이 땅속에 쇠똥을 집어넣고 알을 낳은 뒤 알이 부화하면 새끼들은 똥으로 된 집과 수컷이 저장해 둔 똥을 먹고 자란다. 나는 이런 라이프 사이클이 참 좋다! 아름다움과 논리 모든 것이 다 들어 있다.

쇠똥구리의 짝짓기 의식에 정신이 빠져 있는데 블라우니드가 소리를 질렀다. 바위에서 미끄러져서 흠뻑 젖어 버린 것이다. 로칸도 흠뻑 젖기는 마찬가지였는데, 신이 나서 옷을 입은 채로 물속에 들어간 듯했다. 엄마는 입고 있던 잠바를 벗어 줬고, 블라우니드와 로칸은 함께 잠바를 뒤집어쓰고 주차장으로 향했다.

8월 20일 수요일

아일랜드 시인 셰이머스 히니의 시가 집 안에 메아리치기 시작하면 블랙베리를 수확할 때가 된 것이다.

진한 포도주와 같은, 여름의 피가 그 안에 있어
혀에 얼룩이 지고 열매를 따고 싶은
욕망이 일었다

오전 내내 숲에 머물렀다. 첫 블랙베리를 맛보면 항상 내면 깊숙한 곳에서 작은 불꽃이 튄다. 타오르는 달콤한 불꽃을 먹는 것 같기도 하다. 블랙베리 즙이 턱을 타고 흘러내리면 다시 자유로운 기분이 느껴진다. 그래서 좋든 나쁘든 모든 것에는 끝이 있다는 생각이 충전되듯 차오른다. 양손 가득 블랙베리를 따자 어제 새 학교에 갔다가 교장선생님을 무시했던 일에 대해서도 기분이 어느 정도 나아졌다.

교장선생님은 내가 입은 언더톤스 티셔츠를 보고 1970년대에 펑크족으로 지냈다는 이야기를 늘어놓기 시작했다. 나는 교장선생님과 공통점이 있다는 데 과하게 기뻐해야 했지만 내 뇌는 동의하는 척하는 데 실패했다. 머리가 지끈거렸다. 눈과 귀도 작동하지 않았다. 속이 울렁거렸고 목구멍에서는 역겨운 맛이 느껴졌다. 다행히 그런 느낌은 학교를 둘러보면서 천천히 사라졌다. 아마도 내가 좀 편해졌던 데는 교감선생님 덕도 컸던 것 같다. 교감선생님은 로칸과 나에게 학교를 둘러볼 시간을 충분히 줬다. 하지만 다시 시작해야 한다는 스트레스는 본능에 가까웠다. 그 학교가 예전에 다니던 학교와 거울에 비친 듯 비슷한 모습이었기 때문에 더 이상한 기분이 들기도 했다. 두 학교는 1990년대에 똑같은 건축 양식으로 지어졌다. 이런 감정의 파도를 극복하기 위해 적용할 만한 논리는 없었다. 내 감각, 내 몸, 내 시스템이 날 그냥 내버려두지 않는다.

집에 돌아와서 내가 가장 좋아하는 장소인 해먹으로 갔다. 이제 공기는 한결 시원해졌고 정원은 고요했다. 붉은솔개가 상승 기류를 타고 높이 올라 선회하는 모습을 봤던 산 너머로 그림자가 길게 늘어졌다. 우리의 조류 이웃들은 여전히 날개를 퍼덕이는 중이고 제비들도 아직 이곳에 머물고 있다. 점점 더 숫자가 느는데 곧 있을 장거리 비행을 앞두고 함께 먹이를 먹으면서 왁자지껄 떠든다. 이 중엔 여름 늦게 세 번째 번식에 성공해서 새끼를 낳은 제비도 있을 것이다. 막 날기 시작한 어린 새들조차 프랑스, 스페인, 모로코를 경유해 사하라 사막을 넘어 아프리카 서쪽 해안으로 돌아가거나 나일 계곡 동쪽을 거쳐 남아프리카로 가는 위험한 장거리 여행을 하는 어른들 틈에 낄 준비를 해야 한다. 새들의 믿을 수 없는 여행을 생각하면 언제나 감탄이 나오는 동시에 용기를 얻는다. 이렇게 작은 몸집으로 굶주림과 탈진과 싸우면서 6주 동안 매일 300킬로미터를 날 수 있다니. 학교, 사람, 교실 같은 새로운 것들에 대한 걱정이 시작될 때면, 제비의 회복력과 투지를 생각한다.

가을
Autumn

해가 천천히 기울면서 불타오르는 듯 강렬하고 아름다운 풍경이 펼쳐진다. 생명이 대지의 자장가를 들으며 조금씩 시들어 가는 때에 우리 발 아래쪽 땅속에서 고개를 내미는 것이 있다. 어둠 속에서 스스로를 엮어 열매를 맺는 균사체 가닥이다. 균류는 숲의 열매다. 우리는 이런 보이지 않는 존재가 지구의 생명체들에게 없어서는 안 된다는 사실을 인식하지 못한 채 매일같이 그 위를 걸어 다닌다. 균류는 우리 행성에 숨어서 거미줄처럼 생명을 연결하는 경이를 연출한다.

　가을의 흙냄새는 색달라서 내 마음을 빼앗아 간다. 복잡한 화합물이 분출되면서 감각을 휘젓는다. 땅이 숨을 내쉬는 동안 나는 숨을 깊이 들이마신다. 곧 마주해야 할 낯선 상황 때문에 생기는 공포를 덮어 버리기 위해서다. 새로운 학교, 새로운 사람들, 새로운 항해. 슬픔은 아주 생생하지 않지만 아직 강하게 진동한다.

　　지난 몇 달은 떠들썩하게 지냈다. 낭비한 것들과 흘려보낸 날들은 생각하지 말아야 한다. 대신 성장에 집중하자. 나도 어둠에서 나와 성장하고 있다. 커다란 자작나무 아래 눕자 흙에서 밝고 따스한 기운이 전해졌다. 주위에 광대버섯 대여섯 송이가 자라 있었다. 버섯들처럼 나도 마음을 왈칵 열었다. 기운이 회복되고 강해진 느낌이 든다. 잔인한 비웃음, 구타, 배척, 고립, 무력의 시간들. 상처를 입힐 가능성이 있는 모든 행위가 나름의 의미와 목적이 있다는 이유로 묵인되었다. 이제 내 삶은 자연이 전부다. 나는 자연 세계를 그저 사랑하기만 할 수는 없다. 자연 세계를 돕기 위해 목소리를 더 높여야 한다. 자연을 보호하고 돕는 일은 내 의무이자 우리 모두의 의무다. 자연은 우리의 생명을 유지하는 시스템이다. 둘은 서로 연결되어 있고 의존한다.

　　글을 쓰는 것만으로 충분할까? 충분하지 않다. 다른 방법을 생각해 볼 필요가 있다. 자작나무 잎사귀에 빛이 반사된다. 광대버섯은 하얀 조각이 점점이 박힌 빨간 보석처럼 햇살 아래서 밝게 타오르면서 나에게 신호를 보내 기억을 환기시킨다. 4살 때였다. 쭈그리고 앉아서, 흰 머리를 길게 기르고 안경을 쓴 남자를 바라보고 있었다. 그 당시 나는 막 안경을 쓰기 시작했다. 그분은 나무 상자를 가지고 있었는데 그 안은 숲에서 가져온 열매로 가득 차 있었다. 각기 다른 모양의 버섯들이 대단히 신비롭고 매혹적이어서 나는 완전히 넋이 나가 버렸다. 그때 자연과 내가 연결되었다는 느낌이 들었다. 그때도 나는 아주 열심히 그분에게 질문을 했다. 장면이 다 기억나지는 않지만 그분의 친절한 인상은 내게 각인되었고 나에게 불을 밝혀 주었다. 배움의 욕구가 불타오른 것이다.

그날의 기억은 거기서 끝이다. 엄마가 당시의 사진을 갖고 있었다. 나는 아주 작았는데 안경을 쓰고 굉장히 진지한 표정을 짓고 있었다. 또 저금통을 털어 서점에 갈 만큼 호기심이 충만했다. 나는 서점 계산대 위에 동전을 늘어놓고 첫 현장 가이드 역할을 해 줄 책 『로저 필립스의 영국과 유럽의 버섯과 균류』를 달라고 했다. 엄마는 그림책도 몇 권 같이 사 줬다. 나는 사이먼 프레이저의『버섯 찾기』를 좋아했는데 멋진 삽화와 지혜로운 언어들이 마음에 쏙 들었다. 안내서와 그림책은 이제 귀퉁이가 잔뜩 접히고 너덜너덜해졌지만 여전히 나에게 사랑받고 있다.

엎드려서 광대버섯을 뚫어져라 보고 있으니 몸이 가벼워지는 느낌이 든다. 옛날에 주술사들은 광대버섯을 성스럽다고 여겨서 밤이 가장 긴 동지에 선물로 주기도 했다. 아마도 광대버섯의 환각 작용 때문이었을 것이다. (광대버섯을 먹고 죽는 일은 드물지만, 난 절대 먹지 않을 것이다.) 어쨌든 광대버섯은 무척 아름답다. 동화에 나오는 전형적인 독버섯의 모습이기도 하다. 작고 둥근 모양인데 막 붉어지기 시작한 것도 있고, 어떤 것은 색이 밝고 껍질이 벗겨져서 땅속 요정들로 장식된 접시 같기도 했다. 나는 보들보들한 표면을 만져 봤다. 축축하고 끈적끈적했다. 냄새를 맡았다. 들척지근한 향이 났다. 다시 돌아누워서 곧 다가올 가을을 생각했다. 학교도 다시 시작한다. 한쪽 측면과 후면이 산으로 둘러싸이고 다른 한쪽과 전면은 바다와 맞닿은 곳. 새로운 지평이 펼쳐지는 곳. 나는 자부심을 가지겠다고 결심했다. 나에게는 해야 할 임무가 있다. 의심할 여지 없이 내가 가려는 길에도 장애물이 놓이겠지만, 흙과 나무에서 솟아나는 것들을 막을 수 없듯이 나도 멈추지 않을 것이다. 나는 겸손한 자세로 조용히 혹은 요란하게 싸울 것이다. 나는 생각과 계획과 희망에 뿌리내릴 것이다. 나는 자랄 것이다. 묘목의 시절은 끝났다. 이제 더 굵은 가지를 뻗고 성숙해야 할 때다.

9월 2일 일요일

아침이 되면 거의 매일 걸어서 숲에 갔다. 평화 미로 바로 뒤편에 내가 새로 발견한 장소가 있다. 그곳에 앉아서 흐드러지게 핀 분홍 바늘꽃이 산들바람에 깃털 달린 씨앗을 날려 보내는 모습을 바라봤다. 수평선 위로 솟은 산을 바라보거나 토끼들이 굴을 들락날락하는 모습을 넋놓고 지켜보기도 했다. 가끔은 토끼들이 가만히 앉아 있는 나에게 다가오기도 한다. 이곳에 사는 토끼는 20마리 정도인데 모두 코를 씰룩대면서 잽싸게 움직인다.

퍼매너 집에서는 지평선 위로 솟은 쿨키 산이 보였다. 옆으로 넓게 뻗은 야자나무처럼 평평하고 매력적인 산이다. 보고 있으면 고원의 보호를 받는 듯했다. 이제 우리는 몬 산맥이 만들어 낸 공간을 공유한다. 몬 산맥은 계곡과 봉우리를 타고 파도처럼 굽이치며 쭉 이어지는 우리만의 '나니아'다. 산의 바위 틈새와 울퉁불퉁한 등선을 따라 마음껏 달리고 싶다. 앞으로 나와 몬 산맥은 함께 살아갈 것이다.

이곳은 우리 정원처럼 차 소리가 시끄럽지 않다. 나는 등을 바닥에 대고 누워서 갈까마귀를 바라봤다. 한낮의 열기가 기승을 부리기 시작한다. 새들은 신이 나서 날아다니고 영역을 침범한 녀석들의 소리는 숲이 떠나갈 듯 울린다. 종종 그렇듯 땅이 움직이는 느낌이 났다. 땅 아래 깊숙한 곳에서 움직이는 생명이 느껴진다. 그 생명은 내 안에도 있다. 집으로 돌아오는 길에 분홍바늘꽃밭에 잠시 들렀다. 메뚜기 울음소리가 들렸다.

식구들은 바쁘게 움직이고 있었다. 다음 주 화요일에 학교가 시작된다. 부엌문에 걸어 둔 교복이 나를 비웃는 것처럼 보였다. 속이 텅 빈 채로 헐렁하게 매달려서는 날더러 속을 채워 보라는 것 같았다. 이 교복도 다른 애들에게 찢기지 않을까 생각했다. 입기 전까지는 스치고 싶지도 않은 마음에 뻣뻣한 걸음걸이로 조심조심 부엌에 모여 있는 식구들에게 갔다. 식탁 위에는 지도가 펼쳐져 있고 커피향이 진하게 났다. 블라우니드는 공책에 납작하게 누른 민들레를 붙이는 중이었고, 로칸은 어스본 역사 백과사전을 읽고 있었다. 로칸은 여전히 공산주의와 냉전시대에 푹 빠져 있다. 망치와 낫 그림이 그려진 종이가 로칸 주변에 흩어져 있었다.

우리가(여기서 '우리'란 자폐인을 말한다) 뭔가에 관심을 보이면 사람들은 '집착'이라고 부른다. 하지만 실제로 집착은 아니다. 우리의 관심은 집착과 달리 위험하지 않으며 오히려 그 반대다. 관심은 두뇌 활동에 매우 중요하고 나를 자유롭게 해 준다. 정보를 모으고 정형화된 패턴을 찾고 순서대로 배열하고 정리하는 일은 나를 진정시키고 달래 준다. 내가 풀어 줘야 하는 근육인 셈이다. 나는 집착이라는 말보다는 열정이라는 말을 좋아한다. 그렇다! 열정을 따르는 일은 반드시 필요하다.

발이 근질근질하고 밖으로 나가고 싶은 욕망이 끓어올랐다. 따스한 날씨도 어서 밖으로 나오라고 재촉했다. 우리는 크로크나페올라 우드(Crocknafeola Wood)를 산책하기로 했다. 돌아와서 해야 할 일이 있었기 때문에 산행을 하지는 않고 잠시 산기슭만 걸을 예정이다. 몇 시간이면 충분하다. 뾰족하게 솟은 산봉우리는 수호자처럼 어디서나 우리를 지켜보았다. 다른 봉우리들로부터 외떨어져 외로운 거인같이 우뚝 선 슬리브 머크(Slieve Muck) 산을 뒤로하고 앞쪽으로 난 길을 바라봤다. 우리는 주차장에서 블랙베리를 챙기면서 가시금작화에서 풍기는 코코넛 향을 담뿍 마셨다. 흙길을 따라 걷다가 검은딱새의 소리를 따라 오르막길을 오른 뒤 숲 가장자리로 움직였다. 대부분 인공 조림지였지만 스스로 움을 틔운 버드나무와 개암나무가 자라는 곳도 간간이 보였다.

슬리브 머크 산에서 점점 멀어지자 발걸음이 가벼워지고 심장 박동이 차츰 안정을 되찾았다. 학교에 대한 걱정이 땅속으로 흘러들어가는 느낌이었다. 그러자 뭔가가 나를 기다리고 있다는 강렬한 느낌이 왔다. 발밑에 오렌지빛이 파닥이고 있었다. 거즈처럼 얇으면서 반짝반짝 빛나는 호박색 날개가 보였다. 작은주홍부전나비가 10마리쯤 모여 있었다. 몇 마리는 날개가 우둘투둘하게 닳았지만 다른 것들은 매끈했다. 날개가 닳았든 벨벳처럼 매끈하든 나비들은 서로 의지하면서 함께 날아오르거나 쉬었다. 여정의 시작과 끝이 한자리에 있는 것 같았다.

　내키지 않았지만 나비 떼를 뒤로하고 떠나야 했다. 숲을 오르내리면서 한참을 걸었다. 시원한 나무 그늘 아래에 각다귀 떼가 구름처럼 모여서 햇빛을 피하고 있었다. 길을 걷는 일은 단조로웠지만 길 양쪽으로 나무가 빽빽이 자라는 곳을 햇살이 황금빛으로 물들이며 장관을 연출했다. 잠자리 떼가 머리 위로 윙 소리를 내며 날아갔다. 어치 울음소리가 주문을 거는 듯 울려퍼졌다. 발이 가볍다고 느끼며 걷다가 홍수로 길이 끊긴 구간에 다다랐다. 우리는 검은딸기덤불과 가시금작화로 뒤덮인 둑 위로 올라가 돌아가거나 진흙탕을 헤치고 직진하거나 둘 중에 한 가지를 선택해야 했다. 로칸과 블라우니드는 이미 신발과 양말을 다 벗고 깔깔대고 있었다. 신이 나서 어쩔 줄 모르는 상태였다. 아빠는 자신도 똑같이 해야 한다는 사실을 깨달은 듯했다. 우리 로지에게는 쉽지 않은 일이었다. 로지는 물에 젖으면 신경질적이고 불쾌한 몸짓으로 발을 턴다. 어쩌면 지난 5년간 우리가 로지를 애지중지 보살폈기 때문일지도 모른다. 어쨌든 로지는 모험심이 강한 개가 아니다. 엄마는 우리에게 도움이 필요한지 물어보고는 신발과 양말을 받아들더니 물을 건너는 길로 가지 않겠다고 했다. 그러고는 풀이 빽빽이 난 길가 쪽으로 향했다. 진흙이 살갗에 닿는 느낌은 어린 자연주의자에게 아주 멋진 경험이어야 하겠지만, 나로서는 아직 즐기는 법을 배워 가는 중이다. 질척대는 느낌이 왜 이토록 괴로운 건지 잘 모르겠다. 나는 긁히고 베이더라도 단단한 땅을 선택하는 쪽이다.

나는 한 가지에 집중하지 못하고 쉽게 주의가 산만해지는데 그 덕분에 빌베리나무에 앉아 햇볕을 쬐는 칠성무당벌레들을 발견했다. 한 마리가 겉날개를 활짝 펴더니 날개를 윙윙대며 날아 쭉 뻗은 내 손가락에 앉았다. 무당벌레는 손가락 위에서 몇 초간 쉬더니 내 손목 쪽으로 천천히 기어 왔다. 무당벌레 다리 때문에 피부가 간질간질했다. 무당벌레는 햇빛이 몸에 닿자 날아가 버렸다. 나는 가만히 서서 남아 있는 벌레들과 그림자가 생겼다 사라지는 모습과 무당벌레의 밝은 빨간 빛깔이 구름의 움직임에 따라 변하는 모습을 관찰했다.

길은 일정한 간격으로 물에 잠겼다 드러나기를 반복했다. 최근에 나무를 많이 베어 냈는데 그것이 원인일지도 모르겠다는 생각이 들었다. 웅덩이에는 토탄(땅속에 묻힌 시간이 오래되지 않아 완전히 탄화하지 못한 석탄)이 섞여 있었고 어떤 곳은 무지갯빛 기름이 떠다니기도 했다. 블라우니드가 앞장서서 자기 종아리까지 올라오는 웅덩이를 헤쳐 나갔다. 가슴에는 래쓰린 섬에서 산 퍼핀 인형을 꼭 안고 있었다. 아빠와 로칸이, 내키지 않아 하는 로지를 데리고 뒤를 따랐다. 로칸은 우리 집 공식 로지 관리자다. 둘의 관계는

무엇으로도 끊을 수 없을 만큼 끈끈하다. 웅덩이를 지나는 내내 로
칸은 로지를 구슬리고 달랬다. 산책이 막바지에 이를 즈음 사람들
은 모두 기분이 좋았지만 가엾은 로지는 앞발을 흔들면서 넌더리
를 쳤고 아주 기진맥진해했다. 아빠의 무릎도 축축하게 젖기는 마
찬가지였다. 엄청나게 큰 물방개가 지나가는 모습을 보려고 몸을
굽히다가 그렇게 되었다. 퍼매너에 살 때 물방개 한 마리가 새 전용
물통으로 날아들어 온 적이 있다. 등 뒤에 공기방울을 단 기회주의
자 때문에 우리가 얼마나 놀랐던지. 어딜 가나 산소 공급 장치를 달
고서 먹이를 찾아 배회하는 물방개는 무엇이든 다 잡아먹는 포식
자다. 우리는 모퉁이를 돌아서 숲을 빠져나왔다. 발을 열심히 닦고
주차장으로 내려왔다. 해가 중천에 떠서 날이 무척 더웠다. 아직도
하루가 많이 남아 있었다.

크로크나페올라에서 집으로 돌아오는 길에 북아일랜드 최남
단 마을인 킬킬(Kilkeel)을 빠져나와 화이트워터 강을 건너는 다리
에서 멈췄다. 화이트워터 강은 킬킬 지역의 외곽을 흐르는 급류인
데, 바위로 된 둑과 이끼가 덮인 높은 암벽 사이를 떨어지면서 하얀
물보라를 일으키는 장면은 그야말로 장관이다. 이곳은 연어가 꿈
틀대며 둑 위로 뛰어올라 위쪽 웅덩이에서 잠시 쉬다 상류로 헤엄
쳐 올라가는 곳이기도 하다. 산사나무와 오리나무 가지가 강물 위
로 드리워져서 노르스름한 빛이 도는 초록색 잎이 물에 닿을 듯 말
듯 흔들렸다.

우리 가족은 목적지를 선택할 때 주로 강과 가까운 곳을 고른

다. 다운 카운티로 이사한 뒤 아빠는 몬 산맥 주변의 모든 강을 촬영해 우리에게 보여 줬다. 퍼매너에서도 그렇게 했다. 자료와 이야기를 찾고, 강이 흐르는 지역 언어와 문화를 살피면서 지역적으로 어떤 관련이 있는지 알아내는 일은 우리 가족에게 매우 중요하다. 둑에서 뭔가가 까딱거리기에 자세히 봤다. 흰가슴물까마귀가 흐르는 물속을 걷다가 바위 위로 폴짝 뛰어올라 물을 바라보고 있었다. 아빠가 사진을 찍는 짧은 시간 동안 녀석은 돌에서 돌로 폴짝거리며 뛰어다니다 사라졌다.

9월 15일 토요일

이번 가을 첫 낙엽이 내 발치로 떨어져서 팽그르르 돌다가 공중으로 다시 날아올라 이리저리 돌아다니더니 땅으로 떨어졌다. 가을이 다가오면서 바람이 차가워졌다. 나는 몬 산맥의 어머니 격인 슬리브 도나드(Slieve Donard)의 작은 언덕에 서 있다. 슬리브 도나드는 여러 봉우리들 사이에 우뚝 솟아올라 있는데, 마치 다른 봉우리들이 슬리브 도나드의 치맛자락을 붙잡고 어떻게 하면 그렇게 크게 자랄 수 있는지 알려 달라고 떼쓰는 모양새다. 글렌(Glen) 강은 로칸과 블라우니드가 나무를 타며 내는 소리도 들리지 않을 정도로 요란한 소리를 내며 힘차게 흐른다. 나는 앉아서 급류가 흙색으로 굽이치는 모습을 지켜봤다. 산그늘로 덮인 드넓은 숲 한가운데

서 나는 한 점 먼지가 된 기분이었다. 참나무의 울퉁불퉁한 뿌리가 한데 뭉쳤다 뻗어 나가고, 위쪽으로 끝없이 이어진 계단은 산책하는 사람들로 가득 찼다. 나는 산사나무 아래에 눈에 띄지 않게 앉아서 시끌벅적한 한낮에 황혼이 얼른 드리우길 기다렸다. 콸콸 흐르는 강물 소리는 한 주 내내 머릿속에서 맴돌던 요란한 소리와 다르지 않다.

한 주가 어떻게 지났는지 모르겠다. 월요일 아침 일찍 나는 땀에 흠뻑 젖어 잠에서 깼다. 심장이 고동치고 가슴이 답답해서 숨이 막힐 것 같았다. 집을 나설 때가 되어 현관에서 첫발을 떼는데 몸이 뻣뻣하게 굳었다. 학교 주차장에 도착해 작별인사를 한 뒤, 아빠가 걱정하지 않도록 미리 생각해 둔 말을 했다. "고마워요. 잘 지낼게요. 저는 괜찮아요."

차에서 내려 로칸과 함께 교문을 향해 걸어가는데 학생들의 말소리와 괴성이 내 머릿속의 거대한 확성기를 통해 쩌렁쩌렁 울렸고 두려움이 모든 것을 위축시켰다. 나는 걷다 멈춰 서서 건너편 축구장을 바라봤다. 그곳에는 검은머리물떼새 스무여 마리가 평화롭게 뒤뚱거리며 벌레를 찾아 땅을 살피고 있었다. 해묵은 상처가 벌어지는 기분이 들었다. 로칸이 어서 가자고 내 옷을 잡아당겼지만, 나는 로칸을 떼어 내며 잠시만 더 있자고 했다. 나는 희고 검은 깃털과 땅을 파헤치는 오렌지색 창 같은 부리들을 좀 더 봐야 했다. 검은머리물떼새가 피리 같은 소리로 길게 울다가 다시 높고 짧은 소리를 냈다. 아무도 새에 관심을 보이지 않았다. 그 말은 새에게 돌을 던지는 아이가 없다는 뜻이기도 했다. 새들은 응원도 방해도 없이 나무와 지붕을 넘어 뉴캐슬 해변을 향해 훨훨 날아갔다. 나는 눈으로 새들을 쫓았다. 푸른 하늘을 따라 고개를 돌려 슬리브 도나드의 높은 산봉우리를 바라봤다. 그러다 학교가 북아일랜드에서 가장 높은 산의 기슭에 자리 잡았다는 데 생각이 미쳤다. 산이 나를 감싸 주는 느낌이 들었다. 슬리브 도나드는 매일 나와 함께할 것이다. 따뜻한 기운이 몸에 차올랐고 울퉁불퉁한 작은 매듭들이 풀리기 시작했다.

로칸과 함께 카렌 교감선생님을 만났다. 교감선생님은 체육관으로 우리를 안내했다. 몇몇은 학교 로고가 그려진 스포츠 조끼와 후드티셔츠를, 몇몇은 우리처럼 교복 재킷을 입고 있었다. 약간의 기대감도 일었지만 로칸과 나는 어떤 일이 벌어질지, 무슨 규칙을 따라야 할지 알지 못했다.

로칸은 '도우미 친구'를 만났고 나도 펠릭스라는 친구를 소개받았다. 첫날이라 좀 더 낯설고 불편하기도 했다. 하지만 이야기를 나누면서 펠릭스와 나는 공통점이 꽤 많다는 걸 알게 되었다. 과학과 수학을 좋아한다는 점이 그랬다. 새로운 얼굴들이 스쳐 지나가는 가운데 하루가 쏜살같이 흘러갔다. 벌써 작은 우정이 불꽃처럼 일기 시작하는 느낌이 들었다. 학교에는 캐나다에서 전학 온 아이들도 있었다. 그러니 로칸과 내가 유일한 전학생은 아니었다. 무엇보다 나와 비슷한 사람들을 만나 즐겁게 지식을 쌓고 함께 도전하는 것처럼 반가운 일도 없다.

185

이전 학교에는 보드게임과 카드 게임 동아리가 있었다. 우리
는 서로 대화를 많이 나누지는 않았지만 (동아리 회원들은 모두 자폐
스펙트럼이 있었다.) 학교라는 만만치 않은 환경에서 동지애를 나누
며 서로 동아줄이 되어 주었다. 동아리 회원들은 동아리실 밖으로
나가기 힘들어했다. 괴롭힘의 표적이 되기 때문이다. 그건 마치 형
광색 표지판을 달고 "그래, 나는 너희와 다르니까 어서 와서 패라"
하고 말하는 것과 똑같다.

여기서도 마찬가지일까?

내 작은 소리에도 반응하는 공명판(이자 인간 지도)을 장착한
펠릭스는 이번 주 내내 나를 도와줬다. 나는 편안하게 이 교실에서
저 교실로 따라다니면서 수업을 듣고 쉬는 시간과 점심시간에는
펠릭스와 토론을 벌이며 학교 운동장을 걸었다. 학교에서 이렇게
말을 많이 해 본 적은 없었다. 지금까지의 학교생활을 통틀어 말을
가장 많이 한 듯했다. 〈스타워즈〉에서부터 자연, 수학, 철학, 역사,
갖가지 이야기를 했다. 그러다 보니 소위 평범한 사람은 실제로 이
렇게 느끼는 걸까 궁금하기까지 했다. 하지만 그런 생각은 접어 둬
야 한다. 평범함은 내가 원하는 것이 아니기 때문이다. 이런 상황이
낯설고 묘했다. 하지만 다행이기도 했다.

글렌 강이 흐르는 소리 위로 내 이름을 부르는 목소리가 겹쳐
들렸다. 나는 산사나무 아래 숨어 있었다. 엄마와 로칸의 걱정스러
운 목소리는 내가 이곳에 꽤 오래 있었다는 것을 뜻한다. 일어서서
엄마와 로칸에게로 갔다. 밝은 햇살이 한가득 고인 곳으로 나가자

트리 클라이밍(tree climbing)을 하는 사람들이 보였다. 강 쪽에서 노랑할미새 한 마리가 바위를 향해 고개를 까딱이더니 덤불 속으로 사라졌다. 마치 강의 요정 같았다.

9월 19일 수요일

오늘 아침, 로칸과 함께 버스 정류장으로 걸어가는 길에 지난밤 거칠게 불던 바람이 남긴 피해 현장을 목격했다. 나무가 넘어지고 나뭇가지는 처참하게 부러져 있었다. 포장된 길 아래 뿌리를 내리고 자라던 참나무는 바람에 쓰러지면서 뿌리가 드러났는데, 너무 꽉 묶이고 엉켜 있어서 뻗어나갈 여지가 없어 보였다. 참나무를 쓰러뜨린 것은 바람이 아니었다. 아스팔트 아래 갇혔기 때문에 버텨 내지 못한 것이다. 지나가면서 보니 나무 주변으로 가까이 가지 못하도록 원뿔형 도로 표지를 세워 두었다. 누가 볼까 걱정되었지만 안쪽으로 들어가서 나무껍질에 손을 대고 말했다. "미안해."

　찢기고 부러져서 들쑥날쑥한 표면은 인간이 먼저고 자연은 나중이라고 말하고 있었다. 나무둥치 옆에 무릎을 꿇고 나무껍질을 쓰다듬었다. 부러진 나뭇가지에서 초록색 잎을 몇 개 뽑았다. 아직 싱싱했다. 나뭇가지에 열린 도토리도 한 움큼 모아서 주머니에 넣었다. 하나하나가 작게 조각난 희망이다. 길을 걷는데 마음이 무거웠다. 하지만 내 윗옷에 소중한 것이 들어 있다.

오후에 집으로 돌아와 우리는 도토리를 하나씩 심었다. 싹을 틔울 수도, 그러지 못할 수도 있다. 하지만 반반의 확률이면 충분했다. 우리는 항상 기회를 잡아야 한다. 하루를 마무리하는 글을 쓰면서 일기장에 깃털, 애기똥풀, 용담 꽃, 꼬리풀과 함께 참나무 잎들을 붙여 넣었다.

나는 학교에서 괴롭힘을 당하지 않고 두 주를 지냈다. 두 주라니. 놀림당하거나 모욕적인 말을 듣거나 두드려 맞지 않고 가장 오랜 기간을 보냈다. 낯설고 기이했다. 사실 최악의 상황을 대비하고 있었다. 내가 겪을 일이라고 생각했기 때문이다. 래쓰린 섬의 기억이나 퍼매너에서 가꿨던 정원의 추억을 긍정의 리스트로 활용할 생각이었다. 일이 안 좋은 방향으로 흐르면 어떻게 해야 할지 머릿속으로 전략을 짜기도 했다. 심지어 엄마에게 이야기를 꺼내기 위한 대화 시작용 문장을 미리 적어 두기도 했다. 어떻게 해야 좋을지 모를 때를 대비해서 말이다. 그런데 요즘 내 일상에는 어떤 전략도 필요없다. 매일 아침, 산책을 하다가 토끼와 떼까마귀와 함께 앉아서 쉬기도 하고, 학교에 가서 공부하고, 펠릭스와 활기차게 대화를 나누고, 함께 갈매기와 검은머리물떼새가 싸우거나 날아오르거나 쉬는 모습을 보기도 한다. 그리고 집에 와도 에너지가 남았다. 불안과 싸우는 데 에너지를 몽땅 써 버리지 않아도 되기 때문이다. 숙제를 하고, 일기를 더 많이 썼다. 새들을 관찰했다. 컴퓨터 게임도 했다. 이상했다. 너무나 평범한 하루다. 평소에는 바람만 조금 불었다 하면 태풍으로 변하기 일쑤였다. 지금은 바람도 잔잔하고, 한바

탕 폭풍이 휘몰아친다 해도 나는 웃을 수 있다. 행복하다. 동시에 좀 더 까다롭고 단단해진 느낌이다.

몇 년에 걸쳐 내 주위에 쌓아 올린 돌담에 예쁜 담쟁이넝쿨이 자라났다. 나는 가족과 야생 동물만 담장 안으로 들였다. 햇살이 이 모든 것을 통과해 들어오기 시작했지만 나는 내내 조심스러웠고 과연 얼마나 오래갈지 의심을 떨치지 못했다. 담장과 담쟁이넝쿨에 그늘이 드리우면서 의심도 자라났다. 나는 빛과 그림자 둘 다 필요하다는 사실을 깨달았다. 둘은 내 일부고 그것을 바꾸는 것은 내 능력 밖의 일이다.

9월 21일 금요일

지난 몇 주간 내 소셜미디어 계정을 중심으로 여러 일들이 진행되었다. 자연주의자이자 TV 프로그램 진행자인 크리스 팩햄 박사님이 '야생동물을 위한 런던 걷기 행사'를 조직했는데, 행사 도중에 나에게 「인류세」를 낭독해 달라는 요청을 해 온 것이다. 「인류세」를 쓰고 나서 '시'라고 부르긴 했지만 큰 자부심은 없었다. 그래도 사람들 앞에서 낭독하기에 괜찮겠다는 생각이 들었다. 전에도 시를 몇 편 쓴 적이 있지만 외우지는 못했다. 그런데 그날은 시 구절이 절로 읊어졌다. 나는 사람들 앞에서 시를 '낭송'하고 녹화된 영상을 트위터에 공유했다. "맨땅 위에서, 우리는 아무런 영향력 없는 여행자들이었다. … 우리 세대는 제대로 성장하는 모습을 볼 수 있을까?" 크리스 박사님과 많은 사람들이 내 시를 좋아해 줬다. 사람들이 내가 하는 말과 그것을 공유하는 방식에 공감하고 지지하는 것을 볼 때마다 놀랍다.

지난 몇 주 동안 영상을 찍고 폭풍 트윗을 올리면서 런던 걷기 행사를 알렸다. 어떤 결과가 나올지 기대가 됐다. 수백, 수천만의 사람들이 야생 동물을 보호하기 위해 행진을 한다. 사람들 앞에서 말하는 것은 걱정되지 않았다. 사람이 많이 모인다면 일일이 눈을 맞추지 않아도 되고 한데 뭉뚱그려 바라볼 수 있으니 훨씬 쉬울 것 같았다. 소수의 인원 앞에서 말을 할 때가 최악이다. 사람들의 눈빛, 씰룩이는 표정, 한숨을 다 느낄 수 있기 때문이다.

아침 일찍 엄마와 함께 런던행 비행기에 올랐다. 나는 비행을 좋아하지 않는다. 우리 둘 다 그랬다. 배기가스가 세상에 끼치는 해악을 알기 때문이다. 우리 가족은 연료를 과소비하지 않는다. 우리는 장거리 여행을 많이 다니지 않고 과거에도 그런 적이 없다. 딱 한 번 유러피언 홀리데이를 맞아 이탈리아에 다녀온 적이 있다. 벌써 6년 전이다. 흙바닥에 무릎을 꿇고 관목을 뒤지면서 도마뱀을 찾았던 기억이 난다. 전에 경험해 본 적 없는 무더위 속에서 길에 막대기를 꽂고 개미들이 하나둘 기어오르는 모습을 관찰하기도 했다. 다른 나라에 가는 것을 꺼리는 편은 아니지만 솔직히 익숙한 것들이 좋다. 부모님도 비행기 여행을 자주 다니지는 않는다. 그러니 과거에도 탄소 배출이 많진 않았을 것이다. 이상적으로 보면 보트와 차를 이용하거나 기차를 타고 런던에 가야 하겠지만, 당장 경제적으로 무리이고(비행기보다 기차나 보트 승차권이 더 비싸다.) 학교를 오래 빠지기도 어렵다. 이번 걷기 대회는 우리가 반드시 참여해야 하는 매우 중요한 행사이기도 했다.

대회가 시작되자 우리는 발걸음도 가볍게 걸어 나갔다. 우리는 새소리, 푸드덕대는 날갯짓 소리를 듣고 싶었다. 오염물질 배출과 파괴는 끝내야 한다. 기운이 났다. 지금이 나에게 딱 좋은 때일지도 모른다. 내일은 대단한 하루가 될 것이다.

9월 22일 토요일

엄마와 런던 호텔 방에 앉아서 옷과 배낭에 든 물건을 정리했다. 하루치 에너지가 떨어지면서 뼈마디가 아팠다. 굉장한 하루였다. 몸과 뇌가 완전히 지쳤다.

아침에 공항에 도착한 뒤 곧장 하이드 파크로 갔다. 매우 이른 시간이었다. 먹구름이 몰려왔지만 인간적인 공감과 동지애로 불타는 사람들 수천 명이 모여들었다. 어린 참가자들도 보였고 트위터에서 만났던 사람들도 많았다. 수많은 사람들과 인사하고 악수를 하는데 정신이 없고 머릿속이 흐릿해졌다. 회로판이 부서져 버린 것이다.

억수같이 퍼붓는 빗속에서 다른 사람들처럼 나도 흠뻑 젖었고, 머리에서 물이 뚝뚝 흘렀다. 불안감이 소용돌이쳤다. 앞에 나가 서자 사람들이 잠잠해졌다. 모두 기대하고 있었다. 무대 위에 서자 힘이 솟았다. 나의 말은 결의에 찼고 열정이 넘쳤다. 다른 사람들의 열정에도 불이 붙길 바랐다.

마지막에 즉흥적인 말을 많이 했는데, 뭐라고 했는지 정확히 기억나지는 않는다. 너무나도 자주 나에게 좌절감을 안겨 주던 감정들이 쏟아져 나오기 시작했다. 들으려 하지 않고 관심도 없는 사람들에게 이야기할 때마다 그랬다. 돌담처럼 넘기 어렵고 매정하게 문을 쾅 닫아 버리는 사람들 말이다. 나는 사람들에게 이야기를 전하며 감정을 쏟아냈다. 내 말이 도움이 될지 누가 알겠는가.

뒤이은 사람들의 연설들도 모두 훌륭했다. 세대를 아울렀고 영향력 있었으며 감동적이었다. 이제 우리는 하이드 파크에서 화이트홀을 향해 행진했다. 휴대폰으로 토종 새의 노랫소리를 틀었다. 슬픔과 희망이 공존하는 행렬 속에서 2만여 개의 발이 야생 동물을 위해서, 또 우리가 잃어버린 것과 우리가 해야만 하는 것을 위해 천천히 그리고 힘 있게 움직였다. 화이트홀에 도착한 뒤 환경 보호 활동가들이 연설을 하고 다 함께 사진을 찍었다. 어마어마한 수의 군중이 시야가 닿는 모든 곳에 가득 모여 있었다. 빗물이 겉옷과 머리카락을 타고 흘러내렸다. 10번가 바깥쪽에서 우리는 크리스 박사님과 여러 사람이 함께 쓴 소책자 「야생 동물을 위한 우리의 선언문」을 사람들에게 전달했다. 야생 동물들과 공존하기 위한 아이디어를 담은 책이다. 이 활동은 내가 어렸을 때 시작된 여정의 또 다른 구간이었다. 환경 보호는 우리 가족이 저녁 식사 시간과 산책할 때, 잠들기 전 침대맡에서 늘 이야기하는 주제다. 그것은 내 존재의 일부와도 같다.

시간이 되어 장소를 옮겼다. 나는 넓고 북적이는 홀로 들어가 의자에 앉았다. 곁에는 캠페인에 참석한 젊은 활동가들이 있었다. 크리스 박사님과 영국 수상 직속 환경문제 특별 고문도 함께였다. 그곳은 바깥만큼이나 소란스러웠고 그 때문에 나는 주의가 흐트러졌다. 정신을 집중해야 했다. 내가 공개적으로 목소리를 내고 정부 관계자들에게 의견을 전할 기회였다. 그래서 나는 온몸과 마음을 다해 불안을 억눌렀다. 나중에 다 발산하면 되니 당장은 최대한 억눌러야 했다. 이 일을 반드시 해내야만 했다. 나는 마음을 단단히 먹었다. 그러지 않으면 젖은 옷을 입은 채 꿔다 놓은 보릿자루처럼 앉아 있어야 한다.

환경 고문은 친절한 분 같았다. 우리 둘 다 새와 자연을 사랑하는 것도 비슷했다. 하지만 이야기를 나눌수록 정치적인 견해가 매우 다르다는 사실이 분명해졌다. 하지만 나는 단념하지 않고 기회를 잡았다. 생태 교육의 기회가 부족하고, 이 부분을 정부에서 긴급한 사안으로 처리해야 하며, 사회가 완전히 변화해야 하고, 근본적인 변화가 필요하므로 정책을 만들고 실천하는 데 용기와 배짱이 필요하다는 말을 쏟아냈다. 이런 것들은 그저 내 생각이 아니었다. 환경에 관심이 있는 사람들은 항상, 매순간 그렇게 느낀다. 가슴이 찢어지는 일인 동시에 진이 빠지는 일이기도 하다. 하지만 계속 밀어붙여야 한다. 진심이 담긴 일이기 때문이다.

글을 쓰는데 축축한 살갗을 통해 따스함이 스미기 시작했다. 우리는 커다란 무언가의 일부다. 하루 종일 지하철을 타고 움직이는 느낌이다. 너무 빨라서 도저히 따라잡기가 어렵다. 하지만 지금 내가 하는 일은 지구에 무해하며 도움이 되는 일이다. 나뿐 아니라 우리 모두가 할 수 있다. 중요한 것은 참여다. 우리의 아이디어나 간곡한 요청이 바람에 날려 가든 말든, 우리는 계속 변화를 요구해야 한다.

배낭에서 해그스톤(자연적으로 구멍이 나 있는 돌)을 꺼냈다. 마음이 편안해졌다. 로버트 맥팔레인 작가님이 비를 맞아 축축해진 존 스타인벡의 책과 함께 선물해 준 것이다. 한 세대가 다른 세대에게, 인정받는 작가가 이제 시작하는 작가에게 건넨 선물인 셈이다. 손바닥에 쥐고 있던 돌을 뒤집었다. 무게감과 함께 풍화작용으로 매끄러워진 표면이 느껴졌다. 돌에는 오랜 시간을 거쳐 만들어진 구멍이 뚫려 있었다.

나를 보고 있던 엄마가 해그스톤은 '오딘 스톤'이라고도 부르는데 보호 능력이 있다고 알려 줬다. 엄마는 돌을 들고 구멍을 들여다보면 요정이 한둘 보일지도 모른다고 했다. 나는 그 이야기에 활짝 웃었다. 이제부터 이 돌은 내가 글을 쓸 때 함께해 줄 친구다.

9월 26일 수요일

사회적인 측면에서 볼 때, 나는 새로운 학교에 매우 잘 적응하고 있다. 하지만 교육 제도나 커리큘럼은 이전과 다르지 않아서 교실에 앉아 있다 보면 가끔 무기력한 느낌이 든다. 교실은 늘 환기가 안 되어 답답하고 10대 특유의 냄새가 진동한다. 『해리 포터』에 나오는 트릴로니 교수의 방처럼 나에게서 생명력을 빼앗아 가는 느낌도 든다. 나는 이 모든 것들에 관심을 갖고 싶지 않다. 내 말은 관심을 갖고 싶지만, 생각과 달리 몸이 말을 듣지 않는다는 뜻이다. 눈꺼풀은 자꾸 무거워지고 몸은 의자에서 미끄러진다. 학교는 너무 지겹다. 선생님들의 말은 물속에서 속삭이는 것처럼 들릴 때가 많아서 지루함에서 헤어 나오기 힘들다. 나는 작동을 멈춘 기계처럼 앉아서 무아지경 속을 헤매다 길을 잃고 만다. 난 대체 뭘 배우고 있는 걸까?

내가 이상적으로 생각하는 교실은 밝은색으로 칠하지 않고 자연광이 많이 들지 않는 곳이다. 땅으로부터 2미터가량 떨어진 곳에 창문이 대칭으로 나서 하늘과 새를 내다볼 수 있으면 좋겠다. 공간 자체는 아늑하고 책상은 원형이 아니라 말발굽 모양으로 배열되어야 한다. 나는 말발굽의 정 가운데에 앉을 것이다. 그러면 모두를 볼 수 있지만 사람들을 정면으로 바라볼 필요는 없다. 내 뒤에는 아무도 없어야 한다. 주변에서 일어나는 일을 다 알아야 하기 때문이다. 벽에는 영감을 주는 인용구나 흥미로운 문구가 붙어 있으면 좋겠다. 역사 교실은 이런 모습을 거의 비슷하게 갖추었다. 그래서 역사 수업은 머리에 쏙쏙 들어온다. 나는 신이 나서 한껏 들뜬 채로 생기를 띠고 적극적으로 소통한다. 무엇보다 이런 분위기는 선생님을 좋아하게 되는 데도 한몫한다.

과학 실험실은 신나는 호기심 천국이어야 한다. 어린 시절부터 과학자를 꿈꾸던 아이가 중고등학교에 가면 실험실에서 과학을 배운다는 사실을 알게 되었다고 상상해 보자. 아이는 라벨이 깔끔하게 붙은 화학 약품과 표본이 든 유리병이 벽장에 빼곡히 들어찬 방을 상상할 것이다. 표본이 든 유리병들, 흥미로운 장비들은 언제든 이용할 수 있게 잘 정리되어 있을 것이다. 과학 실험실은 가능성과 발명과 경이가 가득한 방이어야 한다. 하지만 현실은 달랐다. 나는 과학 실험실에 실망했다. 화학 약품들은 제각각 흩어져 있고 자물쇠가 채워져 있었다. 실험 장비들은 라벨도 붙어 있지 않은 선반에 어수선하게 놓여 있었다. 호기심이라고는 발동할 수 없는 공간이었다. 작업대에 흥미로운 물체들이 흩어져 있는 학교 물리학 실험실은 예외다. 그런 곳은 정신없어 보이긴 해도 분명한 체계가 있어서 내가 어떻게든 해 볼 수 있다.

9월 28일 금요일

오후에 오래된 사진들을 살펴보는데 내가 민달팽이를 들고 있는 사진이 셀 수 없이 많았다. 사진 속의 나는 눈이 사시였다. 그때는 안경을 쓰기 전이었는데, 양쪽 눈의 심한 사시를 교정하기 위해 수술하기 전이었다. 수술은 절반만 성공했다. 사시 교정술은 한쪽 눈에만 효과가 있었다. 남아 있는 사시는 안경이 가려 준다. 둘 다 교정하지 못한 것보다는 낫다. 적어도 나는 그렇게 생각한다. 아무도 나를 사시라고 놀리지는 않기 때문이다. 사실 그 외에도 트집 잡을 것들이 아주 많긴 하다.

새 학교에 다니는 한 달 동안 괴롭힘을 당하지 않았다. 새로운 현실에 나는 차츰 적응하고 있다. 계속 이 이야기를 하는 게 우스꽝스럽게 보일 수도 있겠지만 이건 나에게 어마어마한 사건이다. 두려움을 등에 지고 다니지 않는 상황 말이다. 비참함은 물질적인 형태를 갖추고 몸집을 어마어마하게 키우기 때문에 나는 늘 괴로운 나날을 보냈었다.

숲은 아직 초록색이 우세하지만 색이 조금씩 옅어지기 시작했다. 너도밤나무 잎은 날이 갈수록 금빛이 짙어지고 잘 부스러진다. 주변 세상의 빛이 옅어지자 갈매기와 떼까마귀와 갈까마귀들이 이전보다 훨씬 시끄럽게 울어 댄다. 이번 한 주는 학교 밖에서 바쁘게 보냈다. 나는 소책자 「야생 동물을 위한 우리의 선언문」을 하원 의원에게 보냈고 약속을 잡고 만나서 우리가 지역 차원에서 어떤 일을 할 수 있을지 의논했다. 며칠 전에는 벨파스트에 있는 얼스터 박물관에서 열린 '디피 온 투어(Dippy on tour)' 전시회에 갔다. 자연사 모험을 주제로 영국의 박물관들을 순회하는 전시다. 전시회에는 중생대부터 이어지는 자연의 역사에 관한 전시물이 풍부했다. 이상하게도 전시품 중에 내 사진이 있었다. 사진 설명에 나는 '탐험 전문가'라고 소개되어 있었다. 몇 달 전 박물관에 내가 써서 보낸 소개글을 완전히 잊어버리고 있었는데, 지금 보니 전문가 두 명과 함께 소개되어 있었다. 로이 앤더슨 작가님은 자연주의자이자 책을 여러 권 쓴 분이고 도나 레인리 활동가는 야생화와 인공 수정 전문가이자 내가 정말 존경하는 분이다(우리는 트위터에서 만났다).

나는 세상이 이런 식으로 서로 부딪히는 것이 마음에 든다. 사실 소셜미디어에는 나쁜 점이 아주 많다. 불안과 스트레스와 혐오의 근원이기도 하다. 하지만 사람들을 한데 모으고, 우리가 소중히 여기는 것들이 서로 어우러지는 곳이기도 하다. 나에게 소셜미디어는 축복이다. 나는 '실제' 세상에서는 자연스럽게 대화를 이어나가지 못하지만 트위터 같은 소셜미디어 플랫폼은 나를 있는 모습 그대로 존재할 수 있게 해 준다. 그곳에서는 내 이성과 감정으로 명확하게 의견을 표현할 수 있다. 그곳이 아니면 불가능했을 일이다. 그런 점에서 나는 소셜미디어가 고맙다. 그 덕분에 우리는 모두 박물관에 전시되어 있다. 로이 작가님은 나방 채를, 도나 활동가는 돋보기를, 나는 쌍안경을 들고서.

9월 30일 일요일

구름에 은빛 줄무늬가 보이고 햇살은 강하지만 차갑다. 해변은 아주 상쾌하다. 며칠 동안 다리를 제대로 뻗지 못했다. 편안하게 걸으면서 무게를 조금씩 덜어 냈다. 하루하루 지날 때마다 조금씩 더 기쁘다. 우리에게 허용되는 기쁨에도 최대치가 있을까? 예전에는 이런 깨달음의 순간이 와도 오래지 않아 빛을 잃었다.

근심 걱정 없이, 나는 짠 공기를 들이마신다. 제비갈매기들은 아직 이곳에 머물고 있다. 아프리카, 아시아, 남아메리카 등 남반구를 왕복하는 2만여 킬로미터가 넘는 여행을 준비하는 중이다. 그야말로 대서사시다. 나는 제비갈매기가 공중을 맴돌다 물속으로 다이빙하는 모습을 지켜봤다. 은빛 깃털이 눈부시게 반짝이고 빨간색 부리가 날카롭게 뻗었다. 제비갈매기 한 마리가 작은 물고기를 잡았다. 내 형편없는 쌍안경으로는 무슨 종류인지 분간하기 어려웠다. 녀석은 내 시야를 벗어났고 다른 제비갈매기 4마리가 같은 동작을 되풀이했다.

모래 언덕 아래쪽에 등을 대고 눕자 햇살과 바람과 냉기가 동시에 얼굴에 닿았다. 그때 뭔가가 느껴졌다. 몸을 일으켜 주변을 돌아봤다. 3미터도 채 떨어지지 않은 모래 언덕 꼭대기에서 황조롱이가 튀어나왔다. 황조롱이는 1분 정도 머물다 날아올라 공중을 맴돌았다. 눈을 뗄 수 없었다. 감탄이 절로 나왔다. 황조롱이는 감탄하는 나에게 응답이라도 해 주려는 듯 조금 더 머물다가 무성하게 자란 마람풀 뒤쪽으로 우아하게 사라졌다. 몸을 구부리고 발소리를 죽인 채 올라가 봤지만 황조롱이는 없었다. 숨을 몰아쉬며 다시 모래 위에 누웠다. 운이 좋은 하루다. 정말정말 좋았다.

10월 6일 토요일

"10월이 있는 세상에 살고 있어서 정말 기뻐."

해마다 엄마는 『빨간 머리 앤』의 문장을 들려준다. 그 말은 사실이다. 10월은 천 가지 종류의 금빛 색조로 반짝인다. 책에서 앤은 단풍나무 잎을 가져와서 방을 꾸미고 싶어 한다. 하지만 마릴라 아주머니는 단풍잎을 "지저분한 것들"이라고 부른다. 사실 자연을 향한 이런 태도는 전혀 낯설지 않다. 언제부터, 왜 그렇게 되었는지 진심으로 궁금하다. 사람들이 자연을 집 안으로 들이면서였을까? 자연은 집 안으로 들여오고 자신은 집밖으로 나가면서 만족을 느끼는 사람들이 많은 것 같다. 그런데 어째서 집 안에 낙엽을 가지고 들어오고, 몸에 두르고, 잠을 잘 때 침대에 깔아두는 것은 안 된다고 하는 걸까.

매년 가을이면 한데 모은 나뭇잎을 꽂은 화병이 집 안 곳곳을 장식한다. 뒤뜰에서 자라는 담쟁이넝쿨에는 꽃이 흐드러지게 피고 기온이 떨어지는데도 벌들은 바삐 오가며 꿀을 빤다. 요즘 나는 학교에서 돌아오면 숙제를 하기 전에 담요를 두르고 해먹에 앉아서 담쟁이넝쿨을 관찰한다. 많은 사람들이 담쟁이가 나무 주위를 둘러 자라면서 나무의 목을 조르고 성장을 방해한다고 생각한다. 그래서인지 이따금 담쟁이넝쿨이 벗겨진 나무들의 모습이 보인다. 이맘때쯤 담쟁이넝쿨은 새와 곤충에게 먹잇감과 은신처를 제공하는 역할을 제대로 하는데 말이다.

우리 정원에 정착한(아무쪼록 그러길 바라는) 우리의 조류 이웃이 담쟁이넝쿨 속을 들락날락하면서 잎에 작은 구멍이 뚫렸다. 또 지금까지 각각 다른 종의 꽃등에를 최소 다섯까지 세었는데, 가장 많은 종은 흰줄꽃등에였다. 호리꽃등에와 유럽식 꽃등에 품종이다. 꽃등에는 구분하기가 어렵기로 악명 높지만 매혹적인 관찰 대상이다. 나는 몇 종만 빼고는 도움을 받아야 구분할 수 있다.

요즘은 눈부시게 아름다운 안개 속을 떠다니는 기분으로 하루하루를 보낸다. 아침에 일어날 때마다 활기차고 신난다. 우리 수학 선생님은 실력이 굉장한 분인데, 덕분에 난생처음으로 수학 시간에 의욕이 샘솟았다. 하지만 다음 달에 물리 시험을 봐야 하기 때문에 공부해야 할 분량이 늘고 있어서 마음이 조금 무겁기도 하다.

10월 12일 금요일

6살 쯤 되어 보이는 남자아이가 숲에서 적갈색 낙엽을 발로 밟아 바스락 소리를 내며 놀고 있었다. 산들바람이 살랑살랑 불었는데,

남자아이는 이곳저곳 뒤지다가 마로니에 열매를 발견했다.

아이가 뾰족한 가시가 돋은 껍질을 눌러 열매를 꺼냈다. 반질반질한 붉은색 마로니에 열매가 빛을 받아 반짝였다. 밤처럼 작고 동글동글했다. 아이의 엄마가 휴대폰 화면에서 눈을 떼고 아이를 보더니 냉큼 달려와 마로니에 열매를 낚아챘다. "더러워!" 엄마가 소리치면서 열매를 내던졌다.

아이는 풀이 죽어 시무룩한 표정을 지었다.

그 모습을 보는데 분노가 치밀었다. 매 계절 벌어지는 사소해 보이는 잘못된 행동들은 나를 화나게 한다. 그건 아주 작긴 하지만 범죄행위다. 어른들이 생각 없이 하는 행동, 화를 내면서 세상에 전하는 메시지들까지. 마로니에 열매가 뭘 어쨌다는 건가?

나는 심호흡을 하고 나무에 앉은 개똥지빠귀를 관찰하던 의자에서 일어섰다. 그러고는 낙엽이 쌓인 곳으로 갔다. 금방 마로니에 열매를 찾아낼 수 있었다. 둥글고 토실토실 예쁜 열매였다. 그 엄마는 다시 휴대폰에 정신이 팔려 있었다. 내가 마로니에 열매를 햇빛에 비추자 아이가 눈을 빛내며 다가왔다. 나는 열매를 아이에게 건넸다.

"주머니에 넣어. 이건 마로니에 열매야. 밤이랑 닮았지?" 내가 알려 줬다. 아이는 엄마가 가야 한다고 부르자 얼른 코트 주머니에 열매를 집어넣었다. 나는 마로니에 열매가 아이의 주머니 속이 아니더라도 기억 속에 계속 남아 있길 바랐다. 솔직히 이런 단절이 어디서 시작되었는지 이해되지 않았다. 우리의 아름다운 세상이 무시당하고 있다. 지역 정치인들과 만난 날 들었던 공허한 칭찬이 기억났다. 이 세상에는 칭찬보다 행동이 필요하다.

트위터에서 활동하는 그레타 툰베리라는 여자아이가 있다. (우리는 서로 팔로우 하고 있다.) 그레타 툰베리는 기후변화 대책 마련을 촉구하기 위해 학교를 빠지고 스웨덴 국회의사당 앞에서 시위를 벌였다. 툰베리는 나보다 몇 살 많은데 언론의 굉장한 관심과 취재를 받고 있다. 정말 놀랍고, 에너지 넘치고, 흥미진진한 일이다. 굉장하지만 한편으로는 두렵기도 하다. 나는 교육이 나의 미래와 지구의 미래를 함께 바꿀 유일한 희망이라고 생각한다. 나의 부모님은 연줄도 없고 부자도 아니며 어떤 분야에 정통하지도 않다. 나는 내가 이미 하고 있는 것들 외에 변화를 만들 만한 다른 방법을 알지 못한다. 하지만 지금 하는 것으로 충분하지 않다는 것은 알고 있다. 길이 더 있을지도 모른다. 아주 다른 길이.

10월 13일 토요일

하늘이 약간 어두워지고 새들의 검은 그림자가 나무 꼭대기에 있는 집을 향해 속도를 낸다. 마녀들의 집회라도 있는지 갈까마귀와 떼까마귀들이 깍깍 울어 대면서 오르락내리락 날아다니다 나뭇가지에 앉아 쉬었다가를 반복한다. 새들은 나뭇가지에 모여 앉아 신나게 떠들더니 곧장 하늘 위로 날아오른다. 먹구름이 다가오는 것이 보였다. 나무가 새들의 날갯짓에 흔들렸다. 갈까마귀들이 몰려왔고, 하늘에는 별이 몇 개 떴다. 더없이 행복한 소리지만 귀청이 터질 듯 크기도 하다. 새가 정말 많이 모여들었다. 풍요로움이란 이런 모습일까? 오늘보다 더 균형 잡혔던 적은 언제일까?

마도요나 흰눈썹뜸부기를 매일 보고 알락해오라기가 목초지에서 우렁찬 소리로 운다고 상상해 보자. 아일랜드 땅에 두루미가 산다고 상상해 보자. 두루미는 중세 아일랜드에서 인간에게 사랑받는 새였다. 그러다 1500년대에 자취를 감췄다. 알락해오라기는 1800년대 중반 습지에 배수시설을 갖추면서 멸종됐고 마도요와 흰눈썹뜸부기도 뒤를 이었다. 나는 앞으로 새들이 번창한 모습을 볼 수 있을까? 우리는 조상들이 자연과 훨씬 깊은 관계를 맺고 있었다고 잘못된 추측을 하는 것은 아닐까? 조상들이 우리보다 들판에 훨씬 더 의존하며 지냈던 것만큼은 확실하다. 슈퍼마켓이 없었으니까. 그런데 우리가 과거의 방식대로 살았다면 과연 문제 될 일이 없었을까? 우리 조상들은 왜 이런 일이 일어나도록 내버려 뒀을까? 슈퍼마켓이 문제였을까? 아니면 거대한 기업? 기득권과 그들의 숨은 의도 때문일까? 용기를 내야 하지만 어떻게 해야 할지 방법을 모르겠다. 세상은 늘 혼란을 조장한다. 명령하고 요구한다. 모든 것이 떠들어 대고, 언제나 떠들썩하다. 그 모든 것들 위에서 외치는 일은 불가능해 보인다. 그러니 세상의 작은 구석을 바꾸는 데 만족해야만 할까? 아이 한 명에게 마로니에 열매를 보여 주는 일은 경제나 화석연료를 이용한 산업이나 지구의 다른 자원을 남용하는

일을 바꾸지 못한다. 이것 때문에 마음이 불편하다. 여기서 멈춰서
는 안 된다.

10월 20일 토요일

낙엽이 진다. 날이 점점 추워지고 있다. 햇살은 하루 종일 호박색으
로 빛난다. 엄마와 아빠는 우리가 갈 만한 새로운 장소를 물색하느
라 여념이 없다. 오늘은 던드럼 캐슬(Dundrum Castle) 근처의 산에
갈 예정이다. 그곳에 남아 있는 성곽은 7백 년이 지난 지금 봐도 인
상적이다. 성은 13세기에 존 드 쿠시(John de Courcy)가 얼스터를 침
공해 내 조상이었을 가문을 권좌에서 몰아낸 뒤 요새와 망루로 사
용했다. 오늘 오후 던드럼(Dundrum) 만 너머로 보이는 경치는 굉장
했다. 양쪽으로 너도밤나무, 플라타너스, 물푸레나무, 참나무와 느
릅나무로 이루어진 숲이 둘러싸고 있었다.

우리는 낙엽으로 뒤덮인 가파른 계단이 몇 번 반복되는 길을
내려갔다. 낙엽이 발밑에서 부서지면서 주변의 생물들에게 인간이
지나간다고 경고했다. 짙은 냄새가 풍겼다. 나뭇잎이 서서히 썩어
가는 냄새였다. 너도밤나무와 참나무에는 아직 초록 잎이 달려 있
었다. 나뭇잎은 빨간색 쥐오줌풀과 컴프리 꽃 위로 아침에 내린 빗
방울을 떨어뜨리고 있었다. 정원에서 자라는 컴프리 잎으로 허브
차를 우려 마시고 찌꺼기를 비료로 쓴 적이 있다. 나는 정원의 낡

은 항아리에 컴프리 잎을 채웠고 블라우니드는 어린 쐐기풀과 직접 찾아낸 여러 가지를 더해서 물약을 만들었다. 그 항아리들은 정원의 사이프러스 나무 아래 묻혀 2년을 묵었다. 우리가 만든 물약을 발견해 낸 엄마는 충격을 받아 말문이 막히고 말았다. 블라우니드는 요즘도 뒷문 벽을 따라 항아리들을 줄 세워 놓고 자신의 물약을 조제한다. 몇몇 항아리에는 하얀 거품이 떠 있다. 엄마와 아빠는 블라우니드가 물약을 만들지 못하게 막지 않는다. 마법 약에 정성을 기울이면서 더 많은 것을 얻으리라는 사실을 알기 때문이다. 부모님은 전문가가 아니지만 그분들 역시 한때 아이였다. 우리는 부모님이나 선생님이나 다른 아이들이 우리의 감정을 무시하는 것이 어떤 느낌인지 안다.

강풍이 불어서 너도밤나무 잎이 우수수 떨어졌다. 낙엽은 상실의 마지막 숨결을 봐 주길 바라는 듯 우리 발 앞에 쌓였다. 우리는 손을 뻗어 낙엽을 집어 들고 소원을 빈 뒤 겨울을 따뜻하게 나게 해 줄 추억을 쌓았다. 그런 다음 뾰족하게 솟은 나무 사이로 햇빛이 점점이 비치는 곳에 잠깐 앉아 있었다. 갑자기 독수리가 울부짖는 바람에 우리는 깜짝 놀라 일어서서 새가 날아가는 방향을 이리저리 살폈다. 독수리가 나무 뒤로 사라지자 나는 눈을 감고 귀를 기울였다. 하늘에서 나무로, 귀로, 또 심장으로 소리가 전해졌다. 손이 시렸다.

눈을 뜨자 사람들이 검은딸기나무 덤불 사이를 더듬으면서 둑을 오르는 모습이 보였다. 나는 따라가지 않았다. 대신 생각을 정리하며 이리저리 돌아다니다가 너도밤나무 고목 그루터기에서 버섯을 발견했다. 선반 모양으로 겹쳐서 자라는 담자균류였다. 가까이 가서 물결치는 부분의 색깔을 관찰했다. 부채꽃의 대칭이 아주 좋았고, 갈색빛이 줄기 쪽으로 갈수록 붉은색과 초록색으로 변했다. 다공균과 버섯은 썩어 가는 것들을 찾는 사절단이자 나무 깊숙이 침투해 숲에 영양소를 뿌리는 역할을 한다. 반대편에는 무당벌레가 있었다. 주황색 이끼와 대조되는 밝은 빨간색이 나뭇가지 사이로 비치는 햇살처럼 환했다. 가만히 있는 모습이 건드리지 말아 달라고 부탁하는 듯 보였다. 그래서 선명한 대비를 이루는 색감에 그저 감탄할 수밖에 없었다. 노르스름한 주황빛 주름이 진 이끼와 그 가운데 빨갛고 작은 점처럼 박힌 무당벌레. 고개를 들고 가늘게 뜬 눈으로 나무 위 독수리 둥지가 만드는 얼기설기한 그림자를 바라봤다. 여기서 이끼가 자라는 까닭은 새의 분뇨 때문인 것 같다.

새들이 울부짖기를 멈추자 숲은 다시 조용해졌다. 울새 한 마리만이 노래하고 있었다. 울새는 항상 노래한다. 아빠가 그물버섯을 발견했다. 저녁 식사 재료로 사용할 듯하다. 너도밤나무 그루터기에서 자라는 버섯 사진을 몇 장 찍은 뒤 우리는 그곳을 떠나 성터로 돌아왔다. 그러고는 왕과 여왕과 기사 역할을 정해서 함께 놀았다. 나는 아직 어리고 에너지를 쏟을 전투가 필요하다. 가장 큰 전투는 자연을 사랑하고 지키는 일이다. 당장은 로칸과 함께 고래고래 소리를 지르면서 전쟁놀이를 하는 것이다.

10월 27일 토요일

몬 산맥은 주말이면 붐비지 않는 곳이 없지만 어쩐 일인지 오늘은 한산했다. 이곳은 늘 따뜻하고 하늘은 수정처럼 맑다. 뭉게구름 하나가 오트(Ott) 산 정상에서 아래쪽 골짜기까지 천천히 떠갔다. 주변의 산들이 오밀조밀 붙어 있어서 요람에 누운 기분이었다. 산을 오르는 것은 쉬웠지만 정상에 다다르기 위해서는 힘을 내야 했다. 집으로 돌아와 하루 일을 글로 적었다. 그러고 나서도 여전히 파도처럼 메아리치던 소리와 산에 비치던 햇살 같은 아주 작은 입자들이 나를 통과하는 느낌이 났다. 나는 손으로 이끼를 만졌고 내 흔적을 남겼다. 그렇게 경험한 감각이 피부에 남아 아직 산에 있는 듯한 기분이 든다.

오트 산에서 발원해 흐르는 쉼나 강가에서 우리는 들판을 뛰어 가로지르는 수달을 봤다. 공기가 맑고 사방이 조용했다. 나는 등을 대고 누워서 눈을 감고 따스한 햇볕을 쬐었다. 큰까마귀 세 마리가 공중에서 빙글빙글 돌았다. 여신 같은 모습이었다. 글을 쓸 때면 다시 산으로 돌아가는 기분이 든다. 매번 나는 자연의 활력과 아름다움을 느낀다. 내 안에서 힘이 자라고 있음을 꾸준히 인식하고 있다. 눈을 뜨고 쌍안경을 들자 때마침 밀베그(Meelbeg) 산을 향해 날아가는 새 한 마리가 보였다. 송골매였다. 하강할 때나 시야에서 사라질 때 날개를 단단히 접어 둔 모습이 그랬다. 사진을 찍듯 잘 봐 뒀으니 다른 모든 순간처럼 완벽하게 분류되어 기억 속에 남을 것이다. 이렇게 마음을 나눌 수 없는 모든 것들에게 사랑받을 때, 그 느낌만큼은 매번 남아 있다.

10월 31일 수요일

중간 휴식기다. 첫 학기를 무사히 마쳤다. 나는 아주 잘 해내고 있다. 아무래도 내가 목표를 세우고 차근차근 움직였기 때문이라는 생각이 든다. 우리는 길 건너 숲으로 갔다. 슬리브나슬랏(Slievenaslat) 산을 오를 예정이다. 무척 험해서 꽤 힘들 것으로 예상된다. 우리에게 딱 맞는 레벨이다.

우리에게 오늘은 할로윈이 아니라 '사윈(Samhain)'이다. 켈트족이 새해를 축하하는 날로 우리는 그 전통을 따른다. '다른' 섣달그믐에는 로칸의 생일을 축하한다. 이른 오후의 햇살은 적당히 따사로웠다. 로지는 집 안에 들어와 있었다. 밤에 불꽃놀이를 할지도 몰라서다. 로지는 안전하다고 느끼면 크게 반응하지 않는다. 하지만 밖에 있을 때 폭죽이 터지면 잔뜩 긴장해서 턱을 덜덜 떨면서 옴짝달싹 못 한다. 우리가 산책 나가기 전 커튼을 다 닫아 두자 로지는 보라색 방석 위에 웅크렸다.

작년 사윈에 우리는 캠핑을 했는데 바람과 비 때문에 보이지 않던 별자리들이 다 보였다. 이웃에서는 요란한 파티가 열렸다. 우리가 퍼매너에서 살던 몇 년 전에는 이웃집 파티가 걷잡을 수 없어지는 바람에 내가 다쳐서 응급실에 간 적도 있다. (아직도 흉터가 남아 있다.) 다른 아이들과 노는 방법을 제대로 알지 못해 다친 것이다. 나에게 게임의 규칙은 언제나 수수께끼 같다. 그 아이들도 난해하고 복잡한 내 규칙을 이해 못 하기는 마찬가지다. 나는 미지근한 반응을 보이거나 과민하게 반응한다. 그러니까 멍한 표정으로 바라보거나 극도로 흥분한다는 뜻이다. 중간이란 것이 없다.

슬리브나슬랏 등반 경로는 활엽수와 침엽수가 섞인 혼합림에서 시작하지만 곧 침엽수인 가문비나무만 계속 이어진다. 햇빛이 잘 들지 않아서 키 작은 식물군이 제대로 자라지 못한 곳을 지나쳤다. 독특한 너도밤나무 한 그루가 꿋꿋하게 서 있었는데 세 사람이 팔을 두를 수 있을 만큼 굵었다. (너도밤나무도 참나무처럼 팔 길이로 나이를 재는지 모르겠지만, 너도밤나무가 참나무보다 훨씬 빨리 성장한다는 점으로 미루어 보면 150년은 족히 된 나무 같았다.) 밑동에서부터 이끼가 자라고 군데군데 껍질이 벗겨져 있었다. 더 올라가자 잎이 특이한 참나무가 보였다. 토종 유럽산 졸참나무 잎보다 좁고 더 날카로운 톱니 모양이었다. 18세기에 정원과 공원을 장식하기 위해 아일랜드로 들여온 체리참나무였다.

어치가 우리 주변을 날아다니며 짹짹 울어 댔다. 매년 가을 체리참나무와 유럽산 졸참나무 도토리 수천 개를 심은 것이 어치였을까? 어딜 가나 체리참나무 묘목이 자라고 있었다! 체리참나무의 도토리는 유럽산 졸참나무 도토리보다 탄닌이 많이 들었다. 탄닌의 떫은 맛 때문에 곤충과 초식 동물이 좋아하지 않는다. 이곳에 유럽산 졸참나무 묘목보다 체리참나무 묘목이 더 많은 이유도 그래서일지 모른다. 이 주변에는 사슴이 많이 사는데 대부분 어린 나뭇잎을 먹는다. 그것은 숲이 자생하는 데 문제가 될 수 있다. 혹시 사슴이 체리참나무 묘목을 좋아하는 걸까?

자갈길이 질긴 너도밤나무 잎으로 덮여 있었다. 가문비나무 조림지 둑에서 물이 흘러나온 곳은 질척댔고 그렇지 않은 곳은 자갈 소리가 났다. 바닥에 쌓인 낙엽이 갑자기 밤나무 잎으로 바뀌었다. 깊게 주름이 팬 나무껍질을 쓰다듬었다. 홈이 파인 곳으로 손가락이 들어갔다. 우리는 연못가에서 걸음을 멈췄다. 유리처럼 잔잔한 수면 아래서 물고기들이 지나다니며 잔잔한 물결을 일으켰다. 물은 흑갈색이었고 옆으로 넓게 자라는 침엽수로 둘러싸였다. 낮게 자라는 호랑버들나무의 쭉 뻗은 가지가 물에 닿을 듯 흔들렸다. 갑자기 솔방울이 비처럼 쏟아졌다. 위를 올려다보자 적갈색의 무언가가 가문비나무 가지를 흔들고 있는 모습이 보였다. 목을 길게 빼자 한기가 스몄다. 흔들리던 나뭇가지가 멈추더니 붉은날다람쥐가 허공으로 사라졌다.

우리는 신나게 걸었다. 자갈길이 끝나고 바위투성이에 흙이 많은 지형이 시작되어 뿌리와 바위를 넘으며 걸었다. 길에는 버드나무와 녹갈색 가시금작화 덤불이 자라고 있었다. 유럽블루베리나무가 물이 오른 초록빛 줄기를 드러냈다. (열매를 따러 늦여름에 다시 와야겠다.) 고지대로 올라가자 빛이 더 강해져서 눈이 부셨다. 몬산맥과 던드럼 만의 장관도 잘 보였다. 비료로 작물을 키우는 넓은

밭의 선명한 초록색이 바위산과 숲과 가문비 나뭇잎의 더치 오렌지색과 웅황 오렌지색과 대조를 이뤘다. (패트릭 사임이 쓴 『베르너의 색채 명명법[(Werner's Nomenclature of Colours)]』을 읽은 적이 있는데, 더치 오렌지색과 웅황 오렌지색은 화살나무 열매의 꼬투리와 도롱뇽의 일종인 와티 뉴트의 배를 묘사할 때 사용되었다. 이런 식의 묘사를 보면 가슴이 두근거린다!)

우리는 슬리브나슬랏 정상에 도착해 자리를 잡았다. 저무는 해와 우리 가족뿐이었다. 사실 개암나무도 있었다. 나는 늦가을이면 자신의 형태를 고스란히 드러내 진짜 모습을 보여 주는 개암나무가 좋다. 위쪽으로 한껏 가지를 벌린 줄기는 복잡한 지도 같기도 하다. 잎이 다 떨어져 헐벗은 나뭇가지들은 한없이 약해 보인다.

멀리서 찌르레기가 모여들었다. 새들은 우리와 주위의 모든 것을 반가워하면서 다른 편 길로 산을 내려가자고 끌어당기는 듯했다. 길 아래쪽에 이르자 붉은날다람쥐가 씹다가 남겨 놓은 솔방울이 보였다. 그 부근에서는 침엽수가 사라지고 자작나무로 구성된 잡목림이 펼쳐졌는데 발밑에는 구릿빛 낙엽이 두껍게 깔려 있었다. 우리는 나무 밑동 주변을 돌며 부드러운 초콜릿색 껍질을 쓰다듬고 이리저리 살폈다. 나뭇잎을 걷어차기도 했다.

밖에서 오랜 시간을 보냈기 때문에 식당에서 늦은 저녁 식사를 했다. 집으로 돌아와서는 세상을 떠난 사람들을 위해 초에 불을 밝혔다. 그러고는 깜빡이는 촛불에 둘러싸인 거실에서 쉬었다. 켈트족의 새해는 어둠을 향해 열린 틈이다. 그곳이 촛불로 환해지고 깨어난 감각으로 따뜻해지길, 아무쪼록 겨울의 삭막한 가지들과 함께 사색에 잠길 만한 공간이길. 아빠가 기타를 쳤다. 우리는 노래하고 이야기했다. 우리만의 방식으로 함께 사윈을 축하하고 나서 블라우니드는 사탕을 받으러 나갔다. 속에 불을 밝힌 호박들이 아이들에게 현관문을 두드리라고 말한다.

11월 13일 화요일

강가의 호텔에서 아침을 맞았다. 창밖을 보니, 가마우지가 검게 그을린 나무에 앉아 있고 왜가리가 검둥오리와 쇠물닭을 따라다니고 있었다. 사냥감을 찾는 붉은부리갈매기 덕에 주변에 생기가 돌았다. 그다음의 기억은 흐릿하고 영상을 빠르게 돌리는 것 같다. 런던의 큐 왕립 식물원(Kew Gardens)에 갔는데 그곳의 아름다운 온실 덕분에 신이 났지만 조금 화가 나기도 했다. 그곳에서 자라는 식물을 살펴보고 새도 찾아보고 싶었는데 홍보대사로서의 임무가 먼저였기 때문이다. 악수도 해야 했고, 고개를 끄덕이며 미소 짓고 예의 바르게 행동해야 했다. 나는 수상의 사인이 담긴 상을 받았다. 놀랍게도 그건 정말 기분이 좋았는데, 내가 더 강해지고 내가 하는 활동 역시 매우 중요하다는 생각이 들었기 때문이다. 나는 사진을 찍기 위해 포즈를 취하고 웃었다. 찰칵. 또 찰칵찰칵. 이제 연설을 할 차례였다. 준비를 많이 했기 때문에 더 긴장됐다. 문득 인간을 해석하는 일은 진짜 어렵다는 생각이 들었다. 나는 인간의 목소리를 들을 수 있고 무슨 말을 하는지도 알지만 의미를 해석하는 데 너무 많은 에너지를 사용한다. 혹시 괴롭힘을 당한 후유증일까? 그래서 항상 뭔가 크게 잘못될 것 같다고 느끼는 걸까?

다른 날과 마찬가지로 오늘도 그런 의심은 모두 근거가 없다는 사실이 드러났다. 작은 사고도 없이 모든 것이 무사히 진행되어 행복하게 마무리됐다. 물론 매우 지치긴 했다. 늘 그렇듯이. 마침내 집으로 향하는 비행기에 올랐다. 나는 다가오는 파도를 느꼈다. 반짝이는 눈과 뛰는 심장으로 그 앞에 무릎을 꿇고 받아들일 수밖에 없다. 어쨌든 자러 가기 전에 다 기록해 둬야겠다.

처음으로 돌아가서⋯. 엄마와 나는 지난밤에 런던에 도착했다. 청소년의 꿈과 열정을 지지하고 지역 사회에서의 활동을 장려하는 단체의 홍보대사로 선출되어 런던에 초청받았기 때문이다. 내가 판단하기에 다 좋은 생각이었고 엄마와 나는 큐 왕립 식물원에서 발대식을 갖는 '녹색 행동의 해(Year of Green Action)' 프로젝트에 동참하기로 했다.

올해 나는 캠페인을 홍보하는 글이나 칼럼을 써 달라는 이메일을 수없이 받았다. 나를 위해 모든 일을 처리해야 하는 엄마에겐 이런 일이 직업처럼 되고 말았다. 그중 어떤 것들은 내가 듣거나 보지 못하도록 막았다는 것도 알고 있다. 내가 화낼 것을 엄마도 알기 때문이다. 나는 어리지만 다른 사람을 잘 믿지 않는다. 몇몇 훌륭한 캠페인과 사람들을 돕고 싶지만 가끔은 사람들이 나를 이용하거나 내 존재를 내세우려고 한다는 느낌이 든다. 쓰기에 적당한 다라를 빌리는 것이다. 하지만 나는 체스의 말이 아니다. 나는 스스로를 떼까마귀라고 생각한다. 가장자리에서 독자적으로 행동하며 잠깐씩 들여다보는 존재.

독립적인 존재가 되어야 하고 사람과 군중들에게서 멀리 떨어져야 한다는 욕구가 나를 망설이게 한다. 하지만 그런 태도의 장점도 있는 듯하다. 나는 어떤 조직에 지나치게 애착이 간다 싶으면 자동적으로 반감이 생긴다. 최근 야생 동물을 위해 목소리를 높여야 한다는 욕구가 점점 커지면서 내가 너무 어리거나 능력이 부족하다는 느낌이 줄어들기 시작했다. 지금이 적기일지도 모른다.

하지만 지나치게 몰입해서 '자연을 구하고 싶다'라고만 말하는 것은 너무 모호하다. 나는 나, 다라 매커널티가 변화를 일으키기 위해 구체적으로 무엇을 할 수 있는지 알아내야 한다.

큐 왕립 식물원에서 발대식을 하는 이 캠페인은 다른 캠페인과 좀 달랐다. 그들의 메시지는 청소년을 돕는 데 집중하고 있다. 그 반대가 아니었다. 호텔에 도착에서 다른 청소년 홍보대사들과 피자를 먹는데 겁이 덜컥 났다. 달리고 싶다는 충동이 일었고 공황 상태가 시작되었다. 이런 일이 벌어지면 나는 과잉보상을 한다. 아무 말이나 마구 쏟아내는 것이다. 너무 많이, 너무 빨리 말했다. 가슴이 옥죄면서 심장 박동과 같은 속도로 말이 다다다다 튀어나왔다. 다른 사람이 보기에는 그냥 지나치게 열심이고 조금 유창하게 말을 한다 싶을지도 모른다. 사실과 이야기와 일화 등이 계속 쏟아져 나오기 때문이다. 하지만 땀도 같이 쏟아진다. 머리에서 발끝까지 뚝뚝 떨어지는 땀에 나는 혼돈의 구덩이로 빠져들고 만다.

나는 말실수를 했고 음식을 너무 많이 먹었다. 내 머릿속의 편집자는 재깍재깍 생각을 교정해 줄 만큼 빨리 일하지 못했다. 식당에서는 사람들과 부딪히지 않고 멀리 돌아가도록 몸을 움직이는 데도 실패했다. 엄마는 꽉 쥔 내 주먹과 덜덜 흔들리는 발을 봤을 것이다. 엄마는 내 턱이 부딪치고 호흡이 빨라지자 그것이 무슨 의미인지 눈치챘다. 그래서 소리 없는 전쟁에 개입했다. 가끔은 눈치를 주거나 바라보거나 손을 꽉 잡는 것만으로도 효과가 있다. 식탁에 함께 앉아 피자를 먹으며 이야기하던 사람들 모르게 격앙된 기분이 가라앉았다.

식당을 빠져나와 방에 돌아오자 안도감이 몰려왔다. 머리와 가슴이 아팠다. 나는 욕실 문을 걸어 잠그고 다리 사이에 머리를 넣고 앉아 스트레스를 가라앉히려 애썼다. 쪼그려 앉아 무릎을 양 옆으로 벌리고 기도할 때처럼 손을 모으는 요가 자세를 취했다. 그러면 마음이 편해지고 호흡하는 데 도움이 된다. 이 자세는 학교에서 우연히 알게 되었다. 운동장에서 괴롭힘을 당했을 때였다. 내가 별 반응을 하지 않자 아이들은 더 심하게 괴롭혔다. 내가 자기들을 무시했다면서 면전에 욕을 해대길래, 나는 그냥 그 자리를 피했다. 담임선생님이 교실에서 나오는 모습이 보여서 그 애들이 날 쫓아오지는 않겠구나 싶었기 때문이다. 안전해 보이는 장소에 다다르자 텅 빈 벽장이 보였다. 다른 사람의 눈에 띄지 않게 그 속에 들어가서 쪼그려 앉았다. 심호흡을 깊게 하자 마음속의 상념들이 사라졌다. 긴장이 풀리니 고통도 희미해졌다. 그때나 지금이나 이런 방법이 나를 완벽하게 치유해 주지는 못한다. 대신 마음을 추스르고 다시 전쟁터로 돌아가 싸우겠다고 다짐할 시간을 준다.

호텔 욕실에 웅크리고 앉아 있으니 기분이 좀 나아졌다. 그때 머릿속에 이미지가 떠올랐다. 햇살이 환하게 비치는 오솔길, 손짓… 나는 그 사이를 걷고 햇빛이 이리저리 비치고 … 자라나고 흩어지고 …. 갑자기, 대륙검은지빠귀의 구성진 노래가 들려온다. 그렇다. 나는 큐 왕립 식물원에서 청소년과 자연에 관한 연설을 하기로 되어 있었다. 이미 적어 놓은 연설문이 있었지만 새로 떠오른 말이 더 설득력이 있었다. 오솔길. 선조들. 통증. 그 모든 것 한가운데 내가 있었다. 치유 받는 느낌이 들었다. 기분이 나아지고 머릿속이 차분해졌다. 누군가 듣기 원하는 말일지 확신할 순 없었지만 내 안에 떠오른 말이니 해야만 한다.

11월 17일 토요일

우리는 더블린의 데드 동물원(Dead Zoo) 바깥에 모였다. 그곳에는 죽은 동물과 멸종된 동물과 총을 맞고 전리품이 된 동물들이 전시되어 있다. 동물들은 멀건 눈에 맥 빠진 모습이다. 자연사 박물관은 내 마음을 사로잡는 곳이지만 이곳에 오면 속이 메스껍고 씁쓸

하다. 사람들이 아주 많았다. 플래카드와 북을 든 사람들이 인산인해를 이뤘다. 사람들은 환호하고 구호를 외쳤고 활기찬 연대의 물결이 이어졌다. 나보다 앞서 연설하는 사람들이 많았다. 정치인, 법조인, 교수들, 플로시라는 청소년 활동가(정말 멋진 여학생이다)까지. 우리가 함께 모인 이유는 멸종 저항(Extinction Rebellion) 운동을 위해서다. 나는 펑크 음악을 좋아하고 순응과 갇히는 것을 싫어하지만 스스로 반항아라고 생각한 적은 없다. 하지만 반항아일지도 모른다. 단상 위에 서자 주최 측의 캐롤린이라는 분이 마이크를 들어 줬다. 나는 연설문을 읽었다. 읽다 보니 대담해져서 거침없이 말했다. 내가 분노하던 모든 것들에 관해 사람들 앞에서 실제로 목소리를 높인 것은 이번이 처음이었다. 사람들을 보면서 커다란 목소리로 선언하는데 에너지가 차오르면서 울분이 치솟았다.

환경 문제는 우리가 맞서야 하는 위협이다. 남반구의 대부분의 동물들이 이미 마주하고 있는 위기이기도 하다. 하지만 권력자들은 아무것도 하지 않는다. 거대 기업은 여전히 터무니없는 액수의 돈을 번다. 우리는 물질만능주의의 지배를 받고 있다. 환경 파괴자들이 나처럼 어렸던 시절에는 마도요와 댕기물떼새 무리를 어디서나 볼 수 있었다. 하지만 그들은 내가 보는 것처럼 세상을 보지 못한다. 세계가 고갈되어 가지만 그들은 알지 못한다. 이제는 부정하기까지 한다. 들판은 침묵 속에 빠지고 텅텅 비어 간다.

나는 까마귀과 새를 좋아한다. 다양한 새들을 보고 싶다. 생태계는 건강하고 균형 잡혀야 한다. 내가 좋아하는 큰고니 소리도 예전처럼 많이 들리지 않는다. 나는 소리를 떠올리고 새들이 함께 내는 오케스트라 같은 노랫소리를 상상한다. 하지만 쉽지 않다. 이제 그런 소리를 들을 수 없기 때문이다. 그래서 마음이 아프다. 여전히 세상은 너무나도 빠르게 질주한다. 우리 세대는 최악의 결과를 짊어지게 될 것이다. 해수면이 상승하고 바다에는 플라스틱이 넘쳐난다. 지구 온난화로 바다에 이산화탄소가 많이 녹으면서 식물성 플랑크톤이 급격히 줄고 있다. 이렇게 생태계의 균형이 깨지면 인간 역사상 보지 못했던 속도로 멸종이 일어날 것이다. 육지 생물들이 태어나는 토양도 안전하지 않다. 온갖 살충제로 오염되어서 곤충들이 살아남지 못할 것이다.

　뇌를 통제하기 힘들었다. 더블린으로 향하는 동안 가슴에서 분노가 들끓었다. 아일랜드 최초로 모인 멸종 저항 운동 참여자들과 이야기를 나누면서도 그랬다. 런던 시위 때처럼 모임 분위기가 거칠어져서 경찰이 올지도 모른다는 생각에 불안했다. 연설을 마무리할 때쯤 나는 한 발 물러서서 호흡을 골랐다. 모든 것이 부담스러웠다. 거리에 서서 큰 소리로 요구사항을 외치는 일은 멋졌다. 하지만 이 일들은 결국 어떻게 진행될까? 머리가 아팠다. 내 자신이 힘없고 서투른 어린애 같기만 했다. 하지만 그런 생각은 금물이다. 우리 가슴에 실린 무게는 부당하게 떠넘겨진 것이기 때문이다. 다시 분노가 치밀었다.

11월 20일 화요일

하루 종일 생각을 집중하려고 안간힘을 썼다. 나를 둘러싼 일들은 아주 잘되어 가고 있다. 나는 새 학교에서의 생활을 진심으로 즐기고 있다. 그런데 갑자기 이런 생각이 들었다. '왜 내가 위험을 무릅써야 하는 걸까?' 바보 같다. 하지만 그런 생각이 떠오르는 것을 어찌할 수가 없다. 역사 선생님이 자연을 위한 나의 '일'에 관해 듣고서 이런저런 이야기를 해 주었는데, 그걸로 끝이었다. 부정적인 생각이 떠나지 않았다. 그래서 나는 다시 시도해 보자고 스스로를 설득했다.

다른 학교에서도 나는 도전하고 실패하기를 여러 번 반복했다. 아무도 나서지 않았다. 선의로 일을 시작했다가 결국 시들해져서 "이건 내가 할 일이 아닌 것 같다"며 그만둔 특이한 선생님 한 분을 빼고는. 그런 식으로 김빠지는 날이 이어졌다. 어느 날 집에 가려고 차를 기다리는데 몇몇 아이가 비웃으면서 화를 돋웠다. 그 애들에게 거칠게 밀려 얼굴이 자갈밭에 처박혔다. 입에서 유황 꽃처럼 붉은 피가 배어났다. 재빨리 피를 닦아 냈다. 엄마에게는 계단을 헛디뎌서 뭔가에 부딪히는 바람에 입술을 깨물었다고 이야기했다. 이제 나는 다시 시도할 생각이다. 분노를 다른 무언가로 바꾸어야만 한다.

학교를 마치고 로칸과 나는 한 교실로 향했다. 무슨 일이 있었는지 잘 기억나지 않지만, 나는 일어서서 말하고 있었고 귓가에서 내 목소리가 웅웅 울렸다. 나는 여러 아이들과 함께 서 있었는데 통틀어 15명 정도 되었다. 아이들은 내 이야기에 귀를 기울였다. 우리에게 자연이 중요한 이유, 내가 아주 사소한 발견조차도 잘 기억해 뒀다가 필요할 때 꺼내서 매일매일의 삶을 헤쳐 나가는 데 유용하게 사용하는 방법, 내가 야생 동물을 옹호하면서 보고 배운 것들에 관해 큰 소리로 외치고 싶은 까닭, 우리가 멈춰야만 보이는 마법 같은 것들에 관해서 이야기했다. 나는 말을 멈추고 아이들을 보며 호흡을 가다듬었다. 그러고는 밖으로 나가서 오후의 지는 태양이 있는 곳으로 가자고 제안했다.

아이들은 나를 따라 학교 주차장으로 나왔다. 축축한 운동장을 가로질러 슬리브 도나드의 숲속으로 들어갔다. 나는 아이들에게 나무껍질에 붙은 이끼를 보여 주면서 그것이 공기가 깨끗한지 알려 주는 지표 역할을 한다고 설명했다. 그리고 아이들에게 집 밖으로 나오면 바로 숲이 펼쳐지는 것을 행운이라고 생각하는지 물었다. 이 산들은 우리를 보호해 주고 우리 앞의 바다는 야생 동물의 중요한 서식지라는 이야기도 했다. 그러다가 버섯을 발견했다. 나는 버섯이 모든 살아 있는 것들에게 얼마나 놀라운 존재인지 이야기해 주고 싶었지만, 귓전에서 윙윙대는 소리가 들리기 시작했고 소리는 점점 커졌다.

가슴이 뛰었다. 아이들의 질문을 제대로 해석하고 답하기 위해 무척이나 애를 썼기 때문에 뇌가 연결을 끊을 수도 있겠다는 느낌이 들었다. 아이들이 나를 바라보는 눈빛을 어떻게 읽어야 할까?

내 대답을 이해하고 받아들이는 걸까? 저녁 공기의 냄새가 짙어지
더니 나무 바스락거리는 소리가 우레처럼 커졌다. 아이들과 함께
마음을 공유하고 집중하는 일에는 엄청난 노력이 들었다. 하지만
그럴 만한 가치가 있었다. 15명 중 누구도 비웃지 않았다. 방해하는
아이도 없었다. 모두 내 눈을 쳐다보며 내 이야기를 들었다. 아이들
의 질문은 계속 이어졌다. 모임을 마치고 각자의 집으로 흩어지기
전 우리는 다음 모임 시간을 정했다. 우리는 이 모임을 '환경 모임'
이라고 명명하고 어떤 목표를 세우면 좋을지 생각해 보기로 했다.
아이들이 떠나고, 나는 차가운 밤공기 속으로 퍼지는 내 입김을 바
라봤다. 흐릿하게 빛나는 형상이 내 주변을 감돌았다. 재갈매기와
갈까마귀는 모두 보금자리로 돌아갔고 떼까마귀는 나무 위쪽에 앉
아 있었다. 검은머리물떼새가 어둠 속으로 마지막 노래를 흘려보
냈다.

11월 24일 토요일

블라우니드가 발레 수업을 하러 가는 날이면, 우리는 블라우니드
를 내려 준 뒤 뉴캐슬 해변을 느긋하게 산책한다. 난폭하게 요동치
는 물을 보고 있으면 바위에 맞고 튀어나온 바람이 내 등에 업혀 나
를 바다 쪽으로 떠미는 기분이 들기도 한다. 해안선을 따라 나무 말
뚝을 두 줄로 길게 박아 만들어 놓은 해안 구조물은 오락실이나 물

놀이 공원만큼이나 부자연스럽다. 하지만 그 주변은 무척 아름답다. 뒤쪽의 산과 앞쪽의 바다가 그렇다. 관광객들을 위해 인위적으로 만든 구역을 보면 좀 아쉽기도 하다. 하지만 이곳에는 아름다운 도서관이 있다. 어린이 열람실에서 슬리브 도나드가 보인다.

구름이 잔뜩 꼈다. 하늘은 잉크를 푼 듯 검푸른 강철빛이었다. 나는 해변 산책로를 떠나 파도치는 바다로 향했다. 이제 모래는 사라지고 몽돌만 남아 있었다. 바위가 부서져 몽돌이 되었을 것이다. 해안선이 이동하면서 모래가 멀로 해변까지 실려 내려갔을 테지만, 그건 내 추측일 뿐이다. 정기적으로 모래를 수입하자고 논의 중이라는데 정말 터무니없는 생각이다. 이 구역 전체가 파도에 의해서 계속 이동할 것이다. 우리는 자연을 완벽하게 통제할 수 없다. 특히 이곳에서는 거의 불가능하다.

나는 제방에 널린 널빤지에 앉았다. 검게 변하고 갈라졌지만 쉬기엔 괜찮았다. 해안가에서 무언가가 움직이고 있었다. 기계적으로 반복해서 윙윙 소리를 내고 있었다. 쌍안경으로 보니 세가락도요였다. 30마리 정도가 불규칙하게 움직였는데 목적은 분명했다. 흐릿한 검은색 다리로 서서 부리로 모래를 찔러 대는데 마치 쟁기질을 하는 것 같았다. 파도에 따라 이리저리 돌면서도 멈추지 않고 종종걸음 치며 서둘렀다. 너무 빨라서 집중하기 힘들 정도였다. 해변에서 단연 눈에 띄었다.

세가락도요의 깃털은 눈처럼 하얀데 등은 은빛이 도는 밝은 잿빛이다. 머리 윗부분에는 흰 깃털 사이에 화살 같은 검은 선이 박혀 있다. 세가락도요는 겨울을 나기 위해 북극권 지역에서부터 5천 킬로미터에 가까운 거리를 쉬지 않고 날아 아일랜드로 온다. 세가락도요새의 움직임은 사람을 빠져들게 한다. 특히나 내가 집중해 보고 있는 녀석은 파도와 모래 해안 사이를 부지런히 오가며 파도가 물러가면 모래 쪼아 대기를 끝없이 반복하고 있었다. 끈기가 보통이 아니었다. 생산적인 행동이라고 보기는 어려웠다. 단 1초도 쉬지 않는 것으로 보아 파도와 해안을 오가며 부리로 찍어 대는 일은 꽤 많은 에너지가 들 것이 분명했다. 뒤뚱거리며 걷다가 경치를 감상하거나 인생에 대해 생각하는 듯 잠깐씩 휴식을 취하는 검은머리물떼새와 비교되었다. 물론 이런 비교는 어리석다. 모든 종은 자신에게 주어진 환경에 적응하기 마련이다. 그런 차이점은 모두 놀랍고 소름 돋을 정도로 경이롭다.

마법은, 줄이 풀린 채 자갈밭을 가로질러 달려온 블랙스패니얼 때문에 깨져 버렸다. 개는 마치 감옥에서 풀려난 것처럼 신나서 날뛰었다. 세가락도요 무리는 깜짝 놀라 모두 흩어져 날아가고 말았다. 방해받지 않는 장소를 찾아 떠났을 것이다. 나는 새들이 그런 곳을 찾길 바랐다.

11월 25일 일요일

어둠이 자라면서 빛의 소중함이 커져 간다. 밤은 낮을 훔칠 정도로 자신의 절박함을 고스란히 드러낸다. 밤은 정원의 노랫소리를 빼앗아 갔다. 동시에 여름의 풍요로움에 가려 있던 장소들을 드러내 보여 주기도 한다. 나는 새로운 장소를 살펴 뒀다가 빛이 사라지면 그곳에 숨기도 한다. 들판에서는 아직 새들의 노랫소리가 들리기 때문에 우리는 다운패트릭의 퀴일 강으로 가서 노래를 감상하기로 했다.

주차장에 연결된 길을 따라 천천히 걸어가는데, 붉은부리갈매기 떼가 포장된 길에서 마치 종교 의식을 행하는 것처럼 빙글빙글 날고 울부짖으면서 뭔가를 물어서 던지고 있었다. 가만히 보니 새들이 피크닉 테이블 아래에 놓인 쓰레기통에 내려앉아 쓰레기를 필사적으로 뒤지는 모습이었다. 차 한 대가 주차한 뒤 빵이 가득 담긴 바구니를 든 여성이 내리자 새들이 미친 듯 날뛰기 시작했다. 갈매기들은 먹을 것을 구하려고 소란을 떨며 움직였다. 자신들의 목숨이 달린 문제였기 때문이다. 빵 바구니는 갈매기를 위한 푸드 뱅크였다. 엄마가 나를 이끌고 그 장면이 보이지 않는 길로 갔지만, 걸으면서 계속 심장이 쿵쾅대고 진정이 되질 않았다. 야단법석 치는 소리는 결국 멀어졌다.

강가 벤치에 앉아서 숨을 골랐다. 엄마는 블라우니드와 함께 나무 막대기를 고르러 갔고 로칸은 내 옆에 앉아 있었다. 로칸도 나와 비슷한 감정을 느낀 듯했다. 로칸은 굶주린 갈매기 이야기를 했다. 그러다 "치이" 하는 높고 새된 소리를 듣고 우리는 동시에 하늘을 올려다봤다. 상모솔새가 잎이 다 떨어진 오리나무 사이로 빠르게 내려오는 모습이 보였다. 상모솔새는 나무에 내려앉아 이끼로 뒤덮인 나무줄기를 쪼더니 다시 휙 날아올라 공중에서 맴돌다가 가지 사이를 날아다니며 곤충과 거미를 찾았다.

로칸은 어디론가 가고 없었다. 근처에서 다른 소리를 들은 것이 분명하다. 오목눈이들이 모여서 휘파람 같은 소리로 울고 있었다. 로칸에게로 가서 구름 사이로 고개를 내민 희뿌연 태양을 함께 바라봤다. 따스한 햇빛이 쏟아졌다. 새들은 통통한 몸과 그와는 어울리지 않게 긴 꼬리로 아슬아슬하게 균형을 잡으면서 정신없이 돌아다녔다. 마치 우리처럼. 로칸과 나는 눈을 맞추고 웃었다. 오목눈이를 보면서 느낀 행복감을 굳이 뭐라고 표현할 필요가 없었다. 우리는 그 기분을 그냥 마음에 간직했다. 우리는 마음이 통하는 사이니까.

저 멀리 블라우니드가 강 위로 뻗은 오리나무 가지에 매달려 있는 모습이 보였다. 로칸과 나는 블라우니드 쪽으로 달려가서 다른 가지에 매달려 댕기흰죽지새 떼가 떠가는 모습을 지켜봤다. 하늘이 호박색으로 변했다. 바람이 점점 차가워지면서 가슴과 입술과 손가락이 시렸다. 새들 중 한 마리의 모습이 뭔가 달라 보였다. 쌍안경으로 보니 눈이 황금색에 눈 아래가 하얗다. 나무에서 뛰어내려 새를 쫓아갔다. 새가 고개를 들자 푸른빛이 감도는 윤기 나는 검은 머리가 보였다. 흰뺨오리였다. 정말 아름다운 새였다. 근처에 암컷은 보이지 않았다. 아마도 이곳에서 홀로 겨울을 나려는 모양이었다. 우리는 새가 물밑에서 어떤 노력을 하는지 잘 생각하지 않는다. 우아하게 강 위를 떠다니지만 물밑에서는 물갈퀴가 달린 발을 프로펠러처럼 세차게 움직이고 있을 것이다. 자폐증을 안고 사는 일도 그와 비슷하다. 겉으로 봐서는 우리가 어떤 노력을 하고 얼마나 많은 에너지를 쏟아야 여느 사람들처럼 주위와 조화를 이뤄 살아갈 수 있는지 사람들은 잘 알지 못한다.

나는 로칸과 블라우니드에게 쌍안경을 아래쪽으로 내려서 보라고 했다. 우리는 계속 감탄했다. 엄마가 부르는 소리가 들렸다. 어서 출발하지 않으면 어두워지기 전에 새를 관찰하는 쉼터에 들어가지 못할 거라고 했다. 우리 셋은 마지못해 나무에서 미끄러져 내려왔다. 강가의 쉼터에 도착할 즈음, 햇빛이 조금 옅어져 있었다. 그곳은 마법의 장소 같았다. 게다가 우리뿐이었다. 그 말은 우리가 창문을 하나씩 차지하고 앉아 있을 수 있다는 뜻이기도 했다. 우리는 문을 열고 차가운 공기를 받아들였다. 골풀 사이에서 바람과 함께 쇠오리 소리가 들려왔다. 검둥오리는 청둥오리를 향해 울부짖으며 괴롭히고 있었다.

강 저편에서 댕기물떼새 무리가 머리의 깃털 장식을 펼치고 들판의 경계를 따라 먹이를 찾고 있었다. 그러다 이곳에서는 보이지 않는 무언가의 방해를 받았는지 새들이 일제히 날아올랐다. 댕기물떼새는 청동색 구름 위로 날개를 퍼덕이며 흩어졌다. 지는 해가 자그마한 새 떼 위로 그림자를 드리웠다. 삐익, 삐익. 삐익, 삐익. 새 떼는 땅으로 내려오기 전에 날개를 힘차게 파닥이면서 한 바퀴 빙 돌았다.

해가 지고 사방이 어두워졌다. 가만히 서 있으니 댕기물떼새가 내 옆에 있는 것처럼 느껴졌다. 배려 없이 잔인하기만 한 세상은 너무 빠르게 돌아간다. 이곳은 분명 잠잠한데 음악 같은 날갯소리와 새소리와 인간의 묘한 숨소리와 킥킥대는 소리로 가득 차 있는 듯하다. 이제 하늘은 어두워졌지만 그날은 황금빛으로 환한 기억을 남겼다.

겨울
Winter

겨울의 어둠은 유령처럼 살을 에는 바람을 토해 낸다. 눈 오는 날은
황홀하지만 눈이 오지 않는 날은 어떡하나? 잿빛과 갈색으로 물든
채 물감을 뚝뚝 떨어뜨리는 진 빠진 나날들. 풍성함이 사라지자 땅
에는 윤곽과 형태만 남았다. 앙상한 몸체와 헐벗은 첨탑. 해진 뒤의
으스름을 기꺼이 맞아들이자. 낮이 끝난 곳에서 하루를 이어가는
밤을 끌어안자. 부쩍 가까워진 하늘을 느끼자. 가끔은 부드럽게,
그보다 자주 격렬하게 내리누르는 하늘을. 그 아름다움을. 덧없는
대기와 짙어지는 어둠은 계절의 빛을 앗아간다. 나에게 겨울은 성
장과 사색의 시간, 옛 조상과 세상을 떠난 이들을 기리는 때다. 그
들의 이야기, 메시지, 유물을 생각한다. 저녁의 짙은 어둠은 더 깊
은 고요를 의미한다. 들리는 것이라고는 울새, 떼까마귀, 갈까마
귀, 큰까마귀, 뿔까마귀의 노래와 저 멀리 갈매기가 우짖는 소리뿐

이다. 나는 그 틈에 깃든 다양한 소리를 들을 수 있다.

어둠 속에서 일어나는 일은 누군가에게는 가장 힘든 부분이지만, 나는 아주 어렸을 때부터 엄마와 함께 아침 일찍 일어났다. 이불 밑에서 이야기를 듣고, 해가 뜨기 전에 체스 게임을 했다. 계절과 상관없이 그랬다. 동이 틀 무렵이면 이미 많은 일을 한 느낌이었다. 종종 나는 동이 트기 전에 혼자 일어나 소리를 찾곤 했다. 똑딱이는 시계, 웅웅 돌아가는 기름 난로, 뜨거운 물이 차면서 타닥타닥 소리를 내는 라디에이터. 세상의 톱니바퀴들이 하루를 준비하며 돌아가면 하늘이 조금씩 밝아지고 갈까마귀가 지붕 위에서 춤을 춘다.

그다음엔 울새가 노래한다. 레고 박스에서 레고 쏟아지는 소리, 아빠의 낡은 체스 세트를 설치하는 소리가 난다. 놋쇠로 된 걸쇠를 열면 (스코틀랜드 켈트어인) 게일어로 아빠의 이름이 적혀 있다. 고요한 어둠 속에서 가만히 앉아 있는 것이 하루를 준비하는 최선의 방법이다. 해가 뜨기 전, 하루가 모습을 드러내기 전에 시간의 커튼이 열리는 모습을 지켜본다. 겨울에는 더 많은 것을 볼 수 있다. 바람이 지나가면서 흔들리는 나뭇가지, 그 위에 걸터앉은 새들의 모습도. 앞으로 알아내야 할 것들이 많다.

12월의 어느 날, 집 주변이 온통 하얗게 빛나던 때를 생생하게 기억한다. 나는 베이지색 모직 코트를 입고 있었다. 내가 좋아하는 옷이라 기억이 난다. 그리고 파란색 장화를 신었다. 내 곱슬머리는 길게 자라 있었고 로칸은 뒤뚱뒤뚱 뛰어다녔다. 돌쟁이쯤 되었겠지? 나는 3살 정도? 다른 사람들도 이렇게 어렸을 때 일을 기억하는지 궁금하다. 나에게 이 기억은 매우 또렷해서 그날 오후에 축구를 한 기억도 난다. 해는 지고 있었지만 아직 밝았다. 오래 걷다 보니 물 위로 가지를 늘어뜨린 버드나무 몇 그루가 보였다. 그러다 흔치 않은 일을 경험했다. 생명의 섬이 다가오고 있었다. 본능적으로 나는 숨을 죽이고 천천히 걸었다. 잔물결이 일고 물 위에 비친 나뭇가지 그림자가 흔들렸다. 매끈하고 검은 등이 미끄러지듯 움직였다. 나는 아빠에게 그 존재의 출현을 알렸다. 우리는 그 자리에 가만히 웅크리고 앉았다. 엄마는 로칸을 안고 작은 소리로 속삭이며 얼렀다. 어슴푸레한 형상은 수달이었다. 고개를 들고 헤엄치는 수달. 우리는 분명히 봤고 주변에 다른 사람들은 없었다. 그저 고요함과 수달, 수달과 고요함뿐이었다. 나는 그 순간 큰 힘에 압도되었다. 눈물이 뺨을 타고 흘렀다. 수달이 왜 도망갔는지 모르겠다. 수달들은 그랬다. 수달은 뒤돌아서 가 버리고 다른 생명이 그 빈자리를 채웠다. 먼저 부리가 보였고 푸른빛이 강을 가로질러 쏜살같이 날아갔다. 물총새였다. 속도가 너무 빨라서 구체적인 모습은 상상 속에서 떠올려야 했다.

바람이 흐느끼는 소리를 낸다. 굉장히 구슬프다. 겨울이 드러내 보여 주는 것은 사물의 선명한 뼈대다. 겨울에는 굳이 애쓰지 않아도 평소에는 가려져서 보이지 않던 부분들이 보이고 들리지 않던 소리도 들린다. 그런 경험의 대가는 긴긴 겨울 그 자체다. 봄이 오기를 기다리는 마음이 고개를 들 무렵이면 겨울은 저항하기 어려운 힘을 발휘한다.

수달을 만난 날 이후로, 쌓였던 눈이 녹았다. 그러더니 매일매일 잿빛이 짙어지는 듯했다. 나는 실재하지 않는 색을 볼 수 있다. 평온의 색과 일렁이는 잔물결의 색을. 이제 나는 14번째 해의 마지막 4분의 1을 지나는 중이다. 지금도 나는 어둠이 너무 짙을 때, 밤이 친구라기보다는 적 같을 때, 나를 감싸고 강하게 압박해 가까스로 숨 쉬고 볼 수 있을 때 꺼내 볼 추억거리를 간직하고 있다. 나의 내면에는 이런 순간을 저장해 두는 장소가 있다. 관찰한 것과 신나는 일을 캐비닛에 모아 놓고 절실하게 필요한 순간 꺼내서 불을 비춘다. 나는 새로운 것을 발견하기 위해 세상 속으로 나가야 한다. 세상에는 늘 새로운 것들이 있다. 항상 그렇다.

12월 1일 토요일

오래된 숲길로 들어섰다. 보이지 않는 끈이 나를 끌어당기는 느낌이 들었다. 이제는 세상에 존재하지 않지만 우리 마음속에 남아 있는 것들과 이어 주는 끈이다. 최근 들어 마음이 종잡을 수 없이 요동쳤다. 나 자신과의 대화도 낯설고 모든 것이 두루뭉술하게 흘러갔다. 하지만 깊어진 느낌에 짜릿한 기분도 들었다. 나는 시간을 눈에 보이는 형태로 그리는 중이다. 즉, 시간을 긴 끈 같은 형태라고 생각하는 것이다. 한쪽 끝에서는 불꽃이 타오른다. 그 불꽃은 우리가 행동하면서 살아 있다고 인식하는 현재를 의미한다. 타고 남은 재는 과거이고 끈의 온전한 부분은 미래다. 끈은 무슨 일이 일어날 때마다 갈라진다. 세상을 떠난 사람들은 재다. 그들은 우리를 떠나지 않고 늘 함께한다. 나는 끈이 아래로 이어진다고 생각한다. 어떤 부분은 활활 타오르지만 대부분은 빳빳한 갈색으로 뻗어나간다.

오래된 숲길은 개암나무 가지가 아치 형태로 이어지고 땅 위로 드러난 뿌리와 흙이 주변을 온통 휘감고 있어서 마치 터널 같았다. 통로는 저 멀리 보이는 빛을 향해 점점 좁아지다가 점처럼 작아졌는데 마치 반짝이는 보름달 같았다. 겨울의 땅속으로 깊게 파고든 발자국 소리가 귓전에 크게 울렸다. 모두들 저만치 앞서가는데 나는 끓어오르는 에너지를 주입받고 철컹대며 다른 차원으로 들어가는 아이언맨이 된 기분이었다. 그때 어떤 소리가 튀어나왔다. 모스 부호처럼 높고 짧게 울리는 소리, 긴급 도움 요청 신호를 보내는 울새의 소리였다. 나는 이상한 기분을 떨쳐 버리려고 고개를 흔들었지만 으스스한 느낌은 가시지 않았다.

나뭇가지 사이로 기척이 들렸다. 노랫소리가 되려다 만, 젠체하는 듯 지절대는 소리였다. 불편한 감정이 밀려오기 시작했다. 갑자기 땅거미가 지는 길을 빠져나온 듯 감각이 뒤바뀌었다. 낯선 모양과 색깔들이 나타났다. 나는 오른쪽으로 돌아 한낮의 빛 속으로 걸어 들어갔다. 그곳은 가시금작화가 한창이었다. 노란 잎을 단 검은딸기나무도 있었다. 껴안고 싶은 장난감들, 장신구들, 장식용 방울들, 열지 않은 상자들이 개암나무 가지에 매달려 흔들리고 있었다. 발걸음을 재촉해 '발리노 환상 열석(Ballynoe Stone Circle)'이라고 적힌 표지판이 걸린 초록색 문 앞에 다다랐다. 풀밭을 가로질러 갔다. 풀 끝에 맺힌 서리가 반짝였다. 서리는 내 발밑에서 따닥따닥

부서졌다. 귀가 먹먹했다. 끈은 여전히 나를 잡아당겼고 불꽃이 타면서 재를 만들어 냈다. 앞쪽에 둥글게 세워 놓은 돌들이 보였다. 환상 열석은 신석기 시대의 매장 방식이다.

늦은 저녁의 햇빛 아래서 돌은 거의 완벽한 원 모양으로 서 있었다. 그 안으로 들어가는 입구는 서리가 얼지 않았다. 입구의 선명한 윤곽이 보였다. 이 안에 내세가 있다. 막 솟아오를 듯한 돌들이 흙무덤을 둘러싸고 있었다. 돌들은 흙에서 수혈을 받은 듯 생명력 넘치는 모습이었다. 끈은 무한한 가능성으로 갈라질 수 있다. 이곳에 묻힌 고대인은 발굴 작업으로 침해당했다. 화장된 유골은 흩어져 버렸다. 끈이 툭 떨어지고 진실이 내 주위로 드러난다. 아주 오래전에 우리를 떠난 이들이라도 여전히 무언가로 존재한다. 흙과 나무 속에, 울새가 앉아 연신 쪼아 대는 돌에도. 새는 돌에서 돌로 폴짝폴짝 뛰다가 멈춰서 노래했다.

할머니는 죽은 사람이 울새로 다시 태어나거나 죽은 자의 영혼이 울새에 깃든다고 믿었다. 할아버지는 내가 2살 때 돌아가셨는데 할머니가 할아버지 무덤을 찾을 때마다 울새가 나타나서 활기차게 노래했다고 한다. 할머니는 울새가 할아버지처럼 느껴진다고 했다.

할아버지가 안락의자에 앉아 말년을 보내던 때가 기억났으면 좋겠다. 할머니는 할아버지가 목말라 하면 내가 바로 눈치채고 할아버지 물병을 가져와서 입에 대어 드렸다고 했다. 할아버지는 "조금만 마실게"라고 말했다. 할아버지 무릎에 고개를 파묻으면 나는 잠시나마 조용히 있었다고도 했다. 그때의 나는 조용히 있는 법이 없었고 항상 떠들고 부산하게 움직였다. 하지만 그 순간만큼은 숨 죽이고 가만히 있었다고 했다.

할아버지가 돌아가시던 날, 아빠는 나를 번쩍 안아들고 머리에 입을 맞췄다. 그때 어떤 느낌이었는지, 그전에 할아버지가 살아 계실 때는 어떤 느낌이었는지 기억나면 좋을 텐데. 샤론 고모가 누워 있던 모습은 기억난다. 아일랜드 사람들은 죽음을 두려워하지 않는다. 우리는 죽음을 받아들일 줄 안다. 죽은 자는 다른 의미로 '깨어난다'. 그들의 육체는 관 속에 들어가지만 뚜껑은 덮어 두지 않는다. 우리의 장례식은 굉장히 많은 음식(끝도 없이 나온다)과 차와 술을 나누는 기념행사다. 물론 왁자지껄하게 추억을 나누고 서로 끌어안고 눈물도 흘린다. 관이 자리에 놓이면 사람들이 그 주변에 모인 뒤 앉아서 죽은 사람을 바라본다. 그를 추억하거나 기도를 드리고 묵주 기도를 외기도 한다. 가슴 아프지만 편안하고 또 슬프기도 하다. 관 속에 누운 샤론 고모의 머리에 입을 맞춘 일도 기억난다. 로칸은 안아서 올려 줘야 했다. 할아버지 장례식에서 내가 그랬던 것처럼. 샤론 고모는 41세였다. 9월이었고 나는 7살, 로칸은 5살, 블라우니드는 아직 태어나기 전이었다. 할아버지와 마찬가지로 고모의 생명을 거둬 간 것은 암이었다. 고모의 차갑고 종잇장처럼 얇은 피부가 기억난다. 고모는 달라 보였다. 그림자 같았다. 원래 모습은 위층 침실의 탁한 공기를 떠나 어디론가 가 버렸다. 사람들이 둘러앉아 있었고 고모는 한가운데 있었다.

흙더미 뒤편 무덤 북쪽에 옛사람들이 쌓아 올린 돌무덤인 캐언(cairn)이 여러 개 있었다. 그중 하나 위로 나무가 한 그루 서 있었는데, 잎이 다 떨어져서 무슨 나무인지 구분이 가지 않았지만 이곳으로 오는 숲길의 개암나무처럼 가지마다 사람들이 가져온 물건들이 달려 있었다. 불운을 막아 주는 부적과 행운을 가져다 주는 부적들이었다. 희망과 꿈을 위한 제물들. 추억을 담은 물건들. 어떤 것들은 시들고 낡았다. 리본으로 묶은 것, 액자를 두른 꽃 그림, 아기 장난감, 작은 조각상도 있었다. 그곳에 걸린 물건들을 보는데 해가 졌고 바람이 돌 사이로 불며 윙윙 소리를 냈다. 수달이 나타나거나 물총새가 돌아왔을 때도 비슷한 느낌을 받았다. 쭉 늘어나는 기분. 모든 것이 늘어났다. 몸과 마음과 지성과 내 주변의 모든 공간이 무한한 가능성으로 채워졌다.

죽은 자들이 내 주변에 있다. 삶과 죽음을 가르는 장막이 드리웠다. 나는 차가운 땅 위에 눈을 감고 누워 땅 밑의 진동을 느꼈다. 눈물은 나지 않았다. 마지막으로 언제 울었는지 기억나지 않는다. 아마도 스스로를 속여서 억지로 눈물을 쥐어짰는지도 모르겠다. 나는 바싹 마르고 딱딱하게 굳었다. 착 가라앉는 기분이 들었다. 가슴이 옥죄는 느낌이었다. 엄마가 내 옆으로 와서 앉았다. 내 상태를 예민하게 포착했거나 내가 의식하지 못한 채 콧노래를 흥얼대고 있었기 때문일지도 모른다. 나는 몸을 일으켜 앉아서 들판을 바라봤다. 짙은 어둠이 깔리고 있었다. 울새의 노랫소리가 들리고 기분도 한결 가벼워졌다. 나를 내리누르던 것이 사라졌다. 그제야 숨을 내쉬었다.

일어서서 엄마, 아빠, 로칸, 블라우니드와 함께 다시 숲길로 향했다. 이번엔 손전등을 켜야 했다. 터널 같은 숲길을 통과하자 다른 밤이 우리를 맞이했다. 가로등이 길을 밝히고 차가 달리는 세상이 펼쳐졌다. 우리는 지금처럼 두 세계가 얽혀 있는 좁은 공간 속을 들어왔다 나갔다 할 수 있었다는 데 만족해야 했다.

12월 6일 목요일

로칸과 나는 학교를 마치고 어스름 속에서 집으로 걸어오는 중이었다. 우리는 하루하루를 즐기고 있었다. 하늘은 강철 같은 잿빛으로 한낮에도 푸른색은 보이지 않았다. 하지만 햇빛은 갖가지 형태로 비쳤고, 우리는 매일 담쟁이넝쿨에서 들려오는 새소리를 들으려고 가던 길을 멈췄다. 참새의 노랫소리는 마녀들이 모여 낄낄대는 소리 같다. 시끌벅적하고 즐거운 소동이 벌어진 듯하다. 잎이 다 떨어진 마가목 아래에서 요동치는 담쟁이넝쿨은 나무 밑동을 축하 장식처럼 두르고 있다. 참새들은 들어갔다 나왔다 불안하게 돌아다니면서 가지를 쪼아 댄다. 담쟁이넝쿨은 참새들의 집이자 새 떼를 숨겨 주는 은신처다. 하지만 이렇게 참새들이 모여드는 것은 더이상 흔한 일이 아니다. 1970년부터 참새의 개체수는 영국에서만 70퍼센트가량 줄었다. 집참새는 사람이 사는 곳 가까이에 둥지를 튼다. 이런 마가목을 찾아내는 건 그야말로 축복이다. 노랫소리를 들으면서 보면 참새들의 깃털이 잔뜩 부풀어 있다. 그리고 대부분 수컷들이 먼저 노래하고 암컷들이 따라 부른다. 머리에 갈색 깃털이 난 녀석들부터 부르고 은빛이 도는 녀석들이 따로 부르다가 함께 노래한다. 차들이 웅웅 소리를 내며 빗속을 뚫고 달린다. 차가운 물방울이 우리 옆으로, 위로 떨어졌다. 덕분에 관찰하고 들으면서 느꼈던 기쁨과 흥분이 조금 가라앉았다. 이곳에 사는 참새 무리는 우리 집 정원 관목에서 사는 무리와는 다르다. 며칠 전 담쟁이넝쿨 곁을 지나가면서 전화로 엄마에게 집에서 뭘 할 건지 묻고 있었다. 행복하게도 내 옆의 담쟁이넝쿨과 엄마 옆의 관목에서 참새들이 동시에 지저귀는 중이었다. 엄마 옆에는 25마리, 내 옆에는 40마리가 있었다. 새의 숫자가 나를 웃음 짓게 했다.

집참새가 몸속에 뼈 하나를 더 가지고 있다는 사실은 정말 놀랍다. 혀에 있는 뼈인데 씨앗을 집어먹기 편하게 돕는 역할을 한다. 완벽한 적응의 증거인 셈이다. 그리스 신화에서 참새는 신성한 존재다. 종종 아프로디테 여신과 함께 등장해서 진정한 사랑과 영혼의 연결을 상징하기도 한다. 참새를 보며 깊은 친밀감을 느끼거나 우리가 같은 생태계 안에 머문다는 사실을 행운이라고 감탄하는 사람이 얼마나 될지 궁금하다. 새들은 우리의 상상 속에서 밝게 살아가고, 우리를 자연 세계와 연결해 주고, 다양한 형태의 창조성을 열어 준다. 이런 연결고리가 정말로 끊어지는 중일까? 믿고 싶지 않다.

빗속에서 깃털을 부풀리고 자기들끼리 이야기 나누는 참새들 사이에 서 있는데 불꽃이 이는 느낌이 들었다. 자연을 인식하는 일은 모든 것의 시작이다. 자연을 듣고 보기 위해 걸음을 늦추는 일. 산더미 같은 숙제에도 불구하고 시간을 내는 일. 적당한 때에 멈춰서서 바라볼 공간을 만드는 일. 웨일스의 시인 W. H. 데이비스는 「여유」라는 시에서 이렇게 썼다.

그게 무슨 인생일까, 근심 걱정으로 가득 차서
멈춰서 바라볼 시간도 없다면.
양이나 젖소처럼 나뭇가지 아래 서서
오랫동안 물끄러미 바라볼 시간도 없다면.
숲속을 지날 때 다람쥐들이 풀밭에
도토리 숨기는 걸 볼 시간도 없다면.

나는 여유를 한가한 시간이라고 생각하지 않는다. 이 시는 좋은 작품이다. 마음을 움직인다. 자연을 관찰하기 위해서, 패턴, 구조, 사건, 리듬 속에 몰두하기 위해서 시간을 내는 것이 여유 아닐까. 수학자와 과학자들은 이런 식으로 길러진다. 물리학자 앨런 튜링은 자연의 패턴을 연구했다. 배아 속 세포의 구형 조직, 꽃잎의 배열, 모래 언덕에 새겨진 물결무늬, 표범의 점, 얼룩말의 줄무늬. 튜링은 생물의 세포 발달을 위한 수학적 공식을 찾고 있었다. 그는 그것을 "반응 확산 시스템"이라고 불렀는데 패턴의 변화가 자극 반응으로 확산한다고 본 것이다. 어찌나 복잡한지!

지금 내가 튜링의 이론을 해석할 방법은 없지만, 그의 이론은 자연을 깊이 숙고한 결과물이고 자연은 튜링과 그의 아이디어에 직관을 줬다. 자연이 창의성에 불을 붙인 것이다. 우리가 해야 할 일은 "왜?"라고 질문하는 것이다. 자연 속에서 혹은 그저 멍하니 앉아 있을 때 내 생각이 이리저리 움직이는 방식은 학교에서 하는 공부보다 훨씬 더 생산적이다.

나는 생각으로 나 자신을 정리하고 굳건하게 한다. 잠자리나 찌르레기가 날아가는 패턴을 집중해서 바라보는 동안 생각이 폭발하듯 자란다. 너무나도 신난다. 참새를 보는 행동이 어떤 결과를 낳을지 누가 알겠는가!

하트 모양 잎사귀가 무성한 담쟁이넝쿨에는 까맣고 동글동글한 열매가 잔뜩 열렸는데 군데군데 아직 꽃이 피어 있기도 했다. 개똥지빠귀가 날아와 아래쪽에 달린 열매를 쪼아 댔다. 대륙검은지빠귀는 열매 욕심이 났는지 담쟁이넝쿨 한가운데로 날아들었다. 어느새 내린 비에 교복이 흠뻑 젖었다. 로칸은 어디로 가 버렸는지 보이지 않았다. 나에게 간다고 말했을 테지만 담쟁이넝쿨과 새들을 보느라 바빠서 귀 기울여 듣지 못했다. 버스에서 내려 집으로 가는 도중에 멈춰 서서 주변을 둘러보는 일은 집에 가서 해야 할 숙제보다 가치 있다.

12월 15일 토요일

비가 많이 내린다. 바닥에 떨어진 빗방울이 유리알처럼 부서진다. 새들은 여전히 모이통을 찾아오는데 너무 맹렬히 먹어 대는 바람에 자주 먹이를 채워야 한다. 먹이는 씨앗과 견과류와 쇠기름을 뭉쳐서 만든다. 새들을 위한 푸드 뱅크인 셈이다. 비 때문에 시야가 뿌옇게 흐렸다. 그래서 뒤쪽 테라스 문을 열고 입구에 의자를 하나 당겨 놓은 뒤 하나를 더 끌어와서 발을 올려놓고 앉았다. 나는 주말 숙제인 수학 문제를 풀면서 누가 우리 집에 찾아오는지 살피는 동시에 주간 집계를 표시하고 비교했다. 주말이면, 특히 비가 억수같이 내릴 때면 나는 이 작업을 한다.

음식이 수북이 쌓였는데 진박새 두 마리가 왔다가 가 버렸다. 처음에는 부리로 씨앗을 담은 그릇의 손잡이를 긁더니 씨앗 몇 개만 챙겨서 날아가 버렸다. 울새는 바닥에 떨어진 것을 몰래 챙기려 했지만 대부분은 땅만 쪼아 댔다. 그러다 가끔 그릇 위에 날아와 앉기도 했는데 씨앗과 기름을 뭉쳐 놓은 먹이에는 절대로 접근하지 않았다. 바위종다리도 마찬가지였다. 항상 숨어 있고 절대로 그릇에서 먹지 않았다. 놀랍게도 굴뚝새가 내 자리 가까이로 날아왔다. 굴뚝새가 가까이 다가온 덕분에 흰색과 갈색이 물결무늬를 이루며 섞인 깃털이 바람에 들썩이는 모습까지 볼 수 있었다. 꽤 젖은 상태인데도 깃털은 매우 가벼워 보였다. 새의 작은 꼬리는 뭔가 달라 보였다. 새가 내 쪽을 쳐다봤다. 나는 동상처럼 꼼짝하지 않았다. 굴뚝새는 한번 움직이더니 날아올라 문 옆에 붉은 잎사귀를 화려하게 펼친 포레스트 플레임 관목 사이로 들어가 버렸다. 포레스트 플레임은 우리가 이사 오기 전부터 자라고 있던 나무다. (아마도 화원에서 사 왔을 것이다.)

포레스트 플레임에는 새들이 빠르게 들락날락하면서 생긴 구멍이 매우 많았다. 아주 조그마한 구멍도 있었고 굉장히 큰 구멍도 있었다. 새들은 저 관목 안쪽에서 뭘 할까? 가끔은 드잡이라도 하는지 싸움 소리가 들리기도 한다. 억양이 꽤나 다양했고, 그곳에 오래 거주한 새와 방문객이 섞여 있었다. 일종의 다문화 공동체인 셈이다. 모든 것이 다르다. 모든 새가 그렇다. 한번은 떼까마귀가 날아들었다가 날개를 푸드덕대고 꽥꽥거리면서 난리법석이 벌어지기도 했다.

박새가 튀어나오더니 굴뚝새가 날아간 자리에 앉았고 거기에 되새 몇 마리가 합류했다. 검은방울새 한 쌍도 근처에 머무르다가 한 마리가 먹이를 먹으러 날아왔다. 암컷이 분명했다. 수컷은 멀찌감치 떨어져서 지켜보다가 암컷이 먹이를 다 먹자 함께 날아갔다. 아래를 보니 입구에 물이 고여 웅덩이가 생겨 있었다. 계속 퍼부어대는 비에 내 바짓단도 흠뻑 젖었다. 어떻게 그것도 모르고 있었을까? 또 무아지경에 빠졌나 보다. 새들을 관찰하다 보면 시간이 어떻게 흘러가는지 모르겠다. 연한 푸른빛 눈의 갈까마귀 3마리가 날아갔다. 나는 의자에 몸을 붙이고 그 모습을 바라봤다. 까치가 폴짝폴짝 뛰어들어 왔다. 다른 새들도 함께 먹이를 먹으면서 부스스한 깃털을 흔들었다. 반짝이는 물방울이 잿빛 대기 속으로 흩어졌다. 어떤 감각이 물결처럼 새들에게 전달되었는지 (아니면 그냥 배가 불렀는지) 새들은 동시에 떠나 버렸다. 새들이 사라지자 차가 지나다니는 소리가 정원을 채웠다. 모든 것이 텅 빈 느낌이었다. 몸이 떨렸다. 나는 문을 닫고 흠뻑 젖은 바지를 갈아입었다.

누구든 정원에 야생 동물이 안전하게 쉬어 갈 수 있는 장소를 꾸밀 수 있다. 특히 먹이가 부족한 경우, 그런 장소를 마련해 주는 일은 매우 중요하다. 자연과 우리 자신을 돌보는 일은 어디서나 가능하다. 생명으로 가득 찬 정원, 자연보호구역, 쉼터, 먹이를 주고 양분을 공급하는 여러 장소들. 정원을 찾는 야생 동물의 행동과 활동에 집중하고 있으면 가슴이 뿌듯하고 행복하다. 비 오는 분위기를 차분히 만끽하면서 새들을 관찰하고 나면 학교 숙제도 부담스럽게 느껴지지 않는다. 모든 생명체들의 접촉을 돕고 우리 뒤뜰과 차가 바쁘게 오가는 거리에서 살아가는 몇몇 종들의 생존을 돕는 일만큼 좋은 일도 없다.

12월 16일 일요일

하늘이 맑다. 줄곧 흐리고 비가 오더니 드디어 한 줄기 빛이 비쳤다. 몇 주간 산책도 제대로 하지 못했다. 학기말 고사를 볼 즈음에는 우중충한 날씨 때문에 폐소 공포증이 심해지기도 했다. 우리는 모두 조금씩 정신 나간 상태가 되었다. 나는 어둠 속을 걷는 것만큼은 꾸준히 해 왔다. 이른 새벽 어둠 속에서 언덕을 걸어 올라 숲 공원 내에 있는 말이 다니던 오솔길까지 갔다가 돌아왔다. 빗속으로 도망치는 짧은 순간이었다. 바람을 맞으면 집과 학교의 벽 안에서 쌓인 무기력과 무관심이 날아가 버린다.

외출하겠다는 말이 집 안에 돌자 마음이 놓였다. 로지도 데려가야 한다. 보온용 보라색 무늬 코트를 입혀서. 산책을 마치고 나면 근처에 사는 할머니와 저녁 식사를 할 거다.

어렸을 때는 이런 식의 새로운 계획이 뇌에 엄청난 혼란을 일으켰다. 가능한 일이 아니었던 것이다. 다른 일로 빨리 전환하는 일은 고통스러웠다. 재빠르게 처리하는 기술은 대부분의 사람들에겐 자연스럽지만 나에게는 등골이 오싹한 일이다. 지금은 외출해서 어떻게 움직일지 엄마가 완벽에 가깝게 설명해 주고 찬찬히 짚어 준 덕분에 훨씬 편하고 자연스럽게 해낼 수 있다. 사람들은 눈에 보이는 것 뒤에서 처리하고 감당해야 하는 일에 관해 잘 알지 못한다. 그러니 '우리 같은 자폐인들'은 그냥 잘 해내고 있는 듯 보일 수도 있다. 하지만 대부분은 스스로 굉장히 통제하면서 안전한 장소에 도착할 때까지 버틴다. 그러고 나서 흐르는 강물과 편안한 산책로에서 스트레스를 발산한다. 버지니아 울프가 쓴 『댈러웨이 부인』에 등장하는 인물들은 런던 바깥쪽으로 걸어 나가는 행위를 통해 긴밀한 관계로 엮인다. 내가 밀접하게 관계 맺는 것은 사람이 아니라 자연과 자연을 구성하는 모든 요소다. 그것은 나의 일상생활과 나의 이야기와 떼려야 뗄 수 없는 관계다.

하지만 나는 지금 내 인생의 어느 시기보다 사람들과 활발하게 소통하고 있다. 학교의 환경 모임은 학년 구분이 없이 20명 이상이 모이는 모임으로 자랐다. 또 점심 시간에는 코딩 동아리와 국제사면위원회 동아리 활동을 하고, 쉬는 시간에는 친구들과 돌아다니기도 한다. 그렇다, 친구가 여러 명 생겼다! 겉으로 보기에 내 인생은 평범하다. 하지만 내 생각은 점점 깊이 자라고 있다. 하루하루를 지나치게 걱정하지 않기 때문에 생각할 공간, 꿈꿀 공간, 내면을 탐색할 여유가 많아진 것이다. 거기에 꽤 깊이 열중하게 된다.

봄과 여름처럼 해가 고개를 내밀고 낮의 햇살이 풍부한 계절에 나는 절망감을 느낀다. 어둠은 위로해 주고 치유해 주기도 한다. 나는 다른 아이들처럼 방과 후에 만나고, 채팅을 하고, 유튜버를 두고 왈가왈부하는 식으로 '사회화'되지 못했다. 나는 그냥 그런 이야기에 열을 올리도록 만들어지지 않았다. 나는 그런 사람이 아니라는 사실이 만족스럽다. 우리 자신과 주변의 자연에 집중하지 못하게 하는 것들이 너무나도 많다. 물론 내가 비디오게임을 싫어한다는 뜻은 아니다. 우리는 3차원으로 존재하는 인간이 되어야 한다. 다층적인 인간 말이다. 자연과 관계를 맺는 것은 기술과도 결합이 가능하다. 디지털 습관을 끊임없이 비난하는 식으로 청소년을 고립시킬 필요는 없다. 그럴 거라면 어른들의 습관부터 먼저 확인해야 한다. 우리에게 탐색할 기회와 장소를 제공해 주고 자연 세상을 훌륭한 교사로 인정하는 교육 시스템을 마련해 주시길.

어두운 실내에 머물다 밖으로 나오면 바깥의 푸른빛에 눈을 뜰 수 없다. 강가는 일요일 산책을 위해 나온 사람들로 붐볐다. 모두 집 안에만 있다가 근질근질한 몸을 풀러 나왔다는 점에서 비슷했다. 다들 "아, 계속 비 구경만 하다가 이렇게 나오니 얼마나 좋아"라고 말했다. 사람들은 웃으며 비의 장막이 걷힌 뒤 환해진 세상을 즐겼다.

로칸과 블라우니드는 잽싸게 강을 건너더니 강물이 콸콸 흐르는데도 징검다리 위에서 놀았다. 징검다리는 한 발씩 건너뛰기에 알맞은 간격으로 놓여서 동생들은 멈칫거리지 않고 강을 건너갔다 돌아왔다. 엄마는 동생들에게서 눈을 떼지 못한 채 누군가 미끄러지기라도 할라치면 헉 소리를 냈다. 반면 아빠는 놀라우리만치 태연했다. 나도 에너지를 발산해야겠다는 생각이 들었다.

차가운 바위에 앉아 양말과 신발을 벗고 물속에 발을 담갔다. 차가운 물이 다리 위로 솟구쳤다. 쌍안경을 꺼내 물가를 훑었다. 아무것도 없었다. 소용돌이치는 물살의 느낌과 피부를 마비시키는 물의 날카로운 느낌을 즐길 뿐이었다. 잠시 뒤에는 지나치다 싶을 정도로 얼얼했다. 나는 물에서 나오려다가 뭔가를 발견하고는 그 자리에 멈췄다. 그 뭔가는 내 앞쪽에 있는 징검다리로 폴짝 뛰었다. 물까마귀였다. 목이 하얀 물까마귀가 몸을 까딱였다. 새가 물속으로 뛰어들자 물속에서 움직이고 걷는 형태만 보였다. 새가 물위로 떠오르더니 돌 위로 폴짝 뛰어올라 열심히 몸을 단장하면서 까딱까딱 움직였다. 강둑에서 은빛으로 빛나는 무언가가 내 눈을 다시 사로잡았다. 노랑할미새가 달리기 선수처럼 강둑 위에서 종종걸음 치고 있었다. 다시 강으로 눈을 돌리자 물까마귀는 어디론가 사라지고 없었다. 그제야 나는 발이 추위로 파랗게 질렸다는 사실을 깨달았다. 양말과 부츠를 신고 달리는데 발이 아팠다. 나는 엄마 아빠에게 발이 꽁꽁 얼었다는 사실은 말하지 않았다. 엄마 아빠가 야단법석을 떨게 하고 싶지 않았기 때문이다.

페어리 글렌은 소박하고 평화로운 장소다. 브리지 스트리트 옆의 입구 한쪽으로는 담쟁이넝쿨이 덮인 오두막과 돌담과 풀이 우거진 둑이 있고 다른 쪽에는 킬브로니(Kilbroney) 공원이 있었다. 그곳엔 킬브로니 강이 마을을 동맥처럼 가로지르며 공원과 마을, 숲과 나무를 나눈다. 참나무가 강 옆으로 줄지어 서 있고 너도밤나무에는 쪼글쪼글해진 잎이 아직도 붙어 있는데 황금빛으로 윤이 나는 것이 아직 떨어질 준비가 되지 않은 듯 보였다. 계속 사람이 줄지 않아서 우리는 서둘러 강의 다른 편으로 움직여 일요일 산책 인파가 드문 초원 쪽으로 올라갔다.

로칸은 북적대는 사람들을 진짜 못 견뎌 한다. 특히 밖에 나오면 더했다. 사람이 많은 곳에서는 가슴을 열어젖히고 심장이 벌렁벌렁 튀어나오는 흉내를 내지 못한다. 자연이 주는 전율을 만끽하지도 못하고 목소리를 내지도 못한다. 우리 셋은 모두 상동행동을 한다. 상동행동이란 자폐 스펙트럼이 있는 사람들의 자기자극행동을 말하는데, 특별한 이유나 목적 없이 의미 없는 행동을 반복하거나 소리를 내는 것이다. 로칸은 소리를 내는데, 끽끽, 크릉크릉 하며 호루라기 같은 높은 소리나 낮은 신음소리를 내기도 한다. 블라우니드는 손가락을 배배 꼬고 손을 파닥파닥 움직이고 콧물을 빨아들이는 듯한 소리를 낸다. 블라우니드는 그것을 '요란하게 스트레스를 빨아들이는 행동'이라고 부른다. 이런 행동을 한다고 이상한 것은 아니다. 그냥 다를 뿐이다.

뇌가 제대로 기능하는 사람들 중에도 쉴 새 없이 말을 하는 이들이 있다. 지나치게 많이 말하기도 한다! 나는 머리카락을 꼬고 뜬금없이 뛰어오른다. 가끔은, 곤혹스럽게도 몸을 씰룩씰룩 움직인다. 주변에 사람들이 있는 상황에서는 자제할 수 있다. 로칸도 다른 사람과 함께 있을 때는 그런 행동을 억누르기 시작했다. 블라우니드는 아직 어리기도 하고 남의 시선을 덜 의식해서 상동행동을 억누르지는 않는다. 하지만 왜 참아야 하는 걸까? 그게 우리인데. 상동행동은 우리가 행복감을 드러내고 불안을 흡수하는 방식이다. 그런 방식으로 우리의 뇌를 조절하는 것이다. 자폐증이 없는 여러분도 스스로 의식하지 못한 사이 상동행동을 하고 있을지도 모른다. 손톱을 뜯거나 머리카락을 배배 꼬거나 귀를 잡아당긴 적이 있을지도 모르고. 결국 우리는 그렇게 다르지 않을지도 모른다.

잠든 초원을 걷다 보면 처음엔 모든 것이 텅 빈 느낌이 든다. 그러다 색과 모양이 획획 지나가기 시작한다. 갈색과 발그스름한 색과 잿빛도 보인다. 회색머리지빠귀, 붉은날개지빠귀, 겨우살이개똥지빠귀들이다. 모두 여유롭게 움직이는 중이었다. 목을 길게 뽑고 이쪽저쪽 돌아보면서 땅을 쿡쿡 찔렀다. 아침에 비가 와서 벌레가 많았다. 그런데 가까이서 개가 짖자 한꺼번에 날아올랐다. 땅에 내려앉아 있을 때 내가 본 것만 해도 100마리 이상은 될 법했다. 새들은 곧 우리 쪽으로 천천히 돌아오기 시작했다.

'겨우살이개똥지빠귀'라고 불리는 회색머리지빠귀와 붉은날개지빠귀가 스칸디나비아와 유럽 대륙 쪽에서 이곳으로 오기도 한다. 2010년은 내가 태어난 이래 최악의 겨울이었다. 수도관이 꽁꽁 얼어서 물도 나오지 않았다. 우리는 화장실 변기 물을 내리기 위해 눈을 퍼 와야 했다. 블라우니드의 첫 번째 생일에는 우리 집 생수가 바닥나서 엄마 친구 분이 물을 가져다줬다. 기온이 영하 10도까지 내려갔지만 사실 나는 신이 났다. 난방이 안 되는 바람에 거실에 불을 지폈기 때문이다.

하지만 아빠는 특별히 끔찍했던 하루를 떠올렸다. 일을 마치고 라간 강을 따라 집으로 걸어오는데 길 위에 붉은날개지빠귀 몇 마리가 얼어 죽어 있었다고 했다. 비틀거리거나 벽에 머리를 부딪치는 녀석들도 있었고 길에 쓰러져 죽어 가는 새도 있었다. 아빠는 너무나도 화가 났다고 했다. 할 수 있는 일이 아무것도 없었기 때문이다. 아빠가 애를 썼지만 새들의 생명은 결국 꺼져 버렸다. 붉은날개지빠귀는 따뜻한 날씨와 보금자리와 먹이를 찾아 이곳으로 왔다. 하지만 추위에 목숨을 잃었다. 나도 그렇게 추우리라고는 전혀 예상하지 못했다. 그날 우리는 집에서 서로를 끌어안고 붉은날개지빠귀와 다른 새들을 위해 울었다.

우리는 초원에 서서 새들을 조금 더 지켜봤다. 굉장히 활기차고 건강해 보였다. 엄마와 아빠가 저녁을 먹으러 할머니 집에 가야 한다고 말해 줄 때까지 계속 그렇게 서 있었다. 우리는 운이 참 좋다. 항상 따뜻하게 맞아 주는 곳이 있으니 말이다.

12월 21일 금요일

매우 이른 아침이었다. 나는 학교에 가기 전 공원에 들러서 겨울의 색과 빛을 둘러봤다. 떼까마귀들도 깨서 공기를 가르고 있었다. 오늘 아침엔 떼까마귀 소리를 즐기기 어려웠다. 소리가 신경을 갉아먹는 듯 싸늘하게 느껴졌기 때문이다. 나는 코트 지퍼를 끝까지 올렸다. 발밑의 풀은 축축했고 검은빛이 도는 호수 물결이 일렁이며 소용돌이쳤다. 몸이 가라앉는 느낌이었다. 이곳에 온 건 위안을 얻기 위해서였는데 안전한 느낌의 방어선을 벗어나는 기분이 들었다. 으스스했다. 나는 그런 감정에서 벗어나려고 허둥지둥 집으로 돌아왔다. 그러자 다시 마음이 밝아졌다. 시계를 보니 지각이었다. 정말 학교에 가고 싶지 않았다. 하지만 오늘은 학기 마지막 날이고 오전 수업만 하면 끝이다.

쉬는 시간에 축구 경기장 뒤에서 긴장이 풀릴 때까지 이리저리 발을 끌며 돌아다녔다. 그곳은 학교에서 꽤 마음에 드는 장소였는데, 오늘처럼 밝고 푸른 하늘 아래에서는 훨씬 더 좋았다. 무척 추웠지만 구름 한 점 없었다. 너도밤나무에 기대자 외투와 윗옷을 통해 은빛 껍질의 질감이 느껴졌다. 오늘 하루를 다시 떠올리면서 내가 동짓날을 잊고 있었다는 것을 깨달았다. 어쩌면 무의식중에 의식하고 있었는지도 모른다. 아침의 으스스한 산책도 관련이 있을지 모른다. 아침에 나는 침대에서 끌려나와 고대 켈트족의 크리스마스이자 동지 축제가 벌어지는 강철빛 호수로 다가가서 그들 앞에 섰던 것이다. 나는 어두운 숲으로 산책을 갔다. 그곳은 고대 켈트족의 종교인 드루이드교 신도들이 겨우살이풀을 모아 크리스마스 통나무와 함께 태우고, 밀가루를 모아 끼얹고, 에일 맥주를 뿌리고, 지난해의 잔재를 태우는 장소였다.

학교를 마치고 집에 가면 엄마가 호랑가시나무잎과 담쟁이넝쿨을 잔뜩 모아 두었을 것이다. 크리스마스트리도 세워 두었겠지. 트리가 방을 가득 채우고 솔잎도 사방에 널려 있을 거다. 이런 것들이 집 안에 있다니 생각만 해도 신난다. 우리는 이맘때 늘 불을 피웠지만 새집에는 그럴 만한 곳이 없다. 겨울에 장작을 떼지 않는 것은 이번이 처음인데 나는 이제야 그걸 깨달았다. 하지만 내가 얼마나 어둠을 잘 받아들이는지 역시 깨닫지 못했다. 동지인 오늘부터 어둠은 줄어들기 시작할 것이다. 계절의 전환점을 맞은 셈이다. 빛이 다가오고 있다. 집에 도착하면 크리스마스 초가 어둠을 밝히고 있을 것이다. 오늘은 한 해 중 가장 어두운 날이다. 하지만 빛은 항상 존재한다. 어둠과 빛. 둘은 다시 태어나기 위해 잠시 숨을 돌려야 한다.

수업 종소리에 정신이 번쩍 들었다. 울새도 시간에 맞춰 울면서 나에게 한겨울이 다가온다고 알려 준다. 새는 너도밤나무 가지에 앉아 있었는데 가지에는 이끼가 잔뜩 덮여 있었다. 내가 가까이 가는데도 새는 전혀 움직이지 않고 계속 울어 댔다. 교실로 돌아가는 중에도 울새의 떨리는 울음소리가 계속 들렸다. 다른 누가 또 그 소리를 들었을지 궁금했다. 발걸음을 멈췄다. 너도밤나무를 껴안고 싶은 마음을 주체하기 어려웠다. 나는 다시 나무로 달려가서 이 학교에 와서 잊을 수 없는 4개월을 보내도록 지켜 준 선조들에게 감사했다.

12월 25일 화요일

크리스마스 아침은 블라우니드의 흥분에 찬 고함소리와 함께 밝아 온다. 자전거! 자전거! 그러다 30분쯤 뒤에는 밖으로 뛰쳐 나가서 동네 아이들과 함께 자전거를 타고 빗속을 돌아다닐 것이다. 나는 항상 일찍 일어나는데 크리스마스 아침도 예외는 아니다. 흥분이 고조되고 선물 포장지 뜯는 소리에 다른 소음들이 묻혀 버린다. 산타가 우리를 위해 두고 간 선물은 동전 모양 초콜릿과 크리스마스 양말이다. 양말 안에는 스티커 북, 카드, 생강 쿠키, 레고, 플레이모빌 같은 것들이 들어 있다. 나는 플레이모빌을 가지고 놀지는 않는다. 모형을 만들어 한 줄로 세워 놓거나 다양한 형태로 배열해 놓을 뿐이다. 하지만 로칸은 항상 플레이모빌을 가지고 꽤 격하게 논다.

자폐증 형제지만 판박이는 아니다.

크리스마스 아침은 항상 행복하다. 괴로웠던 기억은 없다. 늘 가족과 함께 집에서 보냈고 편안했다. 매해 우리는 텔레비전에서 방송해 주는 〈눈사람 아저씨〉 영화를 봤다. 지난밤, 크리스마스이 브에 우리는 연휴와 겨울의 마지막 달에 읽을 책들을 쌓아 뒀다. 그 건 또 하나의 연례 행사였다. 나는 자연을 다루는 책들과 판타지 소 설 몇 권, 필립 풀먼 작가의 『먼지의 책(Book of Dust)』과 『캐드파엘 (Cadfael)』을 쌓아 놨다.

선물을 확인한 뒤 일찍 저녁 식사를 하고 정리하면 산책할 시 간이 충분하다. 이번 크리스마스에는 엄마와 아빠가 엑스박스를 선물해 줬다. 동생들과 나는 함께 오픈 월드 전략 게임을 즐긴다. 솔직히 말하면 가끔 과격해지기도 하지만 우리는 항상 평화주의 자가 되려고 노력하며 협상하고 타협한다. 진짜 세상과 비슷하지 않은가? 물론 두 세계는 다르고 우리는 둘을 구분한다. 대부분의 10대가 그렇다. 컴퓨터로 게임을 하다 보면 가끔 질리기도 하는데, 그러면 밖으로 나갈 때가 된 것이다. 산책이야말로 '우리의 일'이 다. 자전거를 두고 가자고 블라우니드를 한참 설득하고 나서야 로 지를 데리고 나설 수 있었다.

우리는 소용돌이치는 바람을 뚫고 멀로 해변으로 향했다. 멀 로 해변에서도 비는 계속 내렸다. 하늘이 마치 우리 머리를 짓누르 는 듯했다. 오늘은 늘 걷던 방향의 반대쪽으로 향했다. 우리는 해 변으로 난 오른쪽 길로 틀어서 나무를 매끈하게 깔아 놓은 길 위를 걸었다. 모래 언덕에 도착하자 블라우니드가 인어의 주머니라고도 불리는 돔발 상어 알 껍질과 까마귀 깃털을 찾아냈다. 나는 황조롱이 깃털을 찾았다. 깃털을 보니 가을에 이곳에서 봤던 황조롱이가 떠올랐다. 탄탄하고 촘촘한 깃털을 한번 쓰다듬고 조심스럽게 주머니에 넣었다. 황조롱이 깃털을 찾은 것은 이번이 처음이다.

해안가로 걸어 내려갔다. 양쪽으로 모래 언덕이 있고 바다에서 안개가 올라와서 수평선을 가렸다. 그래서 거품을 토해 내는 파도만 겨우 보였다. 해변에 서 있는데 바람이 우리 얼굴과 발목과 배를 사정없이 때렸다. 파도를 향해 뛰다가 제때에 방향을 틀어 피했다. 로칸과 블라우니드가 뭍으로 올라온 해초를 발견했다. 둘은 그걸로 서로를 후려치면서 깔깔댔다. 나는 동생들을 두고 혼자 모래 언덕을 올라갔다.

파도에서 올라온 안개가 나를 감싸고 성긴 넝쿨손으로 나를 질식시키려는 듯 옥죄었다. 입안에서 찝찔한 맛이 느껴졌고 파도가 부서지는 소리가 들렸다. 불과 1미터 밖도 보이지 않았다. 눈에 보이지 않는 것들의 광활함을 느끼면서 단단히 솟은 모래 언덕을 보호막 삼아 종종걸음을 치며 내려갔다.

안개 속에서 갑자기 그림자 하나가 툭 튀어나왔다. 무지개 목도리를 하고 모자를 쓴 로칸이었다. 바이킹 모드로 완벽하게 변신한 로칸은 나를 향해 돌격해 왔다. 나도 달렸다. 우리는 안개 속에서 함성을 질렀다. 더 나은 세상을 위한 포효였다. 반은 힘을 내라고, 반은 될 대로 되라는 마음으로 외치는 소리이기도 했다. 동시에

우리가 느끼는 깊은 감정과 이 장소와 서로를 위한 외침이기도 했
다. 우리는 손을 꼭 잡고 줄을 지어 모래 언덕에 난 길을 달려 내려
갔다. 우리는 전사였다. 파도를 향해, 뺨이 빨개지도록 두드려 대
는 바람을 뚫고 달렸다. 그러다가 해안선에 멈춰 서서 서로 끌어안
았다. 가끔 이럴 때가 있다. 억누를 수 없는 욕구가, 흥겹게 울리는
아일랜드 전통 북 보드란 소리처럼 우리를 에워쌌다. 난타하는 바
람 속에서 우리는 와자지껄 웃으며 해변을 가로질러 엄마와 아빠
와 로지가 있는 곳으로 달렸다. 행복이 가득 차 숨을 헐떡이면서 주
차장으로 갔다. 나무에서 새소리가 들렸지만 보호구역 경계의 울
타리에 잠자코 서서 안개 속을 들여다봐야 했다. 쇠붉은뺨멧새나
붉은가슴방울새 같았다. 잎이 다 떨어진 나뭇가지마다 하나씩 자
리를 잡고 앉아 있었다. 새들이 훌쩍 날아올라 들판에 내려앉더니
땅 위를 바쁘게 오갔다. 재잘대는 소리를 크고 날카로운 노랫소리
가 갈랐다. 울새의 노랫소리처럼 대담했지만 노래의 주인공은 바
위종다리였다. 안개가 자욱한 가운데 목청껏 소리를 높여 경쾌한
리듬을 반복하면서 주위를 압도했다. 나는 손가락을 꼼지락대면서
팔짝팔짝 뛰었다. 내가 자주 하는 상동행동이다. 차로 뛰어가는데
허기가 밀려왔다.

소란도 스트레스도 없이, 식탁에 놓인 간식도 없고 게임도 없
이 하루가 흘러갔다. 멀로 해변에서 엄마 휴대폰으로 찍은 사진들
을 봤다. 바람이 마람풀을 채찍처럼 흔들어 대는 모습과 풍화작용
으로 침식된 모래 언덕이 찍혀 있었다. 배경을 넓게 잡은 사진 속에

서 우리 가족은 조그맣고 하찮아 보였지만 자세히 들여다보니 무척 생기발랄했다.

그날은 촛불 옆에서 엄마가 읽어 주는 수잔 쿠퍼의 『어둠이 떠오른다』를 들으며 마무리했다. 엄마는 보통 때보다 더 감정을 살려서 읽어 줬다. 아마 레드와인 때문인 듯했다.

1월 4일 금요일

늦은 오후였다. 우리는 나무들 사이를 날아다니는 붉은솔개들을 관찰하고 있었다. 멀찍이 떨어져서 동상처럼 웅크리고 지켜보는 중이었다. 지금까지 확인한 바로는 7마리였는데, 지난해 보금자리로 삼던 곳에서 이곳으로 옮겨 온 개체가 많았다. 아직 새로운 보금자리에 정착하기에는 조금 이른 시기다. 그리고 유전 특성 탓에 색소가 소실되어 몸이 희게 변한 루시즘(leucism) 새도 봤다. 새는 몸 전체가 하얘서 나무 사이에서 쉽게 눈에 띄었지만 하늘색과는 매우 잘 어우러졌다.

우리는 붉은솔개의 비밀을 빠짐없이 알고 있는 노린 활동가와 함께 이곳에 왔다. 노린 활동가는 작년 붉은솔개의 보금자리를 조사하면서 만난 분이다. 지금도 생생하게 기억난다. 오늘처럼 날씨가 맑았고 저녁에는 몬 산맥 너머로 하늘이 붉게 빛났다. 붉은솔개들이 우리 머리 위로 불과 1미터 높이에서 천천히 날아다녔다. 마치 슬로모션 같은 움직임에 나는 세세한 생김새나 무늬, 바람에 흔들리는 깃털까지 볼 수 있었다. 정말 굉장했다. 옅은 잿빛이 도는 하늘을 날아다니는 새들은 16마리였다.

붉은솔개는 나를 맹금류라는 황홀한 세계로 이끌었다. 6살 때 맹금류에 관한 책을 모조리 찾아 읽으면서 정보를 습득했고 새들과 친해질 계획을 세웠다. 맹금류를 이해하고 싶었다. 돕고 싶었다. 붉은솔개는 영국에서 한때 멸종되었다. 그러다 2008년 웨일스에서 발견되었고 몬 산맥에 다시 들여왔다. 인간의 학대로 170년간 잃었던 제자리를 겨우 되찾은 것이다. 우리는 제비 꼬리를 가진 붉은솔개의 눈부신 모습을 다시 한번 볼 수 있게 되었다. 상상 속에서만 존재하던 붉은솔개가 눈앞에서 날아다니는 모습을 직접 보게 된 것이다.

붉은솔개가 서식지를 되찾은 지 10년이 지난 지금, 새의 이야기는 절망과 인내와 희망을 색색의 실로 짜 놓은 한 폭의 태피스트리(여러 색실로 그림을 짜 넣은 직물) 장식처럼 펼쳐진다. 붉은솔개는 유독 성분에 노출되거나 총에 맞아 죽기도 했다. 하지만 헌신적인 몇몇 사람들은 포기하지 않았고 지금 이곳의 공동체는 '우리의 솔개'에 강한 자부심을 품고 학대 행위에 맞서 싸우고 있다. 나 역시 그 공동체의 일부라고 생각한다. 붉은솔개의 비행을 직접 볼 기회를 다시 얻다니 큰 영광이다. 붉은솔개의 날갯짓은 보고 또 봐도 질리지 않는다.

붉은솔개를 한참 지켜보고 있는데 갑자기 엄마가 찌르레기를 보러 가고 싶다고 털어놨다. 엄마는 멀리서 찌르레기 몇 마리가 날아드는 모습을 보았다고 했다. 그러고 보니 지금이 딱 찌르레기 떼의 계절이었다. 엄마는, 노린 활동가와 자원봉사자 한 분에게 찌르레기 보금자리를 찾고 있었는데 지금까지 낙오된 새 몇 마리밖에 못 봤다고 말했다. 노린 활동가는 웃으면서 새로운 장소로 가 보자고 했다.

솔개들은 나뭇가지에 앉아서 꼼짝하지 않았다. 나는 떠나고 싶지 않았다. 오늘 저녁에는 작년 같은 화려한 장관을 못 봐서 좀 실망스러웠다. 하지만 차를 타고 떠나는데 익숙한 감정이 일었다. 나는 찌르레기 떼를 본 적이 없었다. 우리는 항상 너무 이르거나 너무 늦었다. 아니면 시기는 적절했는데 완전히 엉뚱한 장소로 갔었다. 이번에는 꼭 보고 싶다. 솔개가 우리를 찌르레기들에게로 인도해 줄까?

양쪽으로 검은딸기나무가 자라는 좁은 길을 달려가다가 들판과 나무 너머를 볼 수 있는 곳으로 올라갔다. 내리막에서 검은 구름이 흘러가고 있었다. 엄마가 갓길에 차를 세웠다. 밖으로 나가자 시골의 정적을 깨트리는 날갯짓 소리가 들렸다. 새들은 우리 머리 주변으로 날아다니다 강바람을 맞으며 헛간 지붕 위를 오르내렸다. 그러다가 소용돌이처럼 활공하면서 먼 언덕을 향해 움직였고 우리는 그 뒤를 쫓아 달렸다. 공기가 폐를 콕콕 찌르는 느낌이 났다. 우리는 가지가 배배 꼬인 산사나무 울타리 옆에서 멈췄다. 저 멀리서 찌르레기들의 그림자가 하늘을 가로질러 날아갔다. 그림자는 마치 형태를 바꾸는 괴수처럼 날개를 파닥이며 모였다. 안전을 위해 서로를 끌어당기던 자력은 송골매가 날아들자 끊어지고 말았다. 찌르레기들은 각자 다른 방향으로 미끄러지듯 흩어졌다. 송골매가 다시 찌르레기 떼를 흩트리더니 날아가 버렸다. 머리가 멍했다. 아마도 송골매는 임무에 성공했을 것이다.

찌르레기 떼가 다시 뭉쳤지만 그중 한 마리가 사라졌는지는 알 길이 없었다. 하늘은 점점 어두워지는데, 찌르레기 떼는 여전히 활기차고 우렁찼다. 새들은 잿빛 하늘을 배경으로 종이접기를 하듯 모양을 바꾸며 날았다. 두근대던 가슴이 가라앉을 때쯤 찌르레기 떼가 사이프러스 나무에 내려앉았다. 처음엔 작은 그룹이었다. 그러다 갑자기 새들이 전부 밤의 어둠 속으로 빨려 들어가듯 사라져 버렸다. 새들은 남아 있던 저녁의 온기까지 가져갔다. 새들이 있던 자리엔 깊은 침묵만이 감돌았고 주변은 금세 칠흑처럼 어두워졌다. 우리는 잔뜩 들뜬 채로 집으로 향했다. 우리의 미소와 감탄사와 수다가 어두운 밤을 밝혀 주었다.

1월 13일 일요일

며칠 동안 따뜻한 날씨가 이어지더니 애기똥풀이 몇 포기 자랐다. 믿을 수 없을 정도로 이른 시기였다. 환호할 수가 없었다. 진짜 그랬다. 꽃은 균형을 잃은 행성의 그림자에서 자라는 것 같았다.

오늘 아침엔 무척 피곤했다. 숙제도 해야 하고 시험공부도 해야 한다. 학교에서는 잘 지내지만 마음은 그리 편하지 않다. 사회적인 상호작용이 문제를 일으키기 시작한 걸까? 어쩌면 사람들이 나에게 끊임없이 질문하는 일은 현실 세계에서도 소셜미디어에서도 계속될 것이다. 만만치 않은 일이다. 나는 그런 일들을 처리하는 속도가 느리다. 내 기억 속에 텅 비어 있는 영역이 여러 개 펼쳐져 있는 느낌이 든다. 그래서 걱정이다. 나는 한 가지를 가까스로 해낸다. 연설, 칼럼 쓰기, 인터뷰, 그 밖의 것들이 도미노처럼 연달아 다가온다.

일이 쏟아지면 나는 평상시의 경계선을 넘어서기 시작한다. 뇌에서 합선이 일어난다. 전력 과부하가 발생하는 것이다. 그러면 재부팅을 해야 한다. 다시 조립해야 할 수도 있다. 그런 순간에는 무거운 발을 들어 올려 억지로라도 밖으로 나가야 한다. 그럴 때는 마치 납을 끌고 가는 느낌마저 든다. 다가올 한 주가 끝도 없이 길게만 느껴진다. 걷고 쓰면서 잘 보내 봐야겠다. 거의 매일 적어도 한 번은 짧은 산책을 한다. 주로 해변 산책로를 걷거나 숲 공원을 오르면서 바람을 느끼고 적당한 말을 떠올린다. 떠오르는 생각을 글로 적고 다 쏟아내면 세상을 이해하는 데 도움이 된다. 종이 위에 이것저것 끼적이다 보면 그날의 핵심이 모습을 드러낸다. 어떤 장소나 무언가로부터 에너지를 얻어야 한다.

1월 19일 토요일

오늘 내가 필요한 에너지를 얻기 위해 찾은 곳은 헨(Hen) 산 높은 곳, 구름과 화강암 사이에 있는 장소다. 멈추지 않고 신나게 뛰어올라 가면 까마귀의 땅이 나오고 때마침 속이 확 트이는 바람이 얼굴에 불어온다. 정상을 눈앞에 두고 아빠를 봤는데 너무 빨리 올라온 것 같다는 생각이 들었다. 그래서 잠깐 쉬었다. 오늘은 로칸과 아빠와 나, 우리 셋뿐이다. (블라우니드는 집에서 친구와 놀겠다고 했다. 그래서 엄마는 별로 내키지 않아도 집에 있어야 했다.)

가파른 산을 계속 오르다 보면 다리가 당기는데 끝까지 오르려면 폭발적인 에너지가 필요하다. 로칸은 이렇게 빠르고 격렬한 산행을 좋아한다. 로칸은 커서 펠 러닝 선수가 되고 싶어 한다. 펠 러닝은 나침반과 지도를 가지고 자유롭게 코스를 선택해 32킬로미터 정도의 험한 산길을 달리는 스포츠인데, 오늘 로칸을 보니 그 꿈이 충분히 이루어질 것 같았다. 로칸은 에너지를 쏟아낼 때 완전히 다른 사람이 된다. 게다가 이곳에는 사람이 별로 없었다. 슬리브 도나드는 항상 붐비기 때문에 길을 잃을 염려가 없다. 하지만 이곳은 그곳만큼 사람이 많지 않다. 겨울이라 더 그랬다. 헨 산은 우리에게 퍼매너의 킬리키간이나 고트마코넬 같은 장소가 될지도 모른다. 좀 더 자란 아이들의 놀이터인 셈이다.

정상에 올랐다. 깎아지른 화강암의 급한 경사면이 바위산의 깊숙한 심장으로 이어진 곳이다. 왕관 모양의 바위 3개는 오랜 시간에 걸쳐 다듬어졌다. 손으로 바위의 거친 표면을 어루만졌다. 습기의 흔적이 배어났다. 산은 나에게 흔적을 남긴다. 그곳에서 나에게 전해진 습기가 그렇다. 손에 무언가가 닿고 자극을 받는 것은 나의 감정과 생각을 키운다.

'황소 뿔'이라고 불리는 두 바위 사이에는 겨울의 고요함을 간직한 늪지 연못이 있다. 연못에 손을 담그자 차가운 느낌이 손끝을 찔렀다. 손가락 끝의 감각 덕에 셰이머스 히니의 시 「어느 자연주의자의 죽음」이 떠올랐다. "물에 손을 담그면 개구리 알이 나의 손을 잡아당길 것이다." 개구리 알이 있는지 확인하러 봄에 다시 와야겠다.

높은 산에 오를 때마다 인간의 걱정이나 문제나 잡다한 생각을 떠올리지 말자고 스스로 다짐한다. 자연을 경험하는 데 방해가 되니까. 이것을 깨닫는 데 엄청난 노력이 들었고 늘 가능하지도 않았다. 하지만 그렇게 해 보면 모든 것을 쓸어 담듯 감각할 수 있다. 냄새, 소리, 가벼운 흔들림, 날갯짓 같은 것들을 놓치지 않으려고 애썼다. 머릿속의 모든 공간을 꽉 채울 때까지 계속 담았다.

사람들은 나에게 왜 그렇게 열정적으로 자연에 몰입하느냐고 묻는다. 나도 내가 몰입하고 경험한 자연을 글로 모두 적고 나서야 그 까닭을 알게 되었다. 글을 쓸 때면 강렬한 감정이 콸콸 쏟아져 나오면서 내가 보고 느낀 모든 것을 다시 느낄 수 있다. 종이 위에 적거나 컴퓨터로 기록하면서 그 순간들을 회상하는 것이다. 많이 생각할 필요도 없다. 세세한 장면들은 모두 내 마음속에 들어 있고 매번 나를 놀라게 한다. 그래서 산 정상에 올라와서도 나는 생각하지 않는다. 느끼고 관찰할 뿐이다. 뇌 속 카메라가 내 눈에 보이는 모든 것들을 찍는다. 콕 산 위에 푹신하게 부풀어 오른 구름과 움푹 파인 화강암 연못에 고인 물과 피존 산을 두른 그림자가 그렇게 머릿속에 담긴다.

우리는 솟아오른 바위들 위에서 뛰어내렸다. 그중 몇몇은 낙하 거리가 10미터가량 되었다. 그래서 가장자리에 앉아 다리를 달랑거렸는데 아래로 아무런 압박감도 느껴지지 않았다. 기분이 아주 좋았다. 바위산을 오르고 그 위에서 쉬는데 까마귀 한 마리가 로칸 가까이에 내려앉았다. 햇빛을 받아 깃털에 무지갯빛이 감돌았다. 이렇게 가까이에서 까마귀를 본 것은 처음이었다. 심장이 터지거나 엉뚱한 방향으로 피가 돌 것만 같았다. 마음을 진정하고 찬찬히 새를 살펴봤다. 바람이 깃털을 스치는 소리가 들렸다. 깜빡임 없는 검은 눈동자는 믿기 힘들 정도로 멋졌다. 로칸도 (이번만큼은) 아무 말이 없었다. 로칸은 내 손을 꽉 움켜쥐고 소리를 지르고 싶은 욕구를 눌렀다. 까마귀는 1분가량 우리 옆에서 쉬었는데, 그 시간은 산처럼 어마어마한 1분이었다. 어쨌든 이곳에서는 시간이 천천히 흘러서 서두를 필요가 없다. 다른 까마귀가 부드럽게 날아올라 날개를 퍼덕이는 소리가 들렸다. 두 마리가 함께 하늘에서 까악까악 우는 모습을 지켜보며 로칸과 나는 등을 땅에 대고 누워서 참고 있던 숨과 함께 모든 것을 내뱉었다. 아직 완전히 재조립되진 않았지만 이전보다 더 단단하고 편안한 느낌이 들었다. 미소도 전보다 훨씬 밝았을 것이다.

1월 20일 일요일

지난밤엔 정말 푹 잤다. 최근 몇 년 중에 가장 잘 잔 것 같다. 덕분에 상쾌하고 기운이 넘쳤다. 아침에 엄마가 평소보다 좀 먼 곳으로 가자고 했다. 그러면서 캐슬 워드(Castle Ward) 이야기를 꺼냈다. 그곳은 내셔널 트러스트에 등재된 곳으로 영국 드라마 〈왕좌의 게임〉 촬영지로 유명하다. 나는 TV 드라마 시리즈를 보지는 않았다. 사실 나이가 어려서 볼 수 없다. 하지만 성과 뜰, 뾰족하게 솟아오른 작은 탑이 그려졌다. 캐슬 워드에 도착하자 관광버스가 잔뜩 늘어섰고 코스튬을 입은 사람들이 돌아다니고 있었다. 그 모습을 보고 로칸이 앓는 소리를 냈다. 관광객들은 영화의 등장인물로 보이는 마법을 기대하며 SNS용 사진을 찍고 있었다! 나는 사람들이 마법은 어디에나 존재한다는 사실을 깨닫기 바랐다.

　　우리는 가이드가 이끄는 관광객들이 앞으로 움직이기를 기다리는 동안 벤치에 앉아서 스트랭포드(Strangford) 호수를 바라봤다. 붉은발도요 떼가 휘파람 같은 소리로 노래했고 마도요가 슬피 울었다. 새들은 키질하듯 물을 털어 냈다. 한 마리가 먹이를 찾기 위해 굽은 부리로 진흙을 쿡쿡 찌르는 모습을 지켜봤다. 신기하게도 마도요와 붉은발도요들은 대부분 부리가 잘 구부러진다. 끄트머리

부분이 위쪽으로 구부러진 형태를 띠고 있기도 하다. 그것을 원위 부리라고 부르는데 젖은 모래나 진흙 속에서 위턱을 움직여 부리를 핀셋처럼 연 뒤 먹이를 쉽게 잡을 수 있다. 이런 식으로 자연에 적응하다니, 매번 감탄하고 놀란다.

그날 오후, 성곽과 뜰을 돌아보다가 집게벌레가 낡은 담의 돌 아래 낳아 둔 알을 발견했다. 성곽의 담들은 넝쿨해란초(바위취라고 부르기도 한다)로 덮여 있었다. 원산지는 남유럽으로 아일랜드로 들어온 뒤 수백 년이 넘는 세월을 거쳐 귀화 식물이 되었고, 이곳 캐슬 워드에서는 담쟁이넝쿨 잎, 금어초 꽃과 함께 벽에 난 아늑하고 작은 구멍을 두고 다투는 중이다. 그 한가운데에 암컷 집게벌레가 버터처럼 노란 알들을 낳아 놓고 주변을 경계하며 돌아다니고 있었다. 아주 부지런한 엄마다. 그러다 누군가 둥지를 건드려 알이 흐트러지면 암컷 집게벌레는 알을 잘 모아 놓고 다시 보초를 섰다. 쥐며느리 역시 나무를 부지런히 갉아 댄다. 썩어 가는 물질을 분해하고 재활용하고 정리하기도 한다. 생태계에서 아주 중요하고도 복잡한 부분을 담당하고 있는 것이다. 담장은 곤충에게 세상의 전부다. 그곳은 겨울에도 생명으로 들끓는 우주와도 같다. 자세히 들여다보면 모든 것이 살아 움직인다. 가장 작은 생명체가 가장 흥미로운 관찰 대상이 될 수 있다. 초미니 드라마가 펼쳐지는 광경을 지켜보고 있으면 여러 가지 의문이 떠오르기도 한다. 쥐며느리는 마치 범퍼카를 타고 움직이는 듯이 보인다. 무작위로 돌아다니는 듯 보이지만 실은 그렇지 않다. 예전에 정원에서 집게벌레와 지네가 싸우는 모습을 본 적이 있다. 엎드린 채로 구경했는데 영화를 보는 듯 흥미진진해서 꼼짝할 수가 없었다. 시간이 얼마나 지났는지 모르겠지만 집게벌레가 지네의 옆구리를 푹 찔렀다. 지네의 죽음에 속이 상하지는 않았다. 그것이 자연의 섭리라는 것을 알기 때문이다. 일종의 균형을 위해서다. 담장 모양의 우주를 지탱하는 질서이기도 하다.

2월 3일 일요일

스튜어트 산의 커다란 참나무 아래 스트랭포드 호수가 내려다보이는 자연보호구역에서 일기를 쓰는 중이다. 흑기러기가 끼루룩끼루룩 우는 소리가 들린다. 새소리가 호숫가에서 휘몰아치는 강풍과 뒤얽힌다. 바람이 차다. 맑은 하늘은 오리 알처럼 푸른색이다. 공중을 향해 곧게 뻗은 나뭇가지들은 복잡한 지도나 신경 세포의 수상 돌기처럼 보인다. 공동체와 서로 관계 맺는 법을 가르치기 위해 나무를 더 자주 인용한다면 어떨까.

　독수리가 날아올라 참나무 앞쪽의 들판을 선회한다. 또 한 마리가 와서 함께 날아다닌다. 구애의 몸짓을 하며 나선형으로 날아올라 발톱과 날개를 서로 접촉하고, 위로 올랐다가 다시 아래로 내려온다. 묘하고 매력적인 모습을 보는데 몹시 슬펐다. 이 세상의 어떤 것들은 매우 선량하고 완벽하다. 약해지려는 나 자신을 다잡기 위해 이 모든 순간을 단단히 붙잡아야 한다.

어느새 2월이다. 해야 할 일이 너무 많다. 화학 시험이 끝났고 연설을 하고 행사를 치른 뒤 막 런던에서 돌아왔다. 피로가 쌓이고 있다. 아주 특별한 일 중 하나는 런던 동물원에서 환경부 장관님을 만났다는 것이다. 장관님은 행사장에 너무 늦게 도착했다. 하지만 장관님의 연설은 설득력이 있었고 이해하기도 쉬웠다. 하지만 말은 의미가 바뀌기도 하고 행동으로 옮기기도 전에 쉽게 잊히기도 한다. 장관님은 그날 실속 없이 거창하기만 한 약속을 하고 계획을 내세웠다. 지금 그것들은 다 어디로 갔을까? 게다가 장관님은 남아서 내 연설을 듣지 않았고 다른 청소년들의 연설도 듣지 않았다. 마치 휩쓸려 가듯 사라져 버렸고 금세 그곳에 머무른 적도 없는 사람이 되어 버렸다.

다행히 동물원에 살고 있는 갈라파고스 거북이들이 그날의 공허함을 채워 줬다. 단단한 거북이 등껍데기의 매끈하고 대칭적인 선을 쓰다듬자 마음에 평화가 찾아왔다. 장관님과 동물원을 위해 사진 촬영을 할 때였는데, 나로서는 TV로만 보던 아름다운 생명체에게 가까이 다가갈 기회였다. 그것도 세상에서 가장 큰 거북이 3마리에게 말이다. 찰스 다윈이 거북이의 고기를 먹은 것과 거북이 등에 올라탔다는 일화가 떠올랐지만 애써 외면해야 했다.

나에게 와 달라고 요청한 많은 행사들처럼 런던에서의 그날도 구색을 맞추기 위한 초청처럼 느껴졌다. 아이들은 '목소리를 내고' 자신의 아이디어와 꿈과 희망과 비통한 심정을 들려주기 위해

초대받았지만 실질적인 일에는 참여하지 못한다. 어른들은 함께 머리를 맞대고 계획을 짜기 위해 우리를 부르지 않는다. 우리는 아무런 대가 없이 진심을 내어 주고 관심을 끄는 역할만 할 뿐이다. 1970년부터 전 세계적으로 약 60퍼센트의 야생종이 사라졌다. 그런데 '무관심한' '제멋대로 구는' '집중력 없는' 세대라는 딱지가 붙은 것은 바로 우리 세대다! 사실 우리가 야생 동물에 접근할 실질적 기회를 빼앗는 것은 어른들이다. 도로간 경계선을 혼잡하게 만들고, 아파트를 난립하고, 녹지 공간을 침범하면서 자연과 충돌하고 공공자금을 낭비하고 있으니까.

자연과 인간의 단절은 갈수록 심해지고 있다. 멸종으로 향하는 시한폭탄이 재깍재깍 울리고 있다. 청소년의 4분의 1가량이 정신 건강상의 문제를 겪고 있다는 사실이 놀랍지 않은가? 우리의 세상은 성과 위주, 물질만능주의, 자기 분석으로 점점 쪼개지고 있다. 우리는 자신과 타인, 세상과의 관계에 있어서 티핑 포인트에 이르렀다. 균형이 깨져, 사소한 것이 엄청난 결과를 불러일으킬지도 모르는 상황을 마주한 것이다. 세상은 매우 복잡하게 연결되어 있다. 상호의존적이고 본질적으로 밀접하게 관련되어 있다. 무척 깨지기 쉬운 상태인 것이다. 거대한 조직, 자본, 개발, 우리와 지구를 공유하는 종들 간의 권력 투쟁이 통제하기 어려울 정도로 커져서 억눌리고 침체되며 단절되기 쉬워졌다.

나는 매번 그것과 싸운다. 가끔 심장이 잠자리 날개처럼 빠르게 떨리고 마음에 통증이 온다. 아무런 대책이 없다는 데 대한 좌절의 감정을 표현할 곳이 없기 때문이다. 내가 자연 세계에 강하게 연결되어 있다는 사실만이 점점 약해지는 감정을 다독이고 위로한다. 자연 속에 푹 빠져 있을 때 나는 스스로에게만 집중했던 좁은 시야에서 벗어나 주변의 유기체들, 즉 나무, 식물, 새, (운이 좋다면) 친근한 포유류들에 관심을 더 기울이게 된다. 그렇게 만나서 교류하는 동안 경험은 큰 기쁨으로 다가온다. 이렇게 멋지고 아름다운 존재가 보호받고 사랑받는 데 내가 어떤 역할을 하고 있다는 확신이 들기 때문이다. 우리는 모두 자연의 관리자다.

또 내가 살고 있는 지역, 즉 가까운 환경에 집중하는 것이 희망과 변화를 위해 효과적으로 영향력을 드러내는 방법이라는 생각도 든다. 사실 학교에서 환경 모임을 시작하면서 누군가가 합류하리라는 기대는 하지 않았다. 다른 아이들은 관심이 없을 거라고 생각했기 때문이다. 그것은 잘못된 생각이었다. 아마도 다른 학교에서 환경 관련 동아리를 만들려고 애쓰던 악몽 때문일지도 모른다. 선생님들이 너무 부담을 준 탓도 있다는 사실을 지금은 알고 있다. 그렇다 해도 선생님이나 다른 어른들의 도움 없이는 해내기 쉽지 않다. 우리 스스로 행동할 수 있지만 말이다. 환경 모임은 다양한 연령대의 학생들로 꽉 찼다. 회원들은 함께해서 얼마나 좋은지에 대해 나에게 이야기한다. 자신들이 낸 아이디어를 직접 실천하고, 경험하면서 느낀 점을 나누고, 부당함에 맞서 싸우는 일이 좋다고 한다. 어쩌면 더 많은 아이들이 기회를 기다리고 있을지도 모른다. 우리 모두에게 의미 있는 행동을 할 기회가 더 많이 주어져야 한다.

빠른 속도로 흐르는 경쟁 사회에서 우리는 현실을 감각할 필요가 있다. 흙을 만지고 새들의 노래를 들어야 한다. 이 세상에 존재하기 위해서는 우리의 감각을 사용해야 한다. 오랫동안 돌담에 머리를 부딪친다면 결국 금이 가서 무너질 것이다. 뭔가 더 나은 것을 세우는 데 그 잔해를 사용할 수 있을지도 모른다. 우리의 야생성을 자유롭게 표출할 수 있는 아름다운 무언가 말이다. 지금 바로 상상해 보라.

2월 15일 금요일

이렇게 차가운 바람 속에서 가만히 서 있어 본 적은 없었다. 교복을 입고 혼자서, 그것도 학교에 가야 하는 날, 수업이 진행되는 시간에, 나는 장갑 낀 손에 "자연을 위한 등교 거부 시위" "기후를 위한 등교 거부 시위"라고 적은 플래카드를 움켜쥐고 있었다. 하늘에는 구름 한 점 없었지만 올 겨울 최강의 바람이 휘몰아치며 중력에 도전하고 있었다. 바람은 나에게뿐만 아니라 뉴캐슬 해변의 방어벽을 향해서도 모래를 퍼부어 댔다. 나는 4시간 동안 서서 탐욕스러운 세상에 맞섰다. 주는 것 없이 가져가려고만 하는 사람들에게 맞섰다. 내 희망을 훔쳐간 사람들, 빼앗기고 파괴되어 풍성함을 잃은 지구를 물려받을 미래 세대의 희망을 앗아가 버린 사람들에게 맞섰다. 여러 사람들이 나에게 시위의 이유를 물었다. 지나가던 사람들, 선생님들, 부모님들, 라디오 방송국 사람들이 인터뷰를 요청했다. 내가 바란 것은 그런 것이 아니었다. 어른들은 문제에 대해 이야기하는 대신, '나'와 '내 기분'에 관해 이야기하고 싶어 했다. 기후 변화와 대규모 멸종이 얼마나 끔찍한 일인지, 왜 전 세계의 청소년들이 행동할 수밖에 없는지에 관해서가 아니었다. 문제의식을 느끼고 행동에 나선 청소년들의 주장과 생각을 조금도 고려하지 않고 있었다.

나는 종말을 예언하는 사람이 아니다. 매일 아름다운 세상과 자연을 보고 있으니 그런 예언은 할 수도 없다. 물론 내 주변의 자연 환경은 나에게 주어진 엄청난 특권이다. 누군가의 슬픔이나 두려움에 나는 결코 의문을 품지 않을 것이다. 그것 또한 현실이기 때문이다. 수백만 명의 사람들이 이미 분명히 드러나고 있는 기후 재앙에 생존의 위협을 받고 있다. 그들의 경험은 현실이다. 그들의 공포도 현실이다. 방파제 너머에서 바다 위로 솟았다가 부서지는 파도는 10년 뒤엔 어떻게 될까? 5년 뒤에는 어떨까? 이 해변에 있는 사람들은 어떤 영향을 받을까? 그렇다. 그래서 나는 그레타 툰베리와 전 세계 수천 명의 사람들처럼 행동에 나선 것이다. 나는 축복을 빌어 주는 엄마와 입을 꾹 닫은 채 허락해 준 학교를 뒤로하고 등교 거부 시위를 감행했다. 모두가 나를 '자랑스러워' 하지만 어쨌든 표면상으로는 시민 불복종 행위를 부추기는 듯 보여서는 안 된다는 것을 안다. 엄마는 시위 내내 나와 함께 있으면서 내가 학교로 돌아가기 전에 핫초코를 줬다. 몸이 꽁꽁 얼었다. 감각이 없었다. 하지만 이런 모습으로 돌아가는 것은 중요했다. 다른 학생들에게 시위의 이유를 설명하고 싶었다. 지금 생각해 보면 얼마나 효과가 있었을지 궁금하다. 뭔가 해야만 한다는 생각을 몇 년간 억눌러 왔다. 등교 거부 시위 같은 행동들은 내가 해 왔던 어떤 일보다 관심을 끌었다. 맹금류를 위한 활동과 내가 쓴 글로 받은 상과 연설보다도 말이다. 어째서 이 일이 그렇게 강력할까? 어른들은 우리 세대의 활동가들이 얼마나 놀라운지에 대해 이야기한다. 소셜미디어나 언론에서도 우리의 활동을 칭찬한다. 하지만 어른들 스스로는 무엇을 하고 있을까? 우리 세대는 활기가 넘친다. 그래서 흥미진진하다. 하지만 우리에게서 '리더'를 찾는 일은 적절하지 않다. 기후 리더, 젊은 리더들. 그런 기대는 터무니없다. 나도 그런 리더들 중 한 명인 것 같다. 단 한 번의 행동으로 그 자리에 오른 것이다. 이렇게 쉽사리 앉을 자리가 아니다. 나는 아니다. 나는 절대 그런 존재가 아니다.

2월 17일 일요일

작년에 개구리를 처음 본 건 1월 말쯤이었다. 영상 5도가 채 안 됐지만 쿨키 산을 오르는 중에 개구리 한 마리가 우리 앞쪽을 가로질러 뛰어갔다. 개구리는 빙판길에 만족한 듯했고 곧 헤더 덤불 속으로 사라졌다. 작년에 비하면 거의 한 달이나 늦은 시기인 오늘 아침, 검은딸기나무 그늘 아래 앉아 있는 개구리를 봤다. 미끈한 피부에 팔다리를 몸통에 단단히 붙인 채 진흙과 참나무 잎 위에서 쉬고 있었다. 나는 녀석이 움직이기를 기다리고 또 기다렸지만 개구리는 내 인내심을 시험하기로 결심했는지 꼼짝하지 않았다. 우리는 막 나가야 할 참이었다.

짐 할아버지의 생일을 축하하기 위해 퍼매너로 향하던 중에 고속도로를 잠깐 벗어나 자연보호구역인 피트랜즈(Peatlands) 공원에 들렀다. 할아버지는 올해 일흔이다. 할아버지와 파멜라 할머니를 다시 만나면 얼마나 반가울지 기대됐다. 동쪽의 다운 카운티로 이사 온 뒤로는 뵙지 못했다. 할머니 할아버지는 우리와 함께 시간을 보내는 것을 매우 좋아하신다. 할머니는 할아버지보다 두어 살 많은데 웬만한 청년보다 에너지가 넘친다. 항상 눈이 반짝이는 할아버지는 누구보다 친절하다.

막간을 이용해 피트랜즈 공원에 들러서 좋았다. 먼 길을 떠나기 전에 (개구리와 함께) 다리를 쭉 뻗을 기회였다. 차를 타고 가는 동안, 할아버지와 함께한 첫 기억을 더듬으며 이런저런 생각을 해봤다. 퍼매너의 크롬 에스테이트(Crom Estate)에 갔을 때였다. 로칸이 태어나기 전이었는데, 기억은 꽤 또렷하다. 우리는 폐허가 된 성으로 걸어가고 있었다. 성은 에른 호수가 내려다보이는 높은 둑 위에 서 있었다. 할아버지가 내 손을 잡고 자신이 어디에서 태어났고 매일 얼마나 먼 거리를 걸어서 학교에 다녔는지 들려주던 기억이 생생하다. 할아버지는 증조할아버지가 말안장과 책가방을 만들고 우편배달을 한 이야기도 해 주었다. 나는 할아버지의 듣기 좋은 목소리와 온화한 성품에 푹 빠졌다.

엄마는 내가 사진을 보고 이 기억을 만들어 냈다고 생각한다. 내가 고작 두어 살 때 일이기 때문이다. 하지만 나는 실제 기억이라고 확신한다. 나이를 먹으면서 어느 정도 가공했을 가능성도 있다. 상상을 덧붙이는 식으로 말이다. 하지만 그 순간의 깊고 따뜻한 느낌은 생생하게 남아 있다. 내가 뭔가 중얼거렸던 기억도 난다. "그거 아세요?"라고 시작했던 것 같다. 나는 말을 일찍 시작했는데 쉴 새 없이 말하고 질문을 해 댔으며 우주나 쥐며느리에 관한 정보를 잔뜩 늘어놓는 통에 다들 애를 먹었다고 한다. 할아버지는 인내심이 강했다. 내 이야기를 잘 들어 주었다. 우리는 함께 걸었는데 길게 자란 풀이 내 다리를 간질였다. 공원이나 놀이터에서 나는 놀림을 받거나 무시당하기 일쑤였다. 내가 아는 정보를 전해 주고 싶어 했고 이것저것 말하고 싶어 했기 때문이다. 그런 행동은 환영받지 못했다. 그 탓에 괴롭힘을 당하기도 했다. 짐 할아버지와 함께 있으면 그런 일은 일어나지 않았다. 할아버지는 내 이야기를 듣고 자기 이야기를 들려줬으며 성곽을 볼 수 있게 나를 팔에 안아 올려 주기도 했다. 우리는 함께 돌담을 쓰다듬었다. 나는 할아버지의 머리에 입을 맞췄다.

그날이 바로 내 인생의 첫 기억이다. 나는 그 기억을 소중하게 간직했다. 엄마가 할아버지를 안아드릴 때, 할아버지 눈에 슬픔이 스쳤던 것도 기억난다. 할아버지는 엄마의 아빠였으니까. 성에 갔다가 할아버지의 낡은 시골집에 들렀던 기억은 없다. 차를 타고 더 들어가자 하얗게 칠한, 창고보다 조금 더 큰 집이 있었다. 그렇게 많은 사람들이 집 안에 들어갈 수 있다는 사실이 믿기지 않았다. 시골집 주변의 풍경이 완벽했던 기억은 지금도 생생하다. 확 트인 하늘에 어디에나 산사나무가 있었다.

이제 나는 할아버지보다 키가 크다. 식당에 도착해서 우리는 서로 끌어안으며 인사를 나눴다. 나는 할아버지와 할머니를 꼭 안았다. 인생은 덧없고 아프도록 아름답다.

3월 3일 일요일

우리는 산에서 정말 가까운 곳에 산다. 콤다 산, 도나드 산, 베어나 산이 학교에서의 일상을 지배한다. 산들에 둘러싸여 지낸다는 것은 엄청나게 멋진 일이다.

계속 내리는 비로 뼛속까지 배어든 무기력을 떨쳐 버리기 위해 오트 산 산책로를 잠깐 걷다 올 생각이었다. 차를 타고 주차장으로 향하는데 갑자기 언덕배기를 넘어오는 공기가 바뀌더니 눈보라가 불어닥쳤다. 앞이 보이지 않았다. 예상치 못한 일이어서 우리는 겁에 질렸다. 하지만 운이 좋았다. 바로 주차장 입구가 보였기 때문이다.

이번 겨울 처음 본 눈이었기 때문에 눈을 맞으려고 차에서 내렸다. 혀와 뺨에 눈이 닿았다. 모든 형체가 흐릿한 가운데 눈은 우리 마음속에 큰 공간을 만들었다. 이런 날씨일 때만 나는 경험을 실시간으로 선명하게 처리할 수 있다. 보통은 시각 자극과 청각 자극과 온갖 감정이 한꺼번에 쏟아져 들어오는 바람에 겁을 먹기 일쑤다. 감각과부하가 일어나면 나는 대부분의 감각을 제대로 처리하지 못한다. 그날 늦게야 어두운 방 안에서 그 순간을 처음부터 다시 떠올리면서 모든 것들을 종이 위에 쏟아부었다.

눈이 쏟아져 내리는 동안에는 모든 것이 달랐다. 그 순간에는 생각이 매듭 풀리듯 술술 이어진다. 색깔도 적고, 깊이감도 덜하고, 모든 자극이 줄어든다. 그야말로 마술적인 경험이다. 외떨어진 느낌도 들지만 감정만큼은 강렬해서 울부짖는 바람과 폭포수처럼 흩뿌리는 눈보라 속에서도 내 마음은 다른 리듬을 만들어 낸다. 시냅시스가 신호를 보내는 것을 느낄 수 있다. 귀 기울여 들으면서 흘러가는 소리를 놓치지 않는다. 생각하고 말하고 느끼고 움직이는 모든 것을 한 번에 할 수도 있다. 한 과정이 다른 과정을 투박하게 두드리며 옮겨 가는 식이 아닌 것이다. 이런 느낌을 설명한들 누가 이해할 수 있을지 모르겠다. 이것은 내가 되어야만 제대로 알 수 있다. 하지만 사실 우리는 모두 흩날리는 눈송이에 이런 식으로 반응하지 않을까? 반응의 정도만 조금씩 다를 것이다.

땅에 드러난 새로운 색깔이 새들의 흔적을 보여 줬다. 갑자기 내가 훨씬 더 작고 땅에 가깝던 시절의 일이 떠올랐다. 당시 나는 눈 위에 찍힌 여우 발자국을 따라가고 있었다. 발자국은 집에서 길을 건너 벨파스트의 올모 공원으로 향하고 있었다. 일요일이었고 이른 아침이었다. 길에는 차도 사람도 없고 아무런 소리도 나지 않았다. 오로지 여우 발자국뿐이었다. 로칸은 전날 밤에 잠을 못 자서 피곤해했고 오래 걸을 수도 없어서 아빠 등에 업혀 있었다. 우리는 여우를 발견하지 못했지만 중요한 것은 도시가 적막에 빠져 있는 틈에 떠난 산책이었고, 그곳에 살던 8년 중에서 가장 평화로운 날이었다는 것이다. 그날을 절대 잊지 못할 것이다. 눈 속에 손을 푹 찔러 넣었던 기억이 난다. 어떤 느낌인지 확인하려고 그랬다. 그러다가 눈 위로 넘어져서 눈 바지를 입은 강아지 꼴이 되어 버렸다. 웃음이 터져 나왔다. 웃다 보니 마음이 놓였다.

설경이 좀 더 잘 보이는 곳으로 가려고 돌계단을 올랐다. 눈송이가 이리저리 춤추듯 날렸다. 발이 빠지는 깊이가 달랐다. 벌거벗은 나무의 윤곽만 빼고 모든 것이 희었다. 고개를 들고 떨어지는 눈의 얼얼한 감각을 느꼈다. 더 오래 머물고 싶었지만 아빠는 돌아가는 길을 걱정했다. 언덕을 내려와서 차를 타고 공원을 떠났다. 눈보라와 하얀 세상이 사라졌다. 모든 것이 예전 그대로였다. 녹아서 축축한 땅이 번들거렸다. 눈의 흔적은 남아 있지 않았다. 진짜 눈이 왔던 걸까? 우리 모두 꿈을 꾼 건 아닐까? 다행히 내 부츠에는 아직 눈이 남아 있었고 손은 빨갛게 얼었다. 나니아에 다녀온 증거처럼 말이다. 아름답고 낯설지만 익숙한 세계의 안팎. 아마도 겨울의 마지막 키스일지도 모르겠다. 고개를 들고 그것을 느낄 수 있어서 기쁘다.

3월 21일 목요일

숲에는 꼭꼭 접혀 있다가 펼쳐지는 것들이 있다. 아네모네 꽃과 양치식물들이 인내심이 충만한 땅속에서, 어둑하고 아주 오래된 곳에서 솟아오르고 있다. 겨울의 침묵이 지나가고 저녁에는 기도 소리가, 대기에는 다시 음악 소리가 차오른다. 블루벨 꽃들이 막 피어나려 한다. 봄의 햇살과 따스한 기운이 산을 타고 넘어 나에게까지 전해진다. 어둠에 잘 적응했지만 이제 나는 빛의 감각에 빠져들고 있다. 격정적이고 활기찬 느낌이다. 3월이 되면 나는 봄을 기다리는 마음에 초조해진다. 하지만 이번만큼은 그렇지 않다. 마법에 걸린 듯 매순간이 황홀하다.

내일 다른 학생들과 함께 벨파스트의 거리로 나갈 예정이다. 지난번처럼 나 혼자가 아니라 여러 아이들과 함께 외치려 한다. 시민 불복종 운동은 무리를 지어 하는 편이 훨씬 좋다. 과한 무게를 견디거나 지나치게 관심을 끌려고 하지 않을 것이다. 학교 환경 모임은 곧 휴식기에 돌입할 예정이다. 내가 올해 치를 중등 교육 자격 시험을 준비하기 위해 공부하는 동안만이다. 그전까지는 우리의 일을 알리기 위해 점심시간을 포기하고 플래카드를 들고 모여서 캠페인 활동을 계속할 것이다. 이 모든 것이 너무 신나서 가슴이 터질 듯하다. 이런 기분은 처음이다. 낯설지만 신선하고 짜릿하다. 이런 행동을 하고, 야생에서의 경험을 욱여넣느라 바빠서 그런 느낌이 드는 걸까. 나 역시 꼭꼭 접혀 있다가 펼쳐지고 있다. 절대 침

체된 느낌은 아니다. 그리고 이 모든 것들을 당연하게 받아들이지
도 않을 것이다. 그것이야말로 처참한 일이다. 언제든 모든 것이 바
뀔 수 있다는 것을 알고 있다. 그래서 할 수 있는 한 더 많은 조각들
을 이어붙여야 한다.

지난 일요일, 성 패트릭 축제를 위해 글렌달로그로 성지 순례
를 갔다. 글렌달로그는 나의 대륙검은지빠귀 성인인 케빈이 세운
고대 수도원 정착촌으로 두 개의 호수가 있는 빙하 계곡이다. 나는
이곳에서 오로지 고독과 평화를 느끼고 싶은 마음뿐이었다. 하지
만 불가능했다. 다리 위에 서서 거품을 일으키며 바위 사이를 흐르
는 글렌다산(Glendassan) 강 너머 10미터 높이로 솟은 둥근 탑 쪽을
바라보니 사람들이 이곳저곳으로 서둘러 다니는 모습이 눈에 띄었
다. 어디나 관광객들이 있었다. 나 역시 관광객이었다. 성 케빈의
순례자. 휴대폰 카메라로 사진을 찍고 들뜬 목소리로 이야기하면
서 이 교회 저 교회로 몰려다니는 관광객들을 보니 어쩌면 모두가
나와 같은 위로에 대한 갈망을 품고 있는지도 모르겠다는 생각이
들었다.

이끌리듯 교회로 들어갔다. 화강암을 쌓아 올린 구조물은 이
끼와 양치식물로 뒤덮였고 벽에는 솔이끼와 우산이끼가 빽빽이 자
라고 있었다. 우리는 천천히 돌아다니다가 올챙이가 사는 웅덩이
를 발견하기도 했다. 상층 식물인 참나무와 하층 식물인 호랑가시
나무, 개암나무, 마가목에 겨우살이개똥지빠귀가 앉아서 목청껏
우는 소리를 듣기 위해 걸음을 멈추기도 했다. 아래쪽에는 블루벨

꽃, 아네모네 꽃, 수영 꽃이 빛나는 자태를 뽐내고 있었다. 햇살이 눈부시게 비쳤고 모든 것이 아침에 내린 빗방울과 함께 금빛과 초록빛으로 반짝였다. 나는 관광객들의 목소리와 자연의 것이 아닌 소음에서 멀어지고 싶어서 안쪽으로 들어갔다. 야생 동물 소리에 귀를 기울이고 싶었다. 블라우니드는 올라가기 딱 좋아 보이는 나무의 껍질을 쓰다듬으면서 천국에 온 듯한 표정을 지었다. 그러더니 이끼 낀 나뭇가지에 뺨을 대고 나무의 심장박동 소리가 들린다고 우겼다. 블라우니드의 눈을 보면 알 수 있었다. 그 애는 진짜 그렇게 느끼고 있었다.

아래쪽 호수를 돌고 나서 폴라나스(Poulanass) 폭포로 향하는 가장 긴 코스를 걸었다. 리퍼트(Reefert) 교회에 도착할 쯤에는 우리 밖에 없었다. 사방이 고요한 가운데 우리는 성 케빈의 수도실로 향하는 울퉁불퉁한 돌계단을 올랐다. 지금은 토대만 남은 장소에 돌 몇 개가 둥그런 모양으로 튀어나와 있었다. 화강암 조각에는 내리뜬 눈과 고상한 코와 희미한 미소를 띤 얼굴 윤곽이 새겨져 있었다. 조각상의 손과 새를 보자 강렬한 감정이 밀려왔는데 전혀 예상하지 못한 일이었다. 새는 대륙검은지빠귀였다. 나는 손가락으로 반짝이는 석영에 조각된 모양을 더듬었다. 위쪽으로 돌출된 곳 바로 아래에 무당벌레 한 마리가 쉬고 있었다. 오렌지색 무당벌레가 성 케빈의 머리 위에서 피난처를 찾은 것이다.

가족들은 폭포를 향해 올라갔고 나는 돌에 등을 대고 쉬었다. 호수를 바라보는데 몸이 덜덜 떨렸다. 물에서 나온 수달이 된 느낌이었다. 나는 성 케빈과 고독을 벗어나 공동체로 향하던 그분의 오랜 여정에 대해 생각했다. 홀로 지내다 다른 이들과 함께하기 위한 길을 걸은 성인은 자신이 원하던 공부를 하면서 동시에 사람들을 환대할 장소를 찾아야 했다. 성 케빈이 어떻게 고요함에 대한 욕구와 공적인 업무의 균형을 맞췄는지, 점점 더 많은 사람들이 이곳을 찾으면서 비바람과 자연과 돌과 새들과 함께하던 시간이 어떻게 바뀌었는지 궁금했다.

바람이 간질이는 느낌을 느껴 보려고 손을 뻗었다. 대륙검은지빠귀가 내 손바닥 위에 둥지를 틀고 알을 낳는 일은 없겠지만, 내가 자연과 사람을 향해 항상 손을 뻗은 채로 있으리라는 사실만큼은 분명하다. 우리는 자연과 분리된 존재가 아니니까. 우리가 바로 자연이다. 공동체 없이, 우리가 늘 혼자라면 아이디어를 공유하고 성장하는 일은 더욱 어렵다. 나는 생각을 내면에만 가두어 두고 가족과 함께 지내는 데에만 익숙했다. 하지만 이제는 동심원들이 디지털과 온라인 세계 사이로 퍼져 나가서 실제 세상에서의 정치 활동, 사회 운동, 상호작용에 파문을 일으키고 있다. 계속 잔물결이 이는 것이다. 그런 물결과 함께 표류하고 소용돌이치기도 하지만 늘 시작할 때의 마음으로 돌아가야 한다는 점을 잊지 말아야 한다.

춘분이 지나고 나는 15번째 생일을 앞두고 있다. 이제 유년과 성년의 중간 지점에 이르렀다. 모든 것이 변했고 또 아무것도 변하지 않았다. 다시 셰이머스 히니의 시를 읽는다.

성 케빈은 따뜻한 알, 작은 가슴, 잔뜩 웅크린
매끈한 머리와 발톱을 느꼈고 자신이 영원한 생명의 고리에
연결되었다는 것을 깨달았다.

몇 년 전 춘분 때, 퍼매너의 보아 섬에 있는 칼드라 묘지에 간
적이 있다. 그곳은 호숫가에 위치한 아늑한 장소로 나무가 주변을
빙 둘러 자라고 있었다. 블루벨 꽃이 만발했는데 꽃 몇 송이가 석상
하나의 머리 부분에 꽂혀 있었다. 이곳 석상들은 2000년 정도 된
것으로 모두 앞쪽을 향하고 있지만 각각 다른 방향을 바라보는 이
중성을 담고 있었다. 그 의미가 나에게 고스란히 전해졌다. 그때 나
는 13살이었는데 여러 면에서 작았지만 생각은 매우 많았다. 돌 위
에 손을 얹자 우르릉거리는 조상들의 포효가 느껴졌다. 엄마가 위
험을 경고하며 나무랄 때 낼 법한 소리였다. 다급했고 애절했다. 손
을 떼서 뺨에 대자 열기가 느껴졌다.

보아 섬과 글렌달로그에서 성 케빈의 흔적을 좇으며 나는 문
이 열렸다는 느낌을 받았다. 선택을 하고 여행을 떠나야 한다는 것
을. 사람들과 상호작용하거나 복잡한 문제에 얽히지 않고 자연과
더 많은 시간을 보내길 나는 고대했다. 이런 단순함을 동경하지만,
아무리 저항하기 힘들고 고통스러워도 세상 속에서 내 길을 가고
싶다. 자연과 우리는 불화하는 동시에 하나이기도 하다.

글렌달로그에서의 마지막 산책길을 가족들과 함께 걷기 위해
성 케빈과 대륙검은지빠귀를 뒤로하고 달려갔다. 태양빛이 내려와

보이지 않는 실로 우리를 땅과 연결해 줬다. 더 길고 더 무거운 줄이 세상으로 던져질 것이다. 내 마음은 활짝 열렸다. 난 준비가 되었다.

감사한 분들에게

변함없이 무조건적인 사랑과 지원을 해 준 가족에게 진심 어린 감사를 전합니다. 가족들은 저에게 날개를 달아 주고 저만의 목표를 향해 저만의 속도로 날아가도록 도와줬습니다. 제가 잘 성장하고 있는 것은 가족들의 인내와 희생과 유머와 모험심 가득한 정신 덕분입니다. 저도 꼭 보답할 날이 오기를 바랍니다. 엄마, 아빠, 로칸, 블라우니드, 로지. 모두 최고예요!

리틀 톨러 출판사의 에이드리언 편집자님, 책을 편집하면서 제 목소리에 '어른노릇'을 하지 않으셨지요. 자폐 청소년인 저에게 거칠고 미숙한 모습 그대로 제 이야기를 전할 기회를 주고, 날이 선 부분은 부드럽게 다듬도록 도움을 주셔서 감사합니다. 그레이시 님, 그레이엄 님, 존 님과 함께 일하면서 겸손을 배울 수 있었습니다. 부모님을 사랑하고 지지하는 릴리 님과 루카 님에게도 고맙다는 인사를 전합니다. 끝까지 교정 기술을 발휘한 루카 편집자님 다시 한번 감사드려요.

멋진 친구이자 스카우트 리더인 토니 스미스, 내가 한계를 뛰어넘을 수 있다는 사실을 보여 주고 안전지대에서 적당히 지내려는 나를 끌어내 '힘든 일'에 도전하게 해 주고, 결국 성공을 축하해 줬지! 우리의 야생 스카우트 캠프 활동은 최고의 추억이야. 숲이 우거진 채석장 절벽 위에서 애기괭이밥을 따먹고, 카누를 타고, 이리저리 헤매고 다니던 모든 경험이 나를 성장하게 했어. 이런 기억을 이 책에 담지는 못했지만, 그 모든 시간 덕분에 이 책이 나올 수 있었다고 생각해.

이머 루니 박사님과 켄드루 콜하운 박사님, 탁월한 조류학자님들의 지도와 전문 지식이 맹금류를 향한 저의 집착에 불을 당겼어요. 그러니 끝까지 책임지셔야 해요.

크리스 팩햄 박사님, 제 불안 가득한 목소리에 공명하면서 보여 주신 우정과 인내에 감사드립니다. 박사님은 제 뿌리에 물을 주면서 성장할 수 있도록 자신감을 북돋워 주셨습니다. 자연 세계를 향한 박사님의 변함없는 헌신에 깊이 감사드립니다. 또 청소년 자연주의자들과 활동가들이 목소리를 높이도록 도와주셔서 고맙습니다.

로버트 맥팔레인 작가님, 선물로 주신 해그스톤과 함께 문학적 글쓰기에 관한 조언, 확고한 지지, 열정, 격려를 보내 주셔서 감사드립니다. 처음부터 작가님은 제 말과 목소리를 옹호해 주셨죠. 작가님은 (아일랜드 최고의 찬사인) 신사이자 학자이십니다.

학교 친구들과 환경 모임 동아리 회원들, 너희들은 나의 세계가 긍정적인 축을 중심으로 돌아가게 도와줬어. 통제 불가능한 상태로 돌아갈 때도 있겠지만, 너희들이 중력 역할을 해서 내 중심을 잡아 주리라 믿는다.

제가 자연을 위해 목소리를 높일 수 있도록 발판을 마련해 준 북아일랜드 맹금류연구소, 얼스터 야생동물협회, 왕립조류보호협회, #아이윌 캠페인, 아우어 브라이트 퓨처, 내셔널 트러스트 관계자 여러분들께 감사드립니다. 저도 계속 열정적으로 지지하고 응원할게요.

마지막으로 자연은 나의 원천이자 뿌리이며 맥박이자 추진력입니다. 나의 하늘, 나의 창과 방패랍니다.

찾아보기

골드핀치 goldfinch, lasair choille
오색방울새를 가리킨다. '숲의 불꽃'이라는 뜻이다.

글렌달로그 Glendalough, Glendalough
'두 호수의 골짜기'라는 뜻이다. 더블린으로 뻗은 위클로 산맥 국립공원에서 남서쪽으로 60킬로미터가량 떨어진 곳에 있다. 중세 초기 6세기경 아일랜드에 세워진 둥근 탑과 기념물이 있는 고대 수도원으로 이루어진 도시다. 성 케빈이 세웠다.

다라 Dara, Dara / Dáire
'참나무'라는 뜻과 함께 '현명하고 알차다'라는 의미를 지닌다. 아일랜드의 데리 지방에서 유래되었다고 보며, 아일랜드 신화에 흔하게 등장하는 이름이기도 하다.

데라바라 호수 Lough Derravaragh, Loch Dairbhreach
리르의 아이들이 이곳에서 300년을 보냈다. 그런 다음 아일랜드와 스코틀랜드 사이에 있는 모이얼 해협으로 이동해서 마요의 에리스와 이니시글로라 사이의 서부 아일랜드 지역에서 300년을 더 보냈다.

라간 lagan, an lagáin
'저지대의 강'을 뜻한다. 라간 강은 벨파스트 시를 가로지르는 강이다. 아름다운 풍경을 자랑하며 산책을 하거나 자전거를 타기에 좋다.

로신 Row-sheen, Róisín
아일랜드식 이름으로 '작은 장미'라는 뜻이다. 다라 엄마의 이름이다.

로칸 Lorcan, Lorcan
아일랜드어로 '용맹한 자'라는 뜻이다. 다라의 남동생 이름이다.

로크 lough, loch
아일랜드에서 쓰는 게일어 로흐(loch)를 영어식으로 표현한 단어로 '호수'를 뜻한다.

나브릭보이 호수 Lough nabrickboy, Loch na breac buí
퍼매너의 빅 도그 포레스트에 위치한 호수로 '노란 송어가 사는 호수'라는 뜻이다.

론두 lon dubh, lon dubh
아일랜드어로 '대륙검은지빠귀'를 가리키는 말이다.

리르의 아이들 Children of Lir, Oidhe Chlainne Lir
계모의 저주로 비극적인 운명에 처한 네 아이. 리르는 아일랜드의 신이자 신족 투어다 데 다난(Tuatha De Danaan)의 일원으로 이파와 결혼했다. 이파는 리르가 전 부인과 낳은 아이들을 백조(큰고니)로 만들어 버렸다.

말록 Mallacht, Mallacht
핀 막 쿨과 그의 사냥개들이 퍼매너를 가로질러 쫓은 마녀. 이름이 뜻하는 바는 '저주하는 자'다. 말록은 추격당하던 중 자신을 쫓던 사냥개들을 빅 도그와 리틀 도그(브란과 스케올란)로 알려진 바위 언덕으로 만들었다.

매커널티 McAnulty, Mac An Ultaigh
'얼스터인의 후손'이라는 뜻이다. 매커널티 집안은 맥 돈리비스(Mac Donleavys)에게서 갈라져 나온 씨족 집단이었다. 맥 돈리비스는 1177년 노르만 기사 존 드 쿠시가 얼스터 지역을 정복하기 전까지 수도 다운패트릭에서 얼스터 왕국을 다스렸다.

모이얼 해협 Sea of Moyle, Sruth na Maoile
북아일랜드 동부와 스코틀랜드 남서부를 가르는 해협으로 노스 해협 혹은 아일랜드 해협으로도 알려져 있다. 맑은 날에는 건너편을 볼 수도 있다. 가장 좁은 곳의 너비가 20킬로미터 정도다. 모이얼은 '나무가 자라지 않은 산꼭대기'를 뜻한다.

몬 산맥 Mourne Mountains, Múrna / Beanna Boirche
다운 카운티 남부에 위치한 화강암 산맥으로 1300년대에 그곳에 정착한 아일랜드 씨족의 이름을 땄다. 1896년 퍼시 프렌치가 작곡한 '몬 산맥'이라는 노래로 유명해졌다. 노래는 돈 맥린을 포함한 여러 가수들이 편곡해서 불렀다. 고대에는 바나 보르카(Beanna Boirche)라는 이름으로 불렸다고도 하며, 3세기에 얼스터 왕의 소 떼를 돌봤던 신비한 목동 '보야치(Boirche)의 봉우리'라는 뜻이라는 이야기도 있다.

밴시 banshee, bean sidhe
아일랜드어로 '요정 여인'이라는 의미다. 등골이 오싹해지는 비명을 지르는 밴시는 죽음의 전조로 여겨진다. 전설에 따르면 노파의 모습을 하고 호숫가에서 옷에 묻은 피를 닦는 밴시를 우연히 만난다면 그것을 본 사람이나 그의 가족 중 한 사람이 목숨을 잃는다고 한다.

베오울프 Beowulf, Beowulf

정확히 언제 쓰였는지 알려지지 않았지만 고대 영문학사에서 매우 중요한 서사시 작품으로 여겨진다. 현존하는 원고는 10세기 후반에서 11세기 초에 쓰였다고 추측된다.

보드란 bodhrán, bodhrán

아일랜드 전통 음악에 사용되는 작은 북으로 염소 가죽으로 만든다.

보아 섬 Boa Island, Inis Badhbha

아일랜드어로 베이브 섬(Badhbh's Island)이다. 베이브는 '송장까마귀'라는 의미로 켈트족 전쟁 여신의 이름이다. 보아 섬은 에른 호수에 있는 좁고 긴 섬으로 본토와 두 개의 다리로 연결되어 있다.

브란 bran, bran

브란(아일랜드어로 큰까마귀라는 뜻)은 스케올란과 함께 핀 막 쿨의 전설 속에 등장하는 개인 아이리시 울프하운드다. 요정 여인이 브란과 스케올란의 어머니 티렌을 사냥개로 만들었다.

블라우니드 Bláthnaid, Bláthnaid

아일랜드어로 '피어나는 꽃'이라는 뜻이다. '블라우(Bláth)'는 아일랜드어로 '꽃'이다. 다라의 여동생 이름이다.

빈 binn, binn

아일랜드어로 '높은 산봉우리'를 뜻한다. 영어식 표현은 벤(Ben)이며 복수형은 베나(Beanna)다. 슬리브 항목을 참조하자.

사윈 Samhain, Samhain

게일인의 축제로 추수를 끝내고 밤이 긴 겨울이 시작된다는 것을 알리는 의미가 있다. 역사적으로 스코틀랜드, 아일랜드, 맨 섬에서 사윈 축제를 기념했던 것으로 보인다. 10월 31일에서 11월 1일 사이에 열렸고 기독교의 영향을 받으면서 할로윈으로 발전했다.

스케올란 Sceolan, Sceolan
핀 막 쿨의 전설 속에 등장하는 브란의 남동생으로 사냥개 아이리시 울프하운드 중
한 마리다.

스크라호그 scréachóg, scréachóg reilige
아일랜드어로 원숭이올빼미를 가리킨다. '무덤에서 우는 자'라는 뜻이다.

스토몬트 Stormont, Stormont
벨파스트에 있는 북아일랜드의 국회의사당 건물로 1998년 성금요일 협정 이후 세워
졌다.

슬리브 slieve, sliabh
아일랜드어에는 산을 묘사하는 말이 다양하다. 슬리브는 가장 일반적으로 쓰이는 말
로, 아일랜드의 산이나 산맥의 이름에서 자주 발견된다. 이 단어는 언덕 이름에도 쓰
인다. '빈' 항목을 참조하자.

슬리브나슬랏 Slievenaslat, Sliabh na slat
캐슬웰란 포레스트 공원에 있는 산이다. '나뭇가지들의 산'이라는 뜻이 있다. 버드나
무와 개암나무 관목이 많이 자라는데 예전에는 그 가지들을 엮어서 바구니를 만들었
다고 전해진다.

슬리브 도나드 Slieve Donard, Sliabh Dónairt
'도나드의 산'이라는 뜻이다. 약 850미터 높이로 바다에서 솟아오른 슬리브 도나드는
아일랜드 주요 12개 산 중 하나이다. 북아일랜드에서 가장 높은 산이기도 하다. 도나
드 성인은 한때 이 지역의 이교도 왕이었는데 패트릭 성인을 따르면서 그곳에서 은
둔자로 살았다.

슬리브 머크 Slieve Muck, Sliabh Muc
몬 산맥에 있는 산. '돼지의 산' 혹은 '멧돼지의 산'이라는 뜻이다. 북쪽 산비탈에는 북
아일랜드에서 가장 긴 강인 반(Bann) 강의 발원지가 있다.

에니스킬렌 Enniskillen, Inis Ceithleann
'케이슬린의 섬'이라는 뜻이다. 케이슬린은 전설에 등장하는 포모리안의 거인 발로르
의 아내다. 전설에 따르면 케이슬린은 슬리고의 모이투라 전투에서 투아하 데 다난

왕에게 치명적인 상처를 입힌 뒤 에니스킬렌 섬으로 피했다고 한다.

에른 Erne, Éirne / Érann

아일랜드 전역에 널리 흩어져 있는 민족 집단인 에레인족에게 이름을 지어 준 여신이자 벨기에 출신 켈트족인 퍼매너의 마나그(Manaig)에 속한 여신의 이름이다. 에른 강은 상류와 하류 두 개가 연결된 커다란 호수로 확장된다. 각각 상류와 하류 에른 호수(Upper and Lower Lough Erne)로 불린다.

위그누스 uaigneas, uaigneas

번역하기 쉽지 않은 말이다. 일종의 외로운 감정으로 기분이 썩 좋지 않은 상태를 뜻한다.

이니시글로라 섬 Isle of Inishglora, Inis Gluaire

아일랜드 서쪽 해안가의 무인도로 마요 카운티 에리스의 멀릿 반도 옆에 있다. 다라의 증조할머니가 에리스 지역에서 태어났다.

이니시 inish, inis

아일랜드어로 '섬'을 가리킨다. 보통 육지에서 가까운 작은 섬을 뜻한다. 인치(inch) 혹은 인셰(inse)라고도 쓴다. 영어식으로는 이니시, 에니스(Ennis)라고 말하고 에니스킬렌이나 이니스 케이슬린(케이슬린의 섬)이라고도 부른다.

이머 Eimear, Eimear

여성의 이름으로 '칼새'라는 뜻이 있다. 얼스터의 전설 속 전사이자 영웅인 쿠훌린(Cuchulain)의 아내 이름이기도 하다.

캘로우스(칼라) callows, caladh

저습 목초지. 아일랜드어 'caladh'에서 유래된 말로 계절에 따라 정기적으로 강이 범람해 습한 땅에 형성된 풀밭의 일종이다. 아일랜드에서 발견된다.

캐셸 cashel, cashel

아일랜드어로 '성'이라는 뜻이다. 일반적으로 아일랜드의 철기시대 초기에 돌로 세워진 원형 벽 구조물을 가리킨다.

캐언 cairn, carn

돌무덤, 그중에서도 사람이 쌓아 올린 돌무덤을 가리킨다. 아일랜드의 선사시대 매장 풍습을 보여 준다.

컨트리 공원 Country Park
포레스트 공원 Forest Park
자연보호구역 Nature Reserve

북아일랜드에는 정부가 소유하고 북아일랜드 환경단체가 관리하는 컨트리 공원이 7개 있다. 캐슬 아치데일 컨트리 공원도 그중 하나인데, 그 외에도 다수의 자연보호구역이 있다. 포레스트 공원은 북아일랜드 산림청이 관리한다.

쿨키 산 Cuilcagh Mountain, Binn Chuilceach

'백악질 봉우리'라는 뜻이다. 퍼매너 지역의 석회암 지질 덕에 얻은 이름이다.

퀴일 강 Quoile, An Caol

'좁은 곳'이라는 뜻으로 퀴일 강은 다운 카운티에 있는 다운패트릭의 강이다. 북쪽으로는 노르만족 이전, 켈트족 수도원 정착지인 인치 애비가 자리 잡고 있다. 강의 양쪽 편 모두가 퀴일 자연보호구역으로 지정되어 있다.

크로크나페올라 Crocknafeola, Crock na feola

'고기의 언덕'이라는 뜻으로 몬 산맥에 위치한 작은 봉우리다.

키빈 Caoimhín, Caoimhín

다라의 세 번째 이름으로 영어로는 케빈(Kevin)이다. 더블린에서 남서쪽으로 60킬로미터가량 떨어진 곳에 글렌달로그 대성당을 세운 6세기경 아일랜드 성인의 이름이기도 하다.

탐나하리 Tamnaharry, Tamhnach an Choirthe

돌이 세워진 고지대의 빈터. 다운 카운티 뉴리의 마요브리지 근처에 위치한 탐나하리에는 특별한 돌이 있는데, 고대 거석문화 시대의 구조물이 언덕 위에서 아래를 굽어보고 있다. 탐나하리에 있는 농장은 다라의 증조할아버지가 자란 곳이다.

퍼매너 카운티 County Fermanagh, Fir (or Fear) Manach

북아일랜드 남서부에 있는 자치주로 아일랜드어 퍼 마나흐(Fir Manach) 또는 마나흐

출신자라는 말에서 파생되었다. 북아일랜드 가장 서쪽에 있으며 아일랜드 공화국 국경에 접하고 있다. 얼스터 지방의 역사적인 자치구 중 한 곳이기도 하다.

포모리안 Fomorian, Fomhóire

도니골 카운티의 토리 섬에 수도를 둔 사악한 종족. 투아하 데 다난과 전투를 벌인 아일랜드인들을 노예로 삼았다.

피아나 Fianna, Na Fianna

고대 수도인 타라(Tara)에 근거지를 둔 아일랜드 하이 킹(High King)의 전사단이다.

핀 막 쿨 Finn McCool, Fionn Mac Cumhaill

피아나의 우두머리이자 아일랜드의 다양한 전설 속에 등장하는 인물이다.

자연에 무해한 존재가 되고 싶은 한 소년의 기록

15살 자연주의자의 일기

초판 1쇄 펴냄 2021년 3월 25일
　　2쇄 펴냄 2021년 10월 11일

지은이 다라 매커널티
옮긴이 김인경

펴낸이 고영은 박미숙
펴낸곳 뜨인돌출판(주) | 출판등록 1994.10.11.(제406-251002011000185호)
주소 10881 경기도 파주시 회동길 337-9
홈페이지 www.ddstone.com | 블로그 blog.naver.com/ddstone1994
페이스북 www.facebook.com/ddstone1994 | 인스타그램 @ddstone_books
대표전화 02-337-5252 | 팩스 031-947-5868

ISBN 978-89-5807-803-6　03400